全国高级技工学校电气自动化设备安装与维修专业教材
QUANGUO GAOJI JIGONG XUEXIAO DIANQI ZIDONGHUA SHEBEI ANZHUANG YU WEIXIU ZHUANYE JIAOCAI

数字电子电路

（第二版）

人力资源社会保障部教材办公室　组织编写
邵展图　主　编

中国劳动社会保障出版社

简　介

本书为全国高级技工学校电气自动化设备安装与维修专业教材。主要内容包括数字电路基础、组合逻辑电路、时序逻辑电路、脉冲波形的产生与变换、半导体存储器与可编程逻辑器件、数模转换和模数转换、数字电路的综合应用等。

本书由邵展图任主编，孙正凤任副主编，王宏奇、栾成宝参加编写，郭赟审稿。

图书在版编目（CIP）数据

数字电子电路／邵展图主编．--2版．--北京：中国劳动社会保障出版社，2023

全国高级技工学校电气自动化设备安装与维修专业教材

ISBN 978-7-5167-5687-4

Ⅰ．①数…　Ⅱ．①邵…　Ⅲ．①数字电路-技工学校-教材　Ⅳ．①TN79

中国国家版本馆CIP数据核字（2023）第053134号

中国劳动社会保障出版社出版发行

（北京市惠新东街1号　邮政编码：100029）

*

北京市科星印刷有限责任公司印刷装订　　新华书店经销

787毫米×1092毫米　16开本　14.25印张　316千字

2023年7月第2版　　2024年7月第2次印刷

定价：30.00元

营销中心电话：400-606-6496

出版社网址：http://www.class.com.cn

http://jg.class.com.cn

前 言

为了更好地适应高级技工学校电气自动化设备安装与维修专业的教学要求，全面提升教学质量，人力资源社会保障部教材办公室组织有关学校的一线教师和行业、企业专家，在充分调研企业生产和学校教学情况、广泛听取教师使用反馈意见的基础上，吸收和借鉴各地技工院校教学改革的成功经验，对现有全国高级技工学校电气自动化设备安装与维修专业教材进行了修订（新编）。

本次教材修订（新编）工作的重点主要体现在以下三个方面。

更新教材内容

◆ 根据企业岗位需求变化和教学实践，针对初中生源和高中生源培养高级工的教学要求，确定学生应具备的知识与能力结构，调整部分教材内容，增补开发教材，使教材的深度、难度、广度与实际需求相匹配。

◆ 根据相关专业领域的最新技术发展，推陈出新，补充新知识、新技术、新设备、新材料等方面的内容，更新设备型号及软件版本。

◆ 根据现行的国家标准、行业标准编写教材，保证教材的科学性和规范性。

◆ 在专业课教材中进一步强化一体化教学理念，将工艺知识与实践操作有机融为一体，构建“做中学”“学中做”的学习过程；在通用专业知识教材中注重课堂实验和实践活动的设计，将抽象的理论知识形象化、生动化，引导教师不断创新教学方法，实现教学改革。

优化呈现形式

◆ 创新教材的呈现形式，尽可能使用图片、实物照片和表格等形式将知识点生动地展示出来，提高学生的学习兴趣，提升教学效果。

◆ 部分教材将传统黑白印刷升级为双色印刷或四色印刷，提升学生的阅读体验。例如，《工程识图与 AutoCAD（第二版）》采用双色印刷，《安全用电（第二版）》《机械常识（第二版）》采用四色印刷，使内容更加清晰明了，符合学生的认知习惯。

提升教学服务

为方便教师教学和学生学习，在原有教学资源基础上进一步完善，结合信息技术的发展，充分利用技工教育网这一平台，构建“1 种纸质资源（习题册）+4 种互联网资源（二维码资源、电子教案、电子课件、习题参考答案）”的教学资源体系。

习题册——除配合教材内容对现有习题册进行修订外，还为多种教材补充开发习题册，进一步满足学校教学的实际需求。

二维码资源——在部分教材中，针对重点、难点内容制作微视频，针对拓展学习内容制作电子阅读材料，使用移动设备扫描即可在线观看、阅读。

电子教案——结合教材内容编写教案，体现教学设计意图，为教师备课提供参考。

电子课件——依据教材内容制作电子课件，为教师教学提供帮助。

习题参考答案——提供教材中习题及配套习题册的参考答案，为教师指导学生练习提供方便。

电子教案、电子课件、习题参考答案均可通过技工教育网（http://jg.class.com.cn）下载使用。

致谢

本次教材的修订（新编）工作得到了辽宁、江苏、山东、河南、湖北、广东、广西等省（自治区）人力资源社会保障厅及有关学校的大力支持，在此我们表示诚挚的谢意。

人力资源社会保障部教材办公室

2022 年 5 月

目 录

第一章 数字电路基础

学习目标

1. 了解数字电路的特点及应用，掌握数字信号的表示方法。

2. 掌握二进制、十六进制数的表示方法，会进行数制之间的转换，熟悉8421BCD码的表示形式。

3. 掌握与门、或门、非门基本逻辑门的逻辑功能，熟悉其图形符号。

4. 掌握与非门、或非门、与或非门等复合逻辑门的逻辑功能，熟悉其图形符号。

5. 掌握集成门电路的逻辑功能测试方法，了解数字集成电路的使用注意事项。

当今世界已进入数字化时代，数字技术的应用已普及通信、交通、电力、医疗、智能制造、自动控制、航空航天、军事技术等各个领域，涉及人们日常生活的方方面面。

数字电路是计算机和数字通信的核心，是数字技术的基础。

§1—1 数字信号与数字电路

当人们在超市购物结账付款时，收银员只要把条形码扫描器对准货物上的条形码一扫，计算机屏幕上立刻就会显示该物品的价格。这是因为条形码经扫描器扫描后，会产生相应的“数字信号”，经计算机处理后就可以显示为货物的名称及价格等信息，进而可刷卡付款，打印付款收据。超市自动收款设备如图 1－1 所示。

一、模拟信号与数字信号

电子电路处理的信号有模拟信号和数字信号两类。

通常将那些**在时间上和数值上均是连续变化的信号称为模拟信号**。例如，声音经传声器（话筒）转换成电压信号，其波形必须与声音的波形一致，这种模拟声音波形的信号便是模拟信号，如图 1－2a 所示。

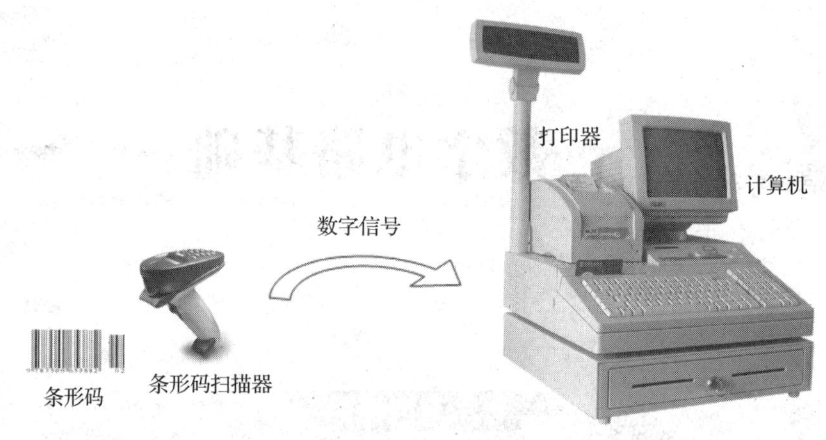

图 1－1　超市自动收款设备

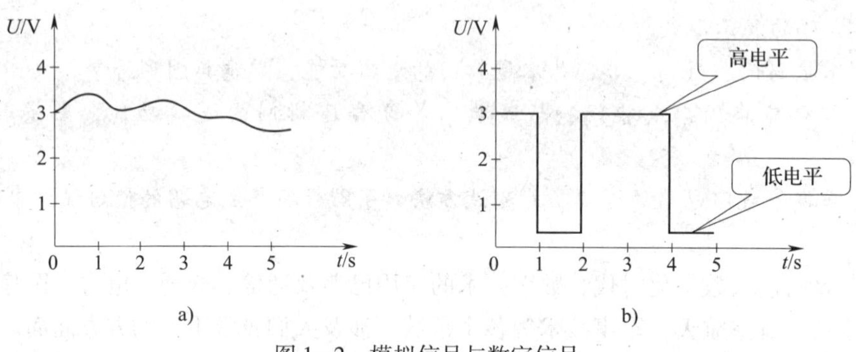

图 1－2　模拟信号与数字信号

a）模拟信号　b）数字信号

数字信号是指在时间上和数值上都是离散的信号。例如，电子表的秒信号、生产流水线上记录零件个数的计数信号，以及前面所介绍的条形码扫描信号等都是数字信号。

数字信号常用二进制数来表示，在电路中则可以用高电平和低电平分别代表二进制数中的“1”和“0”。

在图 1－2b 所示的数字信号中，如果以高电平代表 1，低电平代表 0，每一格代表一位二进制数，则图示信号所表示的五位二进制数为 10110。

实际上，数字信号中的 1 和 0 不仅可以用于表示高低电平，在生产生活中还可以代表许多信息，如发光二极管亮还是不亮，开关闭合还是断开，对某一建议同意还是反对等，也都可以用 1 和 0 来表示。

处理模拟信号的电子电路称为**模拟电子电路**，简称**模拟电路**；处理数字信号的电子电路则称为**数字电子电路**，简称**数字电路**。

知识拓展

正逻辑与负逻辑

在数字电路中，有正逻辑与负逻辑两种体制。

正逻辑体制规定：高电平为1，低电平为0。

负逻辑体制规定：高电平为0，低电平为1。

例如，图1-2b所示的数字信号用正逻辑表示为10110，若用负逻辑表示就是01001了。在这两种体制中，正逻辑更为常用，而且分析同一电路只能采用同一逻辑。

二、数字信号的优点

1. 便于记录保存

由于数字信号只有1和0两种状态，所以可以很方便地用电路输出电压的高与低、电容器上电荷的有与无、磁性物质的极化方向N与S等方式记录保存，也可以利用打孔纸带上孔的有与无、光盘上有无凹坑来记录0和1。数字信号的记录方式如图1-3所示。

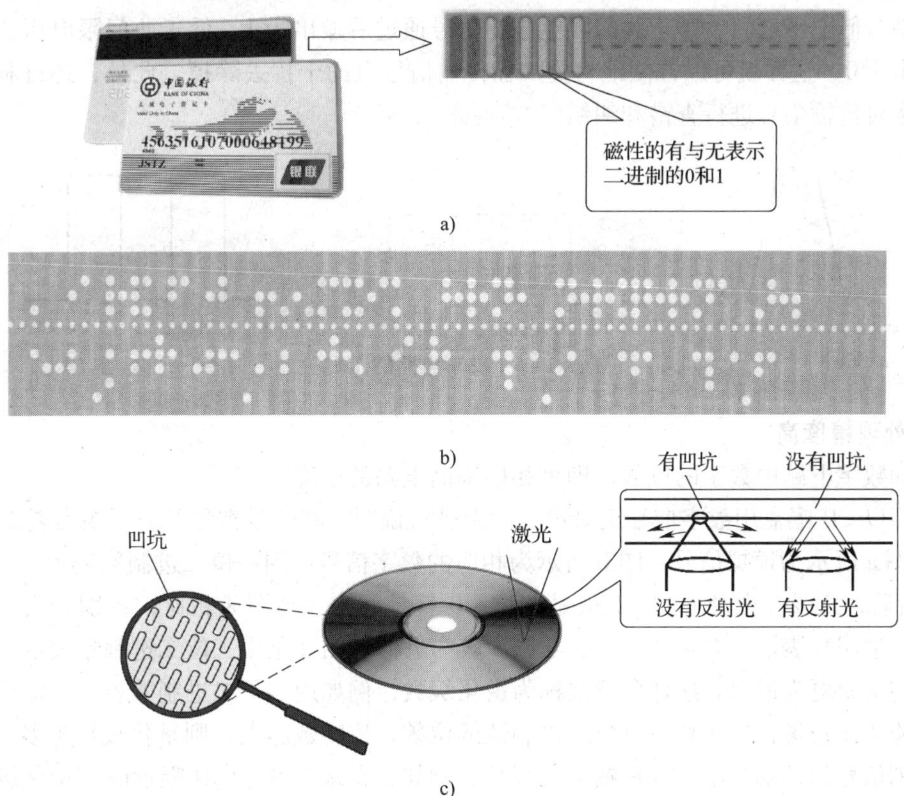

图1-3 数字信号的记录方式

a）磁卡 b）打孔纸带 c）光盘

2. 抗干扰能力强

数字信号中的高电平与低电平有一定的允许范围，例如在 TTL 电路（Transistor - Transistor Logic，即晶体管—晶体管逻辑电路，因输入级和输出级均采用晶体管而得名）中，高电平的范围是 2.4 ~5 V，低电平的范围是 0 ~0.8 V，如图 1 - 4 所示，因此数字电路的抗干扰能力很强。

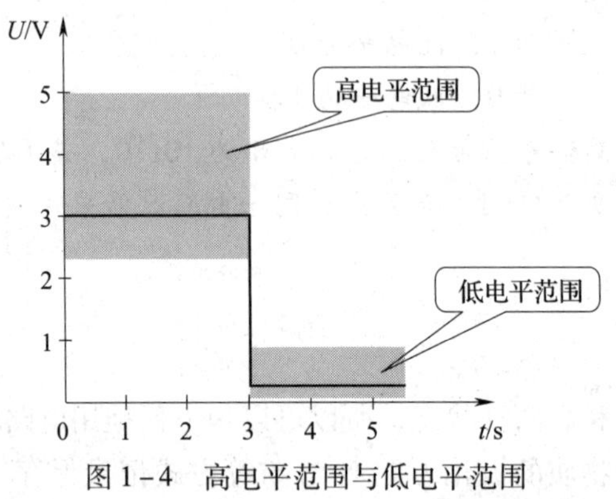

图 1 - 4　高电平范围与低电平范围

图 1 - 5 所示为利用**整形电路**消除干扰和失真的方法，即设置一个**门限电压**，使其值介于高电平与低电平之间，高于此门限电压的信号通过后输出为 1，低于此门限电压的信号通过后输出为 0，这样就可以方便地将叠加在传输信号上的干扰去除掉。此外，还可利用差错控制技术对传输信号进行查错和纠错。

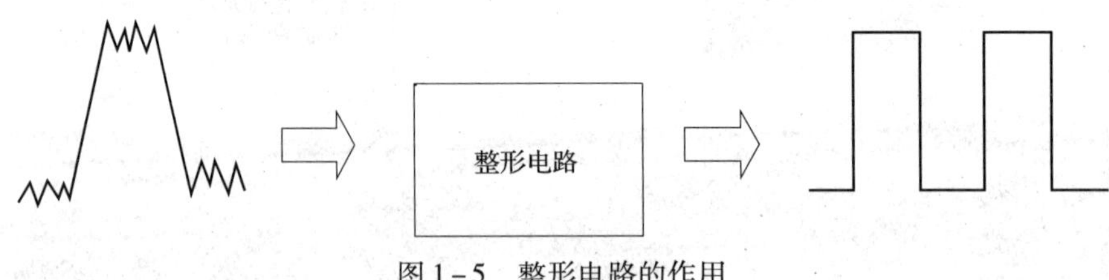

图 1 - 5　整形电路的作用

3. 处理精度高

增加数字电路中数字的位数，即可相应提高电路的精度。

下面以 CD 唱盘用数字信号记录声音为例进行说明，其信号类型及波形图见表 1 - 1。表 1 - 1 中图 a 所示为模拟信号；图 b 所示为相应的数字信号，用一位二进制数表示，只有 1 和 0 两个台阶，刻录在光盘上时，1 就是凹坑，0 就是间隔，与图 a 相比，差别较大。图 c 是用二位二进制数表示，有 4 个台阶，与图 a 较为近似。图 d 是用三位二进制数表示，有 8 个台阶，与图 a 更为近似。这种台阶数称为**量化级数**，例如用二位二进制数表示，即称 4 级量化，又称 **2 比特**量化。比特数对应二进制数的位数，比特数越大，则量化级数越多，数字信号与模拟信号的差别越小，处理精度也越高。例如，在录制音乐 CD 唱盘时，量化级数通常取 2^{16} =65 536 级，即 16 比特量化。

表 1-1　　用数字信号记录声音

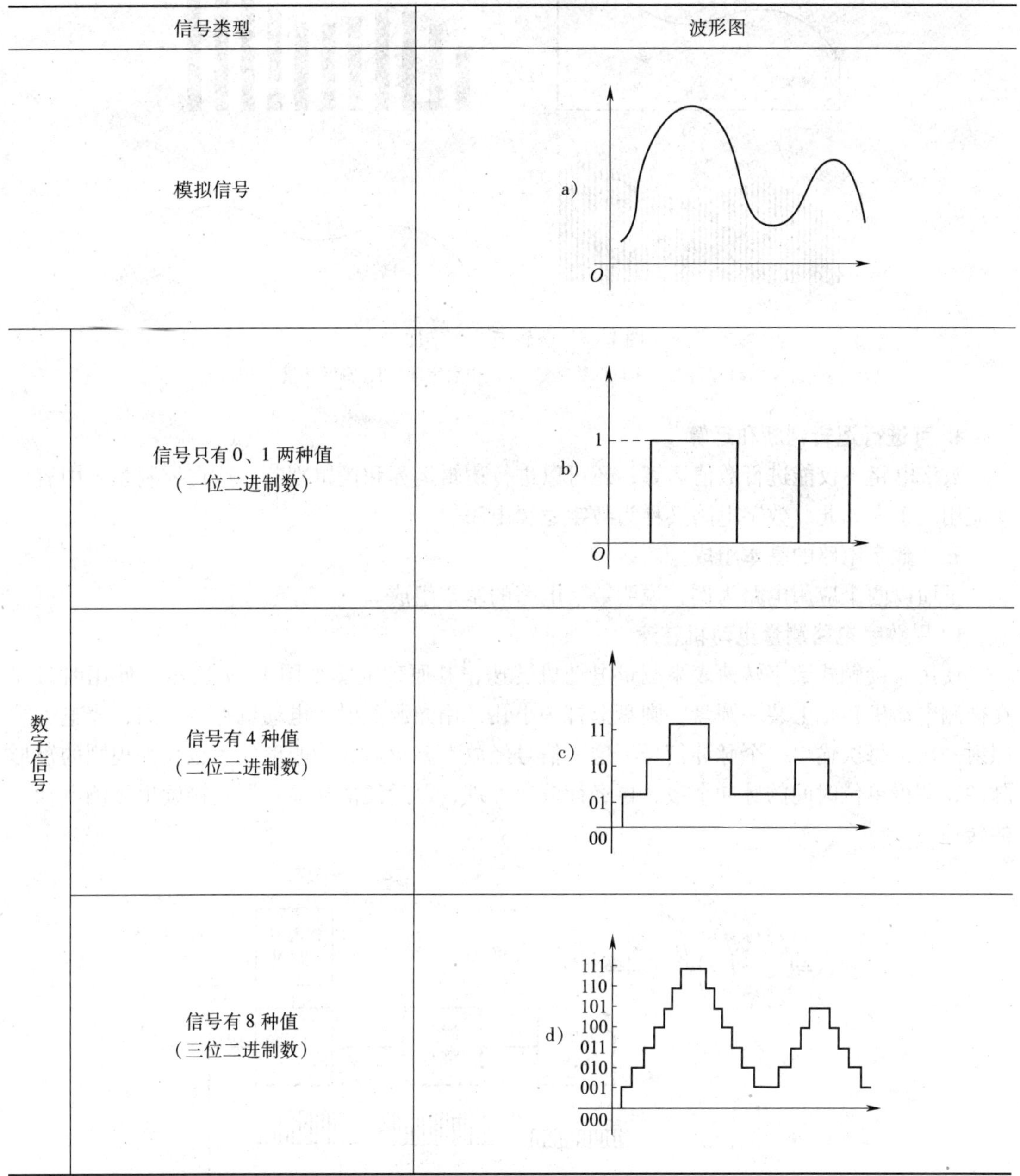

信号类型		波形图
模拟信号		a)
数字信号	信号只有 0、1 两种值 （一位二进制数）	b)
	信号有 4 种值 （二位二进制数）	c)
	信号有 8 种值 （三位二进制数）	d)

又如，在图 1-6 所示的凸轮板数控机床加工中，图 a 是一块凸轮板，其轮廓曲线是模拟量，在用数控机床进行仿形加工时，必须将凸轮板曲线的模拟量转换成数字量，其方法是将凸轮板曲线切割成直线图表的形状，每条直线的单位高度设置成 1 mm 或 0.1 mm，然后用数字量表示，并作为指令值使用。由图可见，随着数字量划分得越细（位数越多），处理精度也越高，当达到足够大的处理精度时，图 d 所示的曲线与图 a 所示的曲线便趋于相同了。

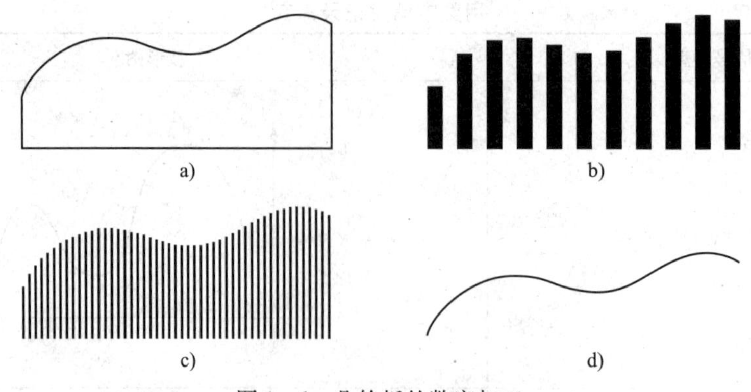

图 1-6　凸轮板的数字加工

a）凸轮板　b）低数字量　c）中数字量　d）高数字量

4. 可进行逻辑判断和运算

数字电路不仅能进行数值运算，还可以进行逻辑运算和逻辑判断，这在控制系统中有广泛应用。正因如此，数字电路又称为**数字逻辑电路**。

三、数字电路的基本组成

下面以两个应用电路为例，说明数字电路的基本组成。

1. 用数字电路测量电动机转速

使用非接触式数字转速表来测量电动机转速，其原理框图如图 1-7 所示。使用时只要在被测电动机转轴上装一圆盘，圆盘上打一小孔，用光源照射。电动机每转一周，光电管被照射一次，每次输出一个脉冲信号，这一信号经放大整形后成为幅度较大也较为规则的矩形脉冲，测得单位时间的脉冲个数，再经计数、处理，最后便能从显示器直接读出被测电动机的转速。

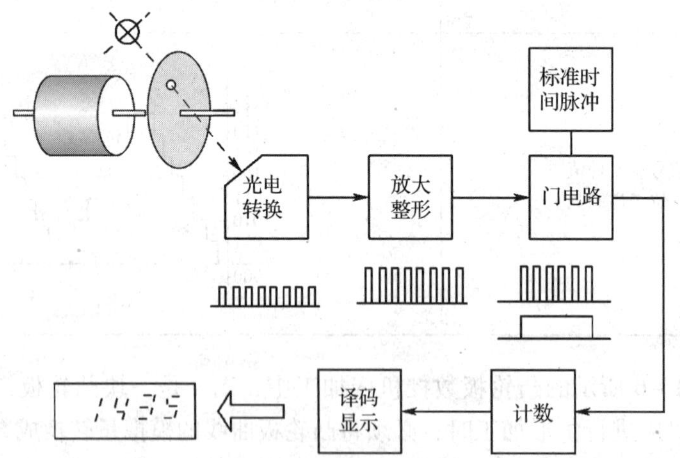

图 1-7　用数字电路测量电动机转速的原理框图

2. 四人抢答器

四人抢答器原理框图如图 1-8 所示。当主持人发出开始信号后，开始信号通过门电路控制使时间鉴别器工作，参赛者按下按钮开关，时间鉴别器鉴别出最先按下按钮的号码，并发出一个锁定信号，使时间鉴别器拒绝其余三个参赛者的信号。设第 4 号抢答成功，鉴别出来的号码信号通过编码器转换成相应的二进制代码，送寄存器保存，再经过译码器译码，驱动数码器显示抢答成功者的数字号码。

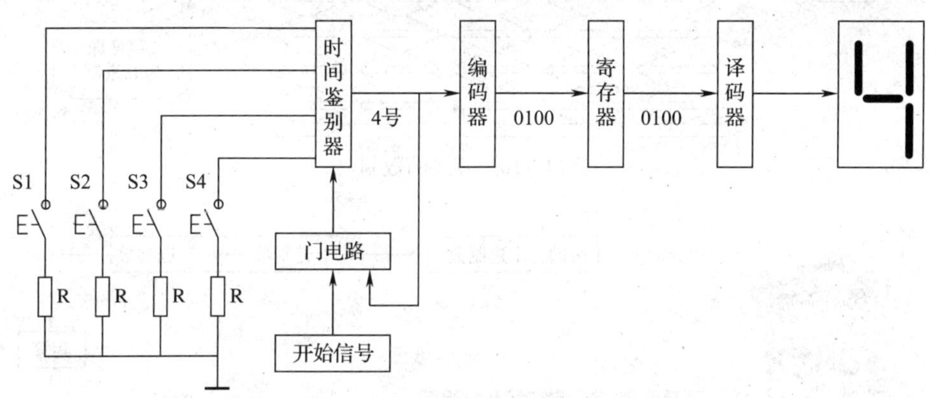

图 1－8 四人抢答器原理框图

从以上两个电路的工作过程可以看出，数字电路大致包含**数字信号的产生与整形、编码、寄存、译码、显示**等典型单元数字电路。

此外，为了将传感器转换而来的模拟信号转换成控制系统所需要的数字信号，必须采用**模数转换器（A/D Converter）**。数字信号被处理后，通常还要经过**数模转换器（D/A Converter）**恢复成模拟信号，去驱动执行元件，如图 1－9 所示。

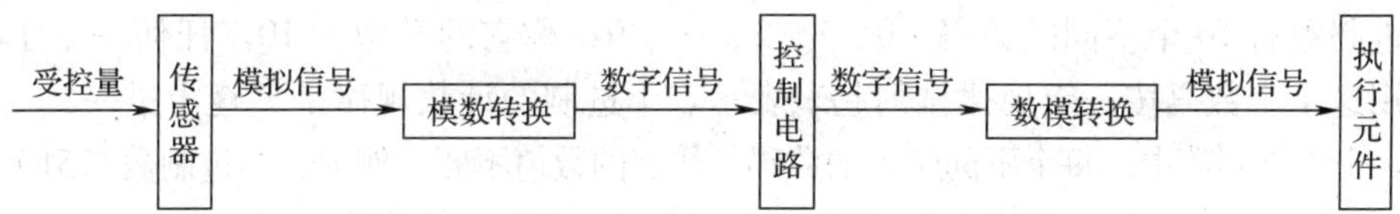

图 1－9 数字电路基本组成原理框图

§1—2 数制与码制

数制是指计数的方法。在不同的数制中，数码（计数符号）的多少、进位的方式和计算的方法也各不相同。例如，最常用的十进制数需要使用 0 ~9 共 10 个数码，计算时逢十进一。除了十进制，使用较多的还有六十进制（时间、角度等）、二进制等，在数字电路中常用的还有八进制、十六进制等。

图 1－10 所示为我国传统算盘的数制。其中，下盘表示 1 ~4 的算珠为五进制，上盘表示 5 的算珠为二进制，进位则为十进制。

图 1－11 所示为目前人们普遍使用的计算器，按键输入十进制数，计算器将其转换为二进制进行运算，然后将二进制数转换为十进制数，最后显示十进制数。

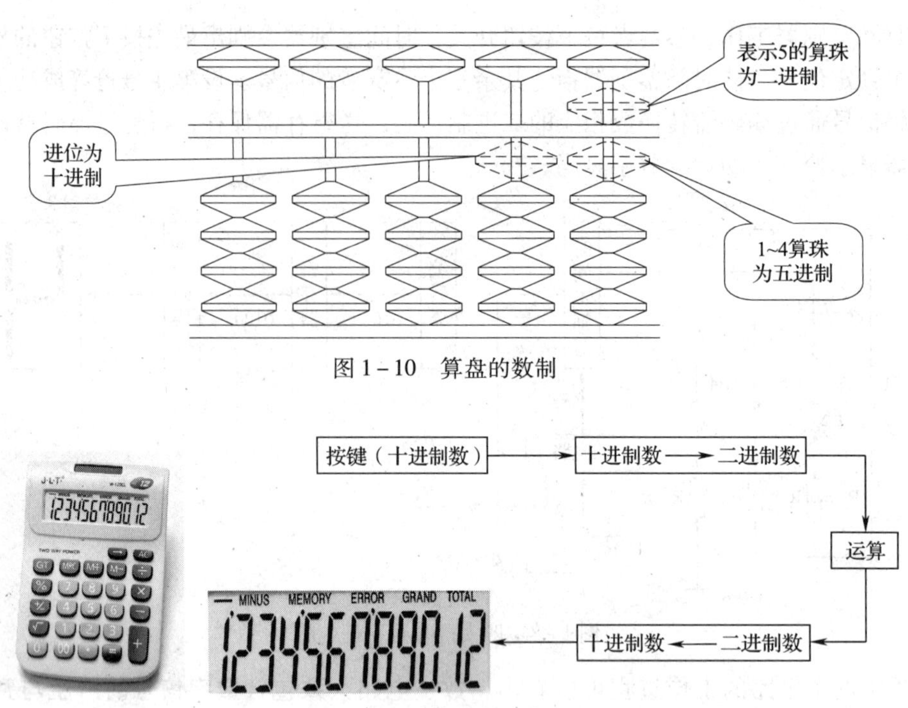

图 1－10　算盘的数制

图 1－11　计算器的工作过程

一、几种常用数制

在数字电路和计算机中，常用的数制有十进制、二进制、八进制、十六进制等。

1. 十进制

十进制数有 10 个不同的数码：0、1、2、…、9，称它的**基数**为 10。任何一个十进制数都可以用这十个数码按一定规律排列起来表示。十进制的计数规律是“逢十进一”。

在一个十进制数中，每个不同位置的数码，代表的数值不同。例如，十进制数 4751 可写成：

$$4751 = 4 \times 10^3 + 7 \times 10^2 + 5 \times 10^1 + 1 \times 10^0$$

4751 右边第一位是个位（10^0），第二位是十位（10^1），第三位是百位（10^2），第四位是千位（10^3）。通常把 10^3、10^2、10^1、10^0 称为对应数位的**权**，它表示数码在数中处于不同位置时其数值的大小。

2. 二进制

二进制数只有两个数码：0 和 1。它的基数为 2，计数规律是“逢二进一”。一个二进制数可以按权位展开，例如二进制数 1101 可写成：

$$1101 = 1 \times 2^3 + 1 \times 2^2 + 0 \times 2^1 + 1 \times 2^0$$

式中，2^3、2^2、2^1、2^0 就是对应数位的权。可见，四位二进制数的权分别为 8、4、2、1。

3. 十六进制和八进制

采用二进制来表示数，通常位数很多，书写起来十分麻烦。例如，十进制数 116 写成二进制数为 1 110 100。数越大，书写起来越长，所以常采用十六进制数或八进制数来表示二进制数。

十六进制数有 16 个数码：0、1、…、9，A、B、C、D、E、F，它的基数为 16，计数规律是“逢十六进一”。

八进制数有8个数码：0、1、2、3、4、5、6、7，它的基数为8，计数规律是“逢八进一”。

十进制、二进制、八进制、十六进制的对应关系见表1-2。

表1-2　　几种常用数制的对应关系

十进制（D）	二进制（B）	八进制（Q）	十六进制（H）	十进制（D）	二进制（B）	八进制（Q）	十六进制（H）
0	0	0	0	9	1001	11	9
1	1	1	1	10	1010	12	A
2	10	2	2	11	1011	13	B
3	11	3	3	12	1100	14	C
4	100	4	4	13	1101	15	D
5	101	5	5	14	1110	16	E
6	110	6	6	15	1111	17	F
7	111	7	7	16	10000	20	10
8	1000	10	8				

二、不同数制间的转换

1. 二进制、八进制、十六进制数转换成十进制数

将二进制、八进制、十六进制数转换成十进制数，只要按各位权展开相加即可。为了区分各种不同的进制，可在数后加上不同的字母来表示，通常用D表示十进制（常省略不写），B表示二进制（常省略不写），O或Q表示八进制，H表示十六进制等；也可直接用数字表示，如$(122)_{10}$、$(110101)_2$、$(724)_8$、$(2A8)_{16}$等。

【例1-1】

（1）将110101转换为十进制数。

解：$(110101)_2 = 1\times2^5 + 1\times2^4 + 0\times2^3 + 1\times2^2 + 0\times2^1 + 1\times2^0 = (53)_{10}$

（2）将$(724)_8$转换为十进制数。

解：$(724)_8 = 7\times8^2 + 2\times8^1 + 4\times8^0 = (468)_{10}$

（3）将$(2A8)_{16}$转换为十进制数。

解：$(2A8)_{16} = 2\times16^2 + 10\times16^1 + 8\times16^0 = (680)_{10}$

2. 十进制数（整数）转换为二进制数

十进制整数转换成二进制数，可采用**除2逆序取余法**。

【例1-2】　将53转换为二进制数。

解：

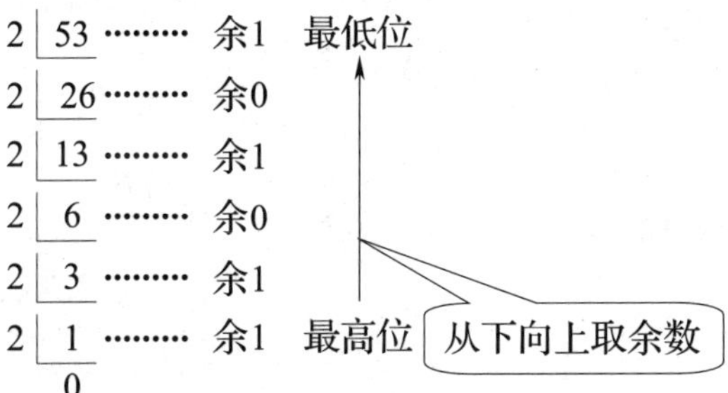

所以　$(53)_{10}=(110101)_2$

3. 二进制数与八进制数、十六进制数的相互转换

（1）二进制数与八进制数的相互转换

由于八进制数的基数 $8=2^3$，对应为二进制数有 000 ~ 111 共 8 个不同的状态，故每位八进制数码可用 3 位二进制数表示。方法是从低位开始，每 3 位二进制数为一组，若最后不足 3 位，在高位用 0 补足 3 位即可。将每组二进制数用一个等值的八进制数码代替，按顺序排列即变为八进制数。

【例 1 - 3】

1）将二进制数 10111001 转换为八进制数。

解：$(10111001)_2$高位补 0 后为：

高位补0

$(010\quad 111\quad 001)_2$

↓　↓　↓

$(2\quad 7\quad 1)_8$

所以　$(10111001)_2=(271)_8$

2）将八进制数 $(271)_8$转换为二进制数。

解：按本例题 1）方法进行逆变换即可，即：

$(2\quad 7\quad 1)_8$

↓　↓　↓

$(010\ 111\ 001)_2$

所以　$(271)_8=(10111001)_2$

（2）二进制数与十六进制数的相互转换

由于十六进制的基数 $16=2^4$，对应为二进制数有 0000 ~ 1111 共 16 个不同的状态，故每位十六进制数码可用 4 位二进制数表示。方法是从低位开始，每 4 位二进制数为一组，若最后不足 4 位，在高位用 0 补足 4 位即可。将每组二进制数用一个等值的十六进制数码表示，按顺序排列即变为十六进制数。

【例 1 - 4】

1）将二进制数 $(10111001)_2$转换为十六进制数。

解：

$(1011\quad 1001)_2$

↓　↓

$(B\quad 9)_{16}$

所以　$(10111001)_2=(B9)_{16}$

2）将二进制数 $(111101011)_2$转换为十六进制数。

解：$(111101011)_2$高位补 0 后为：

高位补0
$$(0001\ 1110\ 1011)_2$$
$$\downarrow\quad\downarrow\quad\downarrow$$
$$(1\quad E\quad B)_{16}$$

所以　$(111101011)_2=(1EB)_{16}$

3）将十六进制数 $(13AB)_{16}$ 转换为二进制数。

按本例题1）或题2）方法进行逆向变换即可。

解：

$$(1\quad 3\quad A\quad B)_{16}$$
$$\downarrow\quad\downarrow\quad\downarrow\quad\downarrow$$
$$(0001\ 0011\ 1010\ 1011)_2$$

所以　$(13AB)_{16}=(1001110101011)_2$

由例1-4可以看出，同一个数用十六进制表示位数更少，读写较方便，因此数字系统中在计数时较多采用十六进制。

三、码制

用数码、符号、文字来表示特定对象的过程称为**编码**。例如，各地的邮政编码、个人的身份证号、学校教学楼每一个教室的代码等，这些代码包含有对象的特定信息，并不表示数值的大小。对于数字技术的编码，不同的编码方式称为码制。

1. 二进制代码

数字系统的信息通常采用多位二进制数表示，称为二进制代码。

一个二进制数有1和0两个代码，可以表示两个信息，**n 位二进制代码可以表示 2^n 个不同的信息**。如果需要编码的信息有 N 项，则应满足 $N\leqslant 2^n$。

2. BCD码

用二进制数表示十进制数的编码方法称为二—十进制编码，简称BCD码。

由于十进制数有十个（0~9）不同的数码，而4位二进制数可以组成 $2^4=16$ 种不同的组合，从16种组合中选出10种不同的组合方式，可以得到多种二—十进制编码方案。表1-3列出了几种常见的BCD码。

表1-3　　几种常见的BCD码

十进制数码	有权码				无权码	
	8421	5421	2421（A）	2421（B）	余3码	格雷码
0	0000	0000	0000	0000	0011	0000
1	0001	0001	0001	0001	0100	0001
2	0010	0010	0010	0010	0101	0011
3	0011	0011	0011	0011	0110	0010
4	0100	0100	0100	0100	0111	0110
5	0101	1000	0101	1011	1000	0111
6	0110	1001	0110	1100	1001	0101
7	0111	1010	0111	1101	1010	0100
8	1000	1011	1110	1110	1011	1100
9	1001	1100	1111	1111	1100	1000

（1）8421BCD 码

最常用的 BCD 码是 8421BCD 码。它是一种**有权码**，从高位（左）到低位（右）的权分别为 8（2^3）、4（2^2）、2（2^1）、1（2^0），所以称为 8421 码。它选取 0000～1001 前 10 种组合来表示十进制数。

（2）5421BCD 码

5421BCD 码也是一种有权码，从高位到低位分别是 5、4、2、1。例如 $(1011)_{5421}$ 按位展开可得：

$$1\times5+0\times4+1\times2+1\times1=8$$

（3）2421BCD 码

2421BCD 码也是一种有权码，从高位到低位的权分别是 2、4、2、1。例如 2421A 码中的 0101 按位展开即可得相应的十进制数 5，而 2421B 码中的 1011 按位展开也是 5。

2421B 码具有互补性，10 个代码内有 5 对反码，即：

0000（0）———— 1111（9）
0001（1）———— 1110（8）
0010（2）———— 1101（7）
0011（3）———— 1100（6）
0100（4）———— 1011（5）

（4）余 3 码

这是一种**无权码**，它是在相应的 8421BCD 码上加 0011（3）得到的。

（5）格雷码

这也是一种无权码，它的特点是相邻两个代码间只有一位数不同，这两个数也可以看作是相邻的，因此它是一种**循环码**（所谓循环码，是指具有以下两个特点的编码：一是相邻性，即任意两个相邻代码仅有一位数码不同；二是循环性，即首尾的两个代码也具有相邻性）。

格雷码有多种形式，除表 1－3 中所列十进制形式外，还有十六进制形式，见表 1－4。

表 1－4　　格雷码十六进制形式

十进制数	格雷码	十进制数	格雷码
0	0000	8	1100
1	0001	9	1101
2	0011	10	1111
3	0010	11	1110
4	0110	12	1010
5	0111	13	1011
6	0101	14	1001
7	0100	15	1000

三位格雷码的排列形式见表 1－5。

表 1－5　　三位格雷码

十进制码	0	1	2	3	4	5	6	7
格雷码	000	001	011	010	110	111	101	100

其他码制的数码在递增或递减时，往往多位发生变化，例如 8421BCD 码的 7（0111）变为 8（1000），四位都要发生变化，这样在数字的转换和传输中容易出错。而格雷码的 7（0100）与 8（1100）只有第一位不同，这样在数字处理中就可降低出错的可能性，如图 1－12 所示。所以，格雷码常用于高分辨率的设备中。

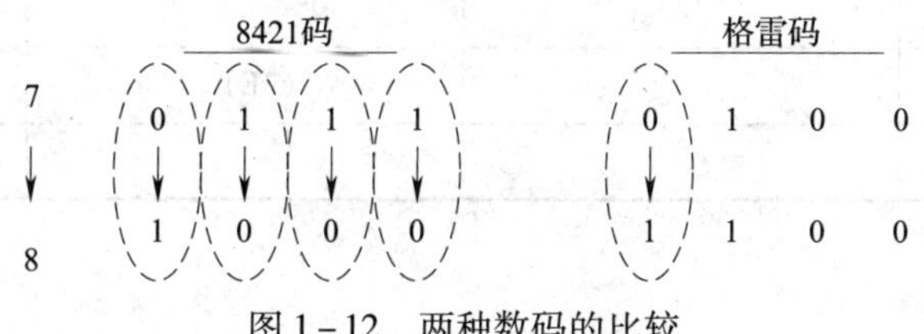

图 1－12　两种数码的比较

（6）标准信息交换码

在数字系统和计算机中，需要编码的信息除了数字外，还有字符及各种专用符号。用二进制码表示的编码方法有多种，目前国际上普遍采用的是 ASCII 码，即美国标准信息交换码，它可以表示数字、英文符号及部分控制符，见表 1－6。

表 1－6　　ASCII 码

字符	ASCII 代码			字符	ASCII 代码			字符	ASCII 代码		
	二进制	十进制	十六进制		二进制	十进制	十六进制		二进制	十进制	十六进制
回车	1101	13	0D	?	111111	63	3F	E	1000101	69	45
ESC	11011	27	1B	@	1000000	64	40	a	1100001	97	61
空格	100000	32	20	A	1000001	65	41	b	1100010	98	62
!	100001	33	21	B	1000010	66	42	c	1100011	99	63
“	100010	34	22	C	1000011	67	43	d	1100100	100	64
#	100011	35	23	D	1000100	68	44	e	1100101	101	65

除了上面介绍的几种编码外，还有其他多种编码方法，如 5211 码、奇偶校验码、汉明码、国际标准化组织（ISO）码等。

码是一种表示方式，本身无大小之分；而数有大小之分。

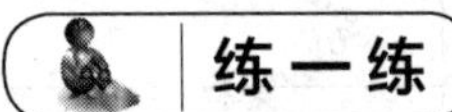

完成表 1－7 中的数制转换。

表 1－7　　数制转换练习

十进制	八进制	十六进制	8421BCD 码
$(15)_{10}$			
	$(12)_8$		
		$(3E)_{16}$	
			$(1011)_{8421BCD}$

编码基本名称说明

1. 位数与比特

码的位的多少称为位数，对于二进制码的位数一般简称为 bit，中文读作比特。

例如，某一个二进制码是 100101，该码共有 6 位，所以称为 6 比特。又如激光唱机（CD 机）通常是 16 比特的，这说明该 CD 机记录信息采用 16 位数。

2. 字

用二进制码表示某一个数值或字符时，该二进制码称为字。在数字系统中，所有的信息，包括数据、字母、代表机器操作的指令或数据以及指令存储器中的存放地址等，都是以二进制码来表示的。作为一个整体来处理或运算的一组二进制数码就是一个字。

3. 字长

在微控制器中，一个字的二进制位数称为字长。控制器的字长有 1 位、4 位、8 位、16 位、32 位、64 位等。

4. 字节

在字长较长时，把一个字分成若干节。现在国际上统一把 8 位二进制数定义为一个字节（byte），把 4 位二进制数称为半字节，把 $2^{10}=1\ 024$ 字节称为 1K 字节。

§1—3　逻辑门电路

图 1－13 所示是三人表决器示意图。A、B、C 三人参加表决，按下按钮表示同意，不按按钮表示不同意。根据少数服从多数的原则，表决通过则绿灯亮，反之则红灯亮。

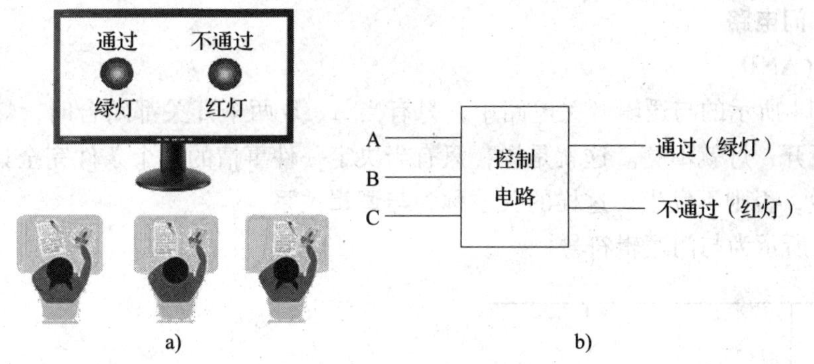

图 1-13　三人表决器
a）表决器　b）电路框图

这是一个简单的控制电路。三个按钮送入的信号是输入信号，分别代表 A、B、C 是否同意，其输出信号是控制两盏指示灯的信号，代表表决是否通过。如 A、B、C 三人中任意两人同意或 A、B、C 三人皆同意，则表决通过（绿灯亮，红灯不亮），其他情况则表决不通过（绿灯不亮，红灯亮）。

其中，A、B、C 是否同意为**逻辑条件**，红、绿灯是否亮为**逻辑结果**，每一种条件对应一种结果。把输入状态作为条件，输出状态作为结果，输入与输出的关系即为**逻辑关系**。三人表决器逻辑关系见表 1-8。

表 1-8　三人表决器逻辑关系

条件			结果	
A	B	C	红灯	绿灯
×	×	×	亮	不亮
×	×	√	亮	不亮
×	√	×	亮	不亮
×	√	√	不亮	亮
√	×	×	亮	不亮
√	×	√	不亮	亮
√	√	×	不亮	亮
√	√	√	不亮	亮

注：同意√，不同意×。

在逻辑系统中，任何复杂的逻辑关系都由与、或、非三种逻辑关系组合而成，实现这三种基本逻辑关系的电路分别称为与门（AND）、或门（OR）和非门（NOT）。

所谓门，其实就相当于一种开关，它能按照一定的条件去控制信号的通过或不通过。门电路的输入和输出之间存在一定的逻辑关系，所以门电路又称为逻辑门电路。

一、基本门电路

1. 与门（AND）

在图 1－14 所示的与逻辑开关电路中，只有当 A、B 两个开关都闭合时，灯才亮；只要有一个开关断开，灯就不亮。这就是说，只有当决定一件事情的几个条件完全具备时，这件事情才能发生，否则不发生。这样的关系称为**与逻辑**关系。

图 1－15 所示为与门逻辑符号。

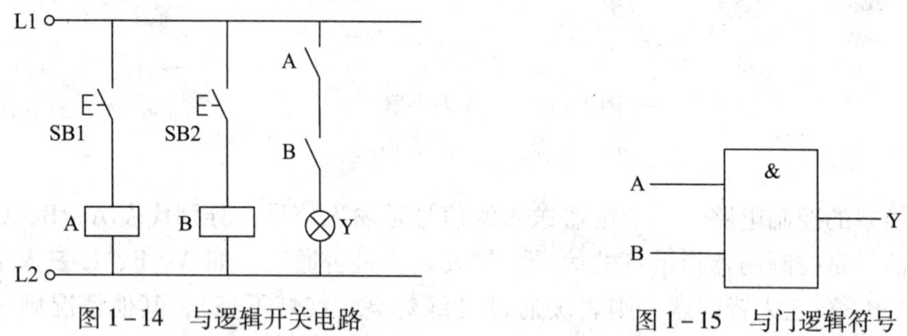

图 1－14　与逻辑开关电路　　图 1－15　与门逻辑符号

把开关通断与灯泡亮灭的关系列在表 1－9 中。如果设开关通为 1，不通为 0；灯亮为 1，不亮为 0，可得表 1－10 所列值，这便是与门的**真值表**，它反映了与门输出状态与输入状态之间的逻辑关系。

表 1－9　电路状态

开关 A	开关 B	灯泡
断	断	不亮
断	通	不亮
通	断	不亮
通	通	亮

表 1－10　与门真值表

A	B	Y
0	0	0
0	1	0
1	0	0
1	1	1

与门的逻辑功能可概括为**“有 0 出 0，全 1 出 1”**。与门的逻辑表达式为：

$$Y = A \cdot B = AB$$

该表达式读作 Y 等于 A 与 B 或 Y 等于 A 乘 B，所以通常也把与门逻辑称为**逻辑乘**。

数字电路的逻辑关系也常常用波形图来描述，在画波形图时可省去坐标轴，但输入波形与输出波形之间的时间必须严格对应。如图 1－16 所示，与门在 A、B 两个波形的输入电压作用下，得到如 Y 波形所示的输出电压。

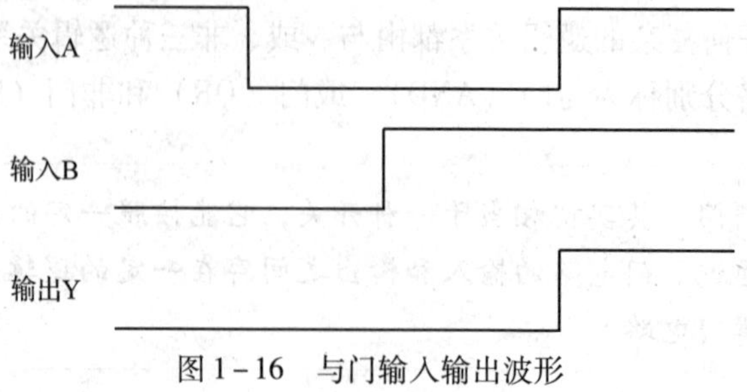

图 1－16　与门输入输出波形

练一练

列出有 3 个输入端的与门的真值表，画出其逻辑符号，并画出对应于图 1－17 输入波形的输出波形。

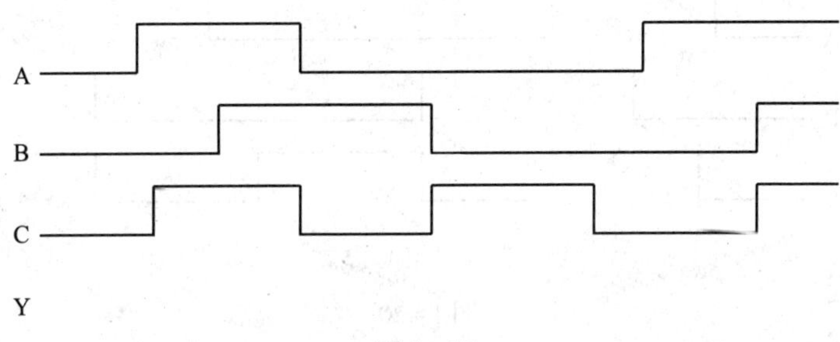

图 1－17

2. 或门（OR）

在图 1－18 所示的或逻辑开关电路中，A 和 B 两个开关只要有一个闭合灯就亮。这说明，当决定一件事情的几个条件中，只要有一个条件具备，这件事情就会发生。这样的逻辑关系称为**或逻辑**关系。

图 1－19 所示为或门逻辑符号。或门真值表见表 1－11。

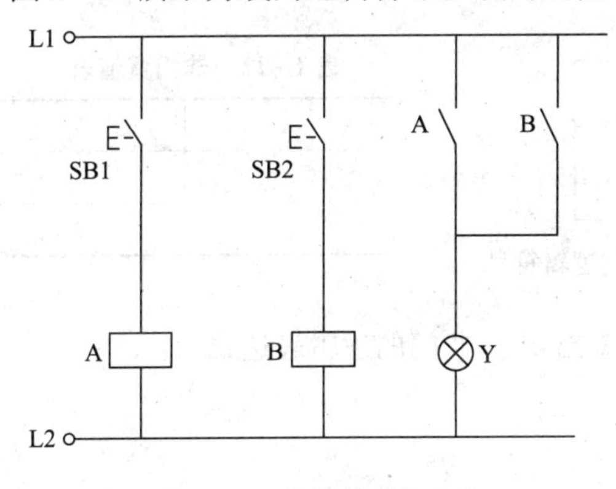

图 1－18　或逻辑开关电路

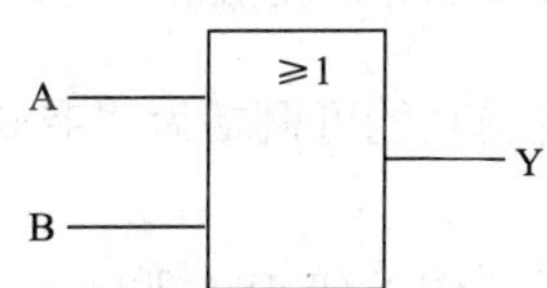

图 1－19　或门逻辑符号

表 1－11　或门真值表

A	B	Y
0	0	0
0	1	1
1	0	1
1	1	1

或门的逻辑功能可概括为**“全 0 出 0，有 1 出 1”**。或门的逻辑表达式为：

$$Y = A + B$$

该表达式读作 Y 等于 A 或 B，也可读作 Y 等于 A 加 B，所以或逻辑也称**逻辑加**。

练一练

列出有3个输入端的或门的真值表，画出其逻辑符号，并画出对应于图1－20输入波形的输出波形。

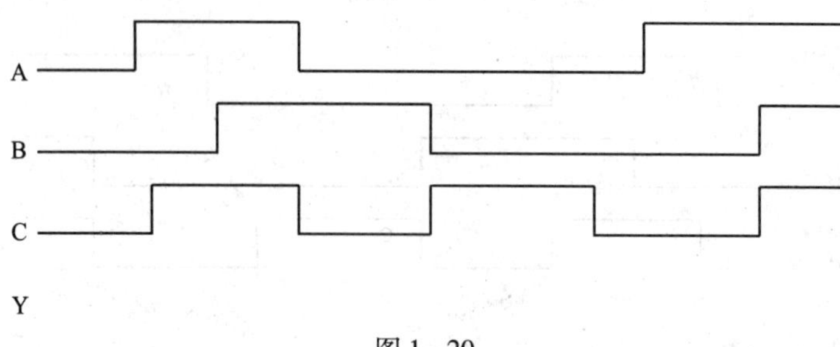

图1－20

3. 非门（NOT）

在图1－21所示的非逻辑开关电路中，当开关A断开时，灯亮；A闭合时，灯就不亮。也就是说，事情的结果与条件总是呈相反状态。这种关系称为**非逻辑**关系。

图1－22所示为非门逻辑符号。非门真值表见表1－12。

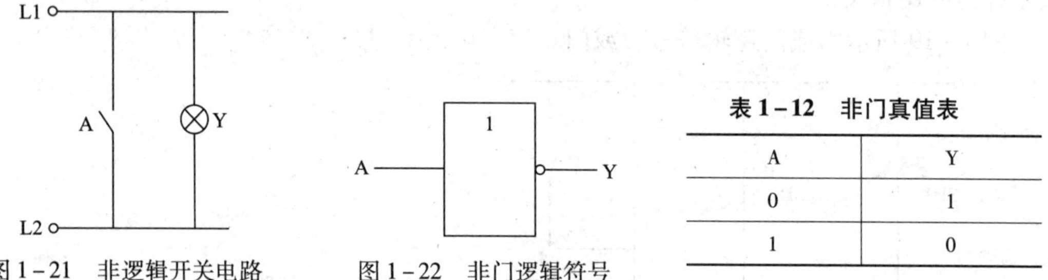

图1－21　非逻辑开关电路　　图1－22　非门逻辑符号

表1－12　非门真值表

A	Y
0	1
1	0

非门的逻辑功能可概括为**"有0出1，有1出0"**。非门的逻辑表达式为：

$$Y = \overline{A}$$

该表达式读作Y等于A非。

二、复合门电路

由与、或、非三种基本门电路可以组合成复合门电路，常用的复合门电路见表1－13。

表1－13　　常用复合门电路

名称	组合方式	逻辑符号	真值表	逻辑表达式	逻辑关系
与非门	A、B → & → 1 ○— Y	A、B → & ○— Y	A B Y 0 0 1 0 1 1 1 0 1 1 1 0	$Y = \overline{AB}$	全1出0， 有0出1

续表

名称	组合方式	逻辑符号	真值表	逻辑表达式	逻辑关系
或非门	A, B → ≥1 → 1 → Y	A, B → ≥1 ○→ Y	A B Y 0 0 1 0 1 0 1 0 0 1 1 0	$Y=\overline{A+B}$	有1出0， 全0出1
与或非门	A, B → & ; C, D → ; ≥1 ○→ Y		A B C D Y 0 0 0 0 1 0 0 0 1 1 0 0 1 0 1 … … … … … 1 1 1 1 0	$Y=\overline{AB+CD}$	A、B全1或 C、D全1出0， 否则出1
异或门	A, B → =1 → Y		A B Y 0 0 0 0 1 1 1 0 1 1 1 0	$Y=A\overline{B}+\overline{A}B$ 或 $Y=A\oplus B$	相异出1， 相同出0
同或门	A, B → = → Y 或 A, B → =1 ○→ Y		A B Y 0 0 1 0 1 0 1 0 0 1 1 1	$Y=AB+\overline{A}\,\overline{B}$ 或 $Y=A\odot B$	相同出1， 相异出0

用 Multisim 仿真软件测试复合门电路的逻辑功能

1. 测试与非门 74LS00N 的逻辑功能

（1）用 Multisim 仿真软件建立如图 1-23 所示的测试电路。

（2）单击逻辑开关 A、B，在与非门的输入端加上 0 和 1，观察输出端指示灯的亮与灭。

（3）建立如图 1－24a 所示的测试与非门 74LS00N 真值表的实验电路，XLC1 为逻辑转换器。双击逻辑转换器图标，弹出真值表面板，再分别单击面板上部 A、B 输入端，然后按下右侧转换按钮，即可出现完整的真值表，如图 1－24b 所示。

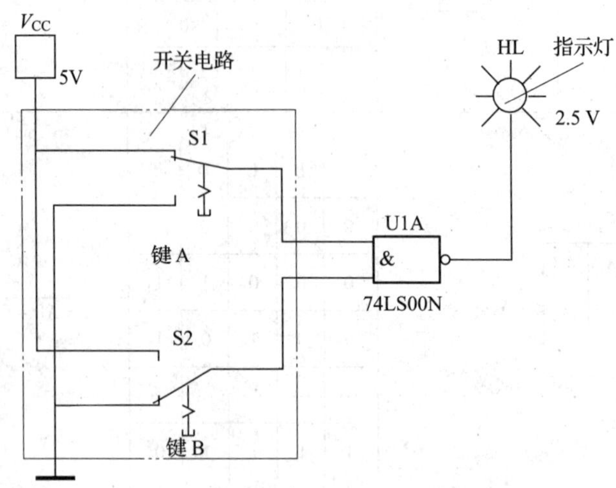

图 1－23　74LS00N 逻辑功能测试电路图

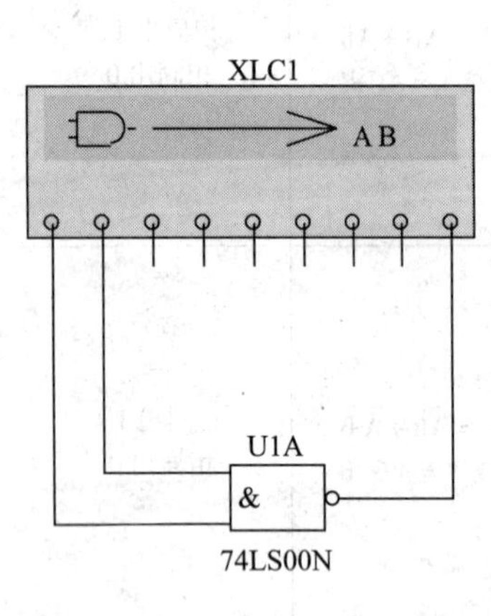

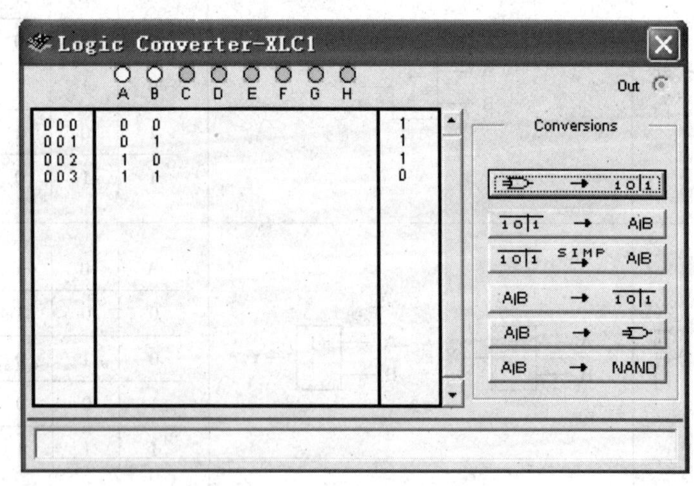

a)　　b)

图 1－24　测试 74LS00N

a）测试电路图　b）真值表页面

从以上两个不同的仿真实验，可以得出与非门的逻辑功能为：有 0 出 1，全 1 出 0。

2. 测试异或门 74LS86N 的逻辑功能

（1）用 Multisim 仿真软件建立如图 1－25a 所示的测试电路。

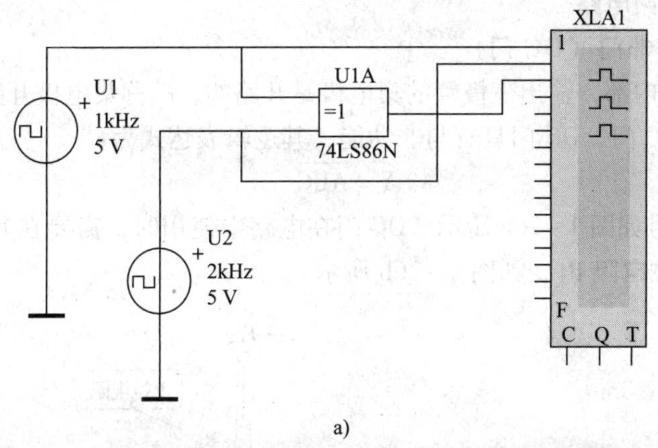

a）

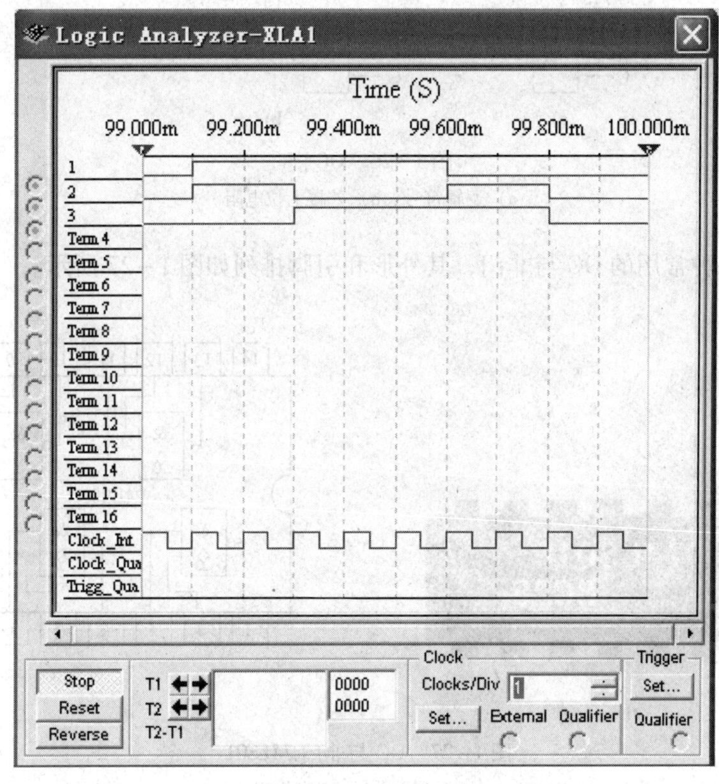

b）

图 1－25　测试 74LS86N 逻辑功能

a）测试电路图　b）波形图页面

（2）双击逻辑分析仪，打开其面板，选择内时钟，选择 10 kHz 采样频率。

（3）接通电源，调节逻辑分析仪时间基准，得到合适的完整波形后点击暂停开关，得到静止的波形图，如图 1－25b 所示。

根据输入、输出波形图，可以得出异或门的逻辑功能为：相异出 1，相同出 0。

三、其他类型的门电路

1. 集电极开路与非门（OC 门）

这种类型的电路内部，输出三极管的集电极是开路的，故称集电极开路与非门，也称集电极开路门，简称 OC 门。OC 门具有与非功能，其逻辑表达式为：

$$Y = \overline{ABC}$$

OC 门的逻辑符号如图 1－26a 所示。OC 门在电路中使用时，需要在其输出端 Y 与电源 V_{CC}之间外接一个**上拉电阻** R_L，如图 1－26b 所示。

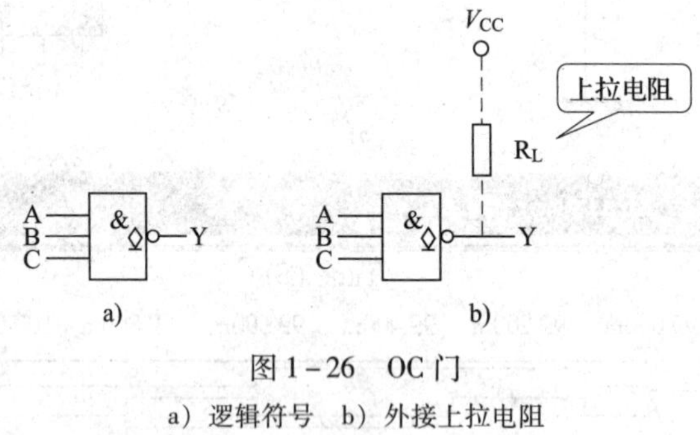

图 1－26　OC 门

a）逻辑符号　b）外接上拉电阻

74LS01 是一种常用的 OC 与非门，其外形和引脚排列如图 1－27 所示。

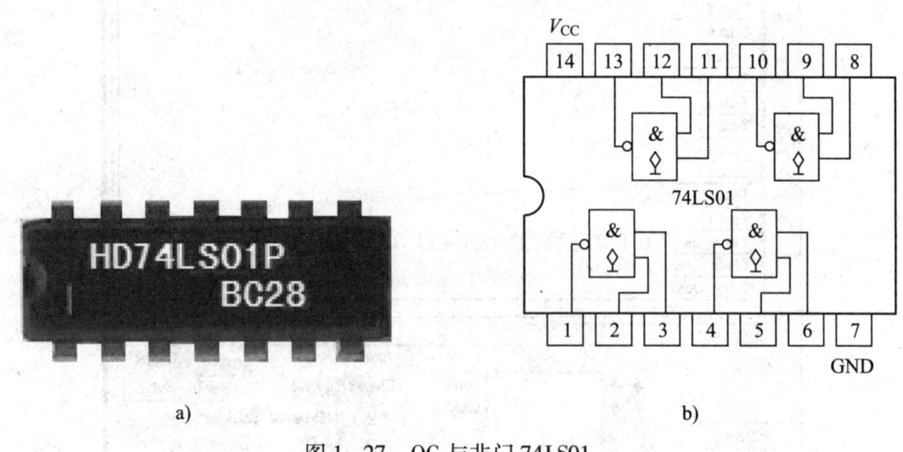

图 1－27　OC 与非门 74LS01

a）外形图　b）引脚排列

OC 门的主要应用如下：

（1）直接驱动发光二极管或小型继电器

图 1－28a 所示为用 OC 门驱动发光二极管的显示电路图。该电路只有当输入均为高电平时，输出才为低电平，发光二极管才能导通发光。图 1－28b 所示为用 OC 门驱动小型继电器的电路，同样，也只有当输入均为高电平时，继电器 KA 才能得电动作。

（2）实现线与逻辑功能

将几个 OC 门的输出端并联可实现线与逻辑功能，这种连接方法称为**线与**。图 1－29 所示为由 3 个 OC 门构成的线与电路，其逻辑表达式为：

$$Y = \overline{AB} \cdot \overline{CD} \cdot \overline{EF}$$

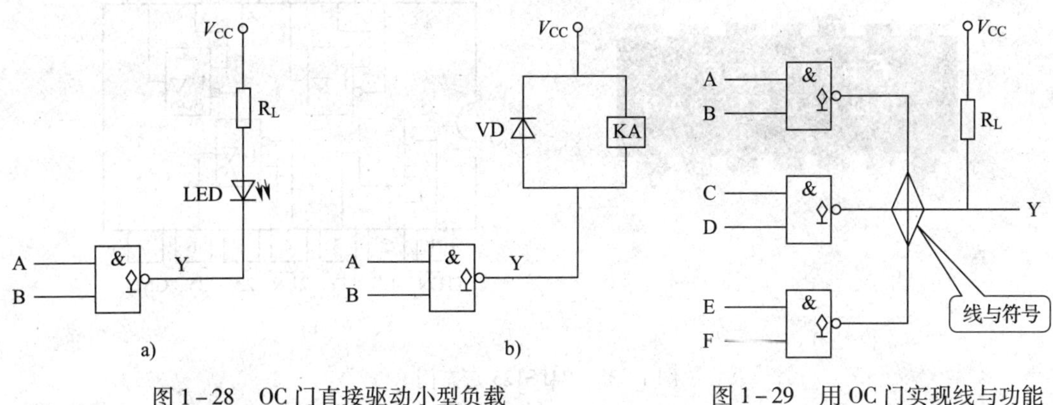

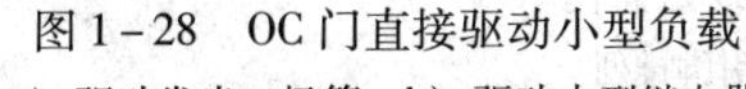
图 1－28　OC 门直接驱动小型负载

a）驱动发光二极管　b）驱动小型继电器

图 1－29　用 OC 门实现线与功能

一般门电路的输出端是不可直接相连的，因为那样可能会使门电路损坏。只有 OC 门的输出端才能直接相连，从而实现线与的功能。

2. 三态门（TS 门）

三态门简称 TS 门，是在普通门的基础上，加上使能控制信号和控制电路构成的。

三态门的输出除了有一般门电路的高电平、低电平状态外，还可以呈**高阻状态**（或称**禁止状态**）。

三态输出与非门逻辑符号和逻辑功能见表 1－14。逻辑符号中 EN 为**控制端**，也称**使能端**。不加符号“o”表示高电平有效，加符号“o”表示低电平有效。

表 1－14　　三态门逻辑符号与逻辑功能

逻辑符号	逻辑功能	
A, B, EN（&, EN, ▽, Y）	EN＝0	Y 呈高阻（开路）
	EN＝1	$Y = \overline{AB}$
A, B, $\overline{EN}$（&, EN, ▽, Y）	$\overline{EN}$＝0	$Y = \overline{AB}$
	$\overline{EN}$＝1	Y 呈高阻（开路）

三态门主要用于实现多个数据或信号的总线传输。总线可以是单向传输，也可以是双向传输。

74LS125 是一种常用的低电平有效型三态门，其外形和引脚排列如图 1－30 所示。

（1）用三态门构成单向总线

电路连接如图 1－31 所示，图中三态门均为高电平有效。只有当控制端为高电平时，该三态门才处于工作状态，其余三态门均处于高阻状态，而且任何时刻只能有一个三态门处于工作状态。这样，总线（或称母线）就能轮流接受各三态门的输出。

a)

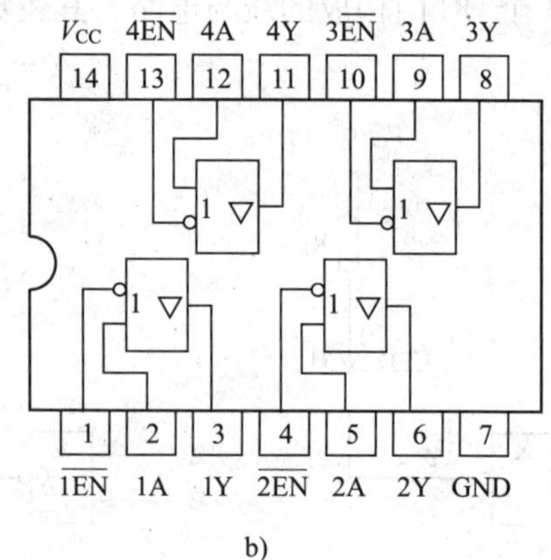

b)

图 1－30　74LS125 三态门

a）外形图　b）引脚排列

（2）用三态门构成双向总线

电路连接如图 1－32 所示。三态门 G1 控制端为高电平有效，G2 控制端为低电平有效。当 G1 控制端 EN 为高电平时，G1 工作，G2 呈高阻状态，输入数据 D_0 经 G1 反相后送到总线上；当 G1 控制端 EN 为低电平时，G1 呈高阻状态，G2 工作，来自总线的数据 D_1 经 G2 反相后输出 $\overline{D_1}$。可见，通过 EN 的取值不同可控制数据的双向传输。这种用总线来传输数据或信号的方法，在计算机中被广泛采用。

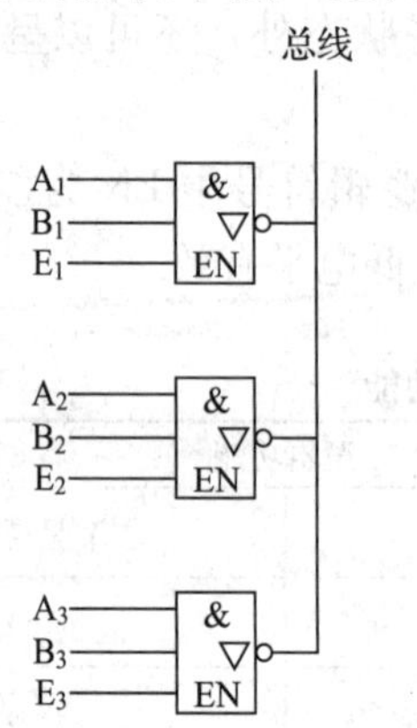

图 1－31　用三态门构成单向总线

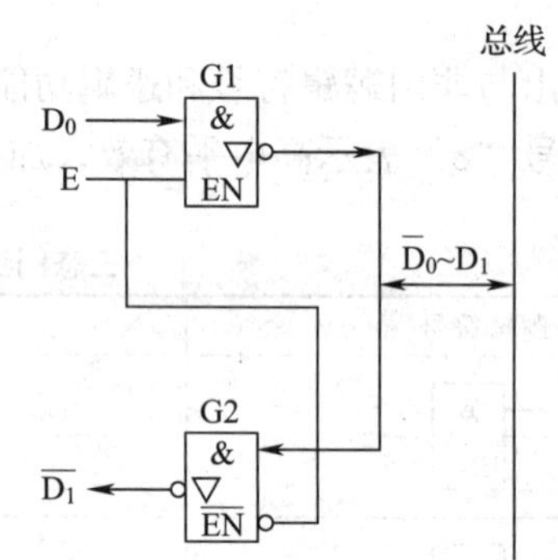

图 1－32　用三态门构成双向总线

四、TTL 与非门的电压传输特性和主要参数

1. 电压传输特性

晶体管—晶体管逻辑电路（TTL）的电压传输特性是指门电路的输出电压随输入电压变化的特性，通常用电压传输特性曲线来表示，如图 1－33 所示。图中曲线可分为 AB、BC、CD、DE 四段。

AB 段（截止区）：$u_i<0.7$ V 时，电路输出高电平，$u_o\approx3.6$ V。

BC 段（线性区）：$0.7\text{ V}\leq u_i<1.3$ V 时，u_o 随 u_i 的增大而线性减小。

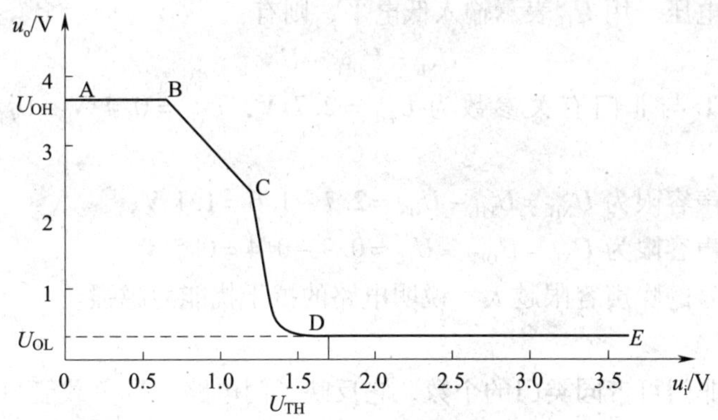

图 1-33　基本 TTL 与非门的电压传输特性曲线

CD 段（转折区）：u_i 继续增大到 1.4 V 时，输出电压 u_o 迅速下降到 0.3 V，即由高电平迅速转为低电平。

DE 段（饱和区）：当 $u_i>1.4$ V 后，随着 u_i 的上升，输出电压 u_o 保持为低电平。

2. 主要参数

（1）输出高电平 U_{OH}

U_{OH}是指输出端空载，输入端有一个或一个以上为低电平时所对应的输出电压。其典型值为 3.6 V，通常规定最大值为 4 V，最小值为 2.4 V。

（2）输出低电平 U_{OL}

U_{OL}是指输出端空载，所有输入端都接高电平时所对应的输出电压。其典型值为 0.3 V，通常规定最大值为 0.4 V。

（3）阈值电压 U_{TH}

电压传输特性转折区中心点对应的输入电压称为**阈值电压** U_{TH}，或形象化地称为**门限电压**。其典型值约为 1.4 V。

（4）开门电平 U_{ON}

U_{ON}是在保证输出为额定低电平时所允许的最小输入高电平值。其典型值为 1.5 V。

（5）关门电平 U_{OFF}

U_{OFF}是在保证输出电压为额定高电平的 90% 的条件下，所允许的最大输入低电平值。其典型值为 0.8 V。

（6）噪声容限

噪声容限是指在保证电路正常输出的前提下，输入信号所允许的波动范围。

1）输入高电平噪声容限 U_{NH}

输入高电平时，在保证 TTL 电路仍可正常输出的条件下，所允许的最大负向干扰电压。用 U_{iH}表示输入高电平，则有：

$$U_{NH}=U_{iH}-U_{ON}$$

2）输入低电平噪声容限 U_{NL}

输入低电平时，在保证 TTL 与非门输出高电平电压不低于额定值 90% 的条件下，所允许的最大正向干扰电压。用 U_{iL} 表示输入低电平，则有：

$$U_{NL}=U_{OFF}-U_{iL}$$

例如，某个 TTL 与非门有关参数为 $U_{iH}=2.7\ V$，$U_{iL}=0.4\ V$，$U_{OFF}=0.9\ V$，$U_{ON}=1.6\ V$。

输入高电平噪声容限为 $U_{NH}=U_{iH}-U_{ON}=2.7-1.6=1.1\ V$；

输入低电平噪声容限为 $U_{NL}=U_{OFF}-U_{iL}=0.9-0.4=0.5\ V$。

因此，输入信号的噪声容限越大，说明电路的抗干扰能力越强。

（7）扇出系数 N

N 是指一个与非门可带同类门的个数，它反映了门电路的带负载能力。通常 $N\geqslant 8$。

（8）平均传输延迟时间 t_{pd}

由于开关器件的转换需要时间，与非门的输出与输入之间存在一定的滞后，如图 1－34 所示。

从输入脉冲上升沿的中点到输出脉冲下降沿的中点之间的时间间隔称为导通延迟时间，用 t_{PHL} 表示。从输入脉冲下降沿的中点到输出脉冲上升沿的中点之间的时间间隔称为截止延迟时间，用 t_{PLH} 表示。那么，平均传输时间为：

$$t_{pd}=\frac{t_{PHL}+t_{PLH}}{2}$$

因此 t_{pd} 越小，说明电路的开关速度越快。

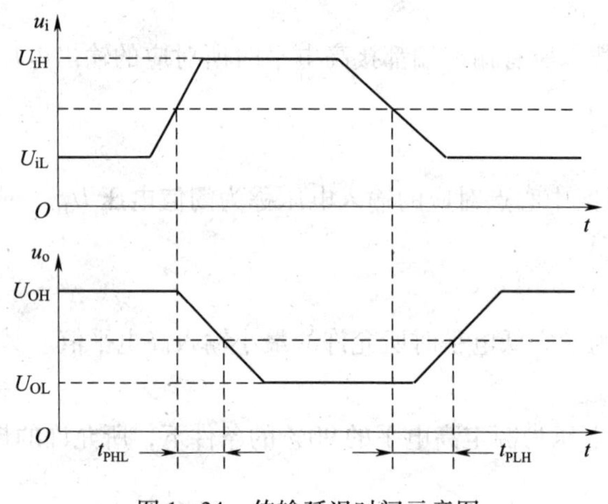

图 1－34　传输延迟时间示意图

TTL 电路的 t_{pd} 一般为 10～40 ns。

小资料

互补金属氧化物半导体 CMOS 与非门的阈值电压 $U_{TH}\approx 0.5V_{DD}$，输出高电平 $U_{OH}\approx V_{DD}$，输出低电平 $U_{OL}=0$。

五、数字集成电路系列及型号命名

数字集成电路根据内部半导体器件的不同，有 TTL 型和 CMOS 型两类。

TTL 集成电路主要由双极型三极管构成。国产 TTL 集成电路主要有 54、74 两大系列，其中，54 系列为军用产品，74 系列为民用产品。54 系列允许的电源电压波动范围大，工作温度范围宽一般为 -55～125 ℃，而 74 系列的工作温度为 0～70 ℃。各系列根据性能又分为 8 个子系列：××（普通型）、L××（低功耗型）、S××（肖特基型）、LS××（低功耗肖特基型）、ALS××（先进低功耗肖特基型）、F××及 H××（高速型），其中 LS 型市场占有率最高。不同子系列的统一代号集成电路性能参数不同，但功能及引脚排列相同。

互补金属氧化物半导体（Complementary Metal Oxide Semiconductor，CMOS）集成电路主要由单极型场效应管构成。国产 CMOS 集成电路主要有 4000 系列和高速系列。高速 CMOS 电路主要有 CC54HC/CC74HC 和 CC54HCT/CC74HCT 两个子系列。与 TTL 电路相比，CMOS 电路的突出优点是功耗低、抗干扰能力强。

按照我国国家标准，集成电路型号命名由 5 部分组成，第一部分用字母表示国家标准，第二部分用字母表示器件的类型，第三部分用阿拉伯数字表示器件的系列和品种代号，第四部分用字母表示器件的工作温度范围，第五部分用字母表示器件的封装形式，各部分符号及意义见表 1-15。

表 1-15　集成电路的型号及其意义

第一部分		第二部分		第三部分	第四部分		第五部分	
符号	含义	符号	含义	阿拉伯数字	符号	含义	符号	含义
C	中国	T	TTL	阿拉伯数字				
		H	HTL				W	陶瓷扁平
		E	ECL				B	塑料扁平
		C	CMOS		C	0～70 ℃	F	全密封扁平
		F	线性放大器		E	-40～85 ℃	D	陶瓷直插
		D	电视电路		R	-55～85 ℃	P	塑料直插
		W	稳压器		M	-55～125 ℃	J	黑陶瓷直插
		J	接口电路				K	金属菱形
		B	非线性电路				T	金属圆形
		M	存储器					

例如 CT74LS20ED 型和 CC4011EP 型：

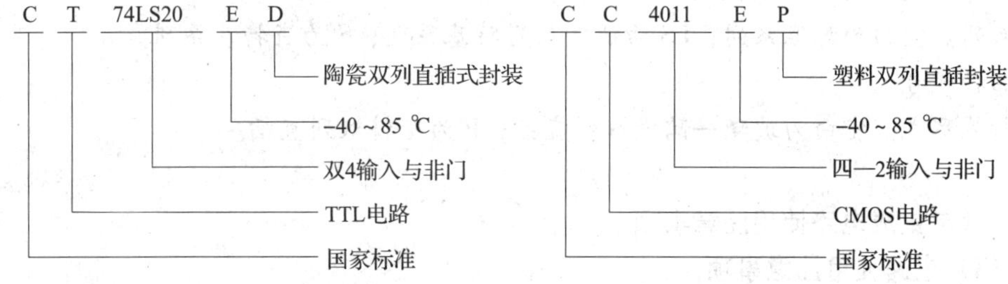

CT74LS××有时简称 74LS××或 LS××。

知识拓展

国外数字集成电路命名方法

1. 美国德州仪器公司

SN　××　××　××　×

①　②　③　④　⑤

型号命名各部分的含义如下：

①德州仪器公司标准电路。

②工作温度范围。54 为 −55 ~ 125 ℃；74 为 0 ~ 70 ℃。

③系列。ALS 为先进低功耗肖特基系列；LS 为低功耗肖特基系列；S 为肖特基系列。

④品种代号。

⑤封装形式。J 为陶瓷双列直插；N 为塑料双列直插；T 为金属扁平；W 为陶瓷扁平。

我国 TTL 集成电路和美国德州仪器公司产品的电路品种、电参数、封装等一致，可以互换使用。

2. 美国摩托罗拉公司

MC　××　××　××

①　②　③　④

型号命名各部分的含义如下：

①摩托罗拉公司标准电路。

②工作温度范围。4、20、30、72、74、83 系列为 0 ~ 75 ℃；

5、21、31、43、82、54、93 系列为 −55 ~ 125 ℃。

③品种代号。

④封装形式。L 为陶瓷双列直插；P 为塑料双列直插；F 为陶瓷扁平。

3. 日本日立公司

HD　××　××　××　×

①　②　③　④　⑤

型号命名各部分的含义如下：

①日立公司标准电路。

②工作温度范围。74 系列为 −20 ~ 75 ℃。

③系列。空白为标准系列；LS 为低功耗肖特基系列；S 为肖特基系列。

④品种代号。

⑤封装形式。空白为玻璃—陶瓷双列直插；P 为塑料双列直插。

六、数字集成电路使用注意事项

1. TTL 电路使用注意事项

（1）TTL 电路的电源正端通常标 V_{CC}，负端标 GND。电源电压的允许范围为 4.5 ~ 5.5 V。

一般使用 5 V 电源。

（2）TTL 与非门输入端通过电阻 R 接地时，**若 $R < 680\ \Omega$，相当于接低电平；若 $R > 2.5\ \text{k}\Omega$（最好 10 kΩ 以上），相当于接高电平。TTL 与非门输入端接地，相当于接低电平；输入端悬空，相当于接高电平。**

对多余输入端一般不要悬空，防止受外界干扰。

（3）TTL 与门（与非门）、或门（或非门）多余输入端处理方法分别见表 1－16 和表 1－17。

表 1－16　TTL 与门（与非门）多余输入端处理方法

处理方法	直接接电源	通过电阻（<100 Ω）接电源	与有效输入端并联
电路图	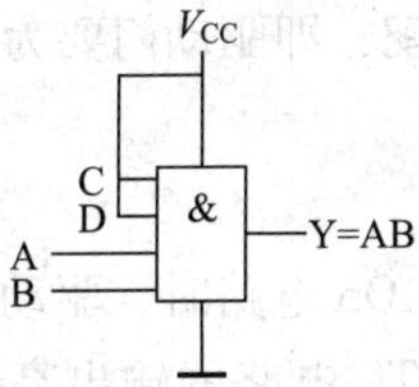 V_{CC}；C、D；&；A、B；Y=AB	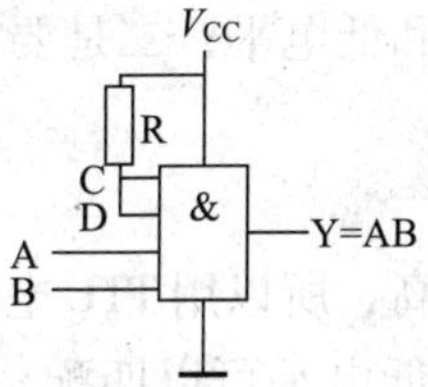 V_{CC}；R；C、D；&；A、B；Y=AB	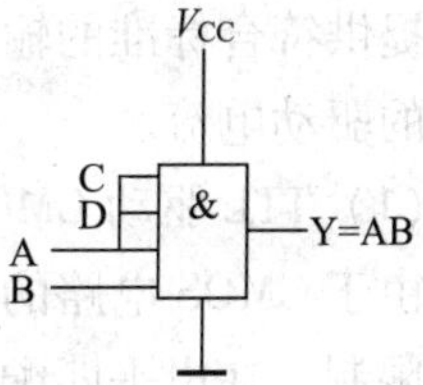 V_{CC}；C、D；&；A、B；Y=AB

表 1－17　TTL 或门（或非门）多余输入端处理方法

处理方法	直接接地	通过电阻（<100 Ω）接地	与有效输入端并联
电路图	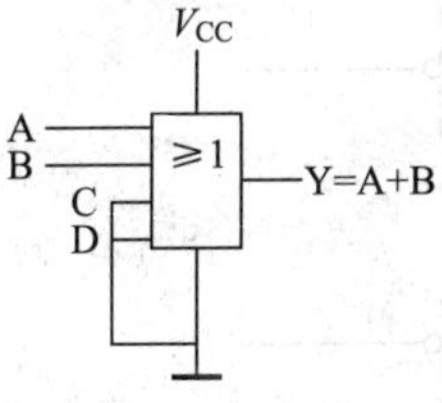 V_{CC}；A、B；≥1；C、D；Y=A+B	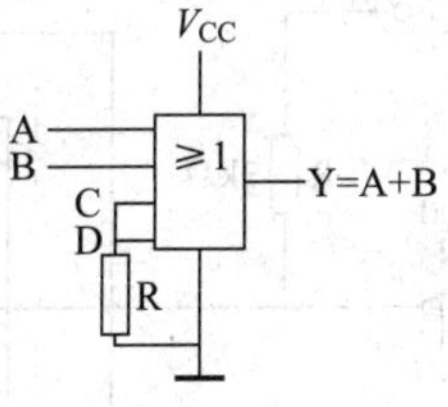 V_{CC}；A、B；≥1；C、D；R；Y=A+B	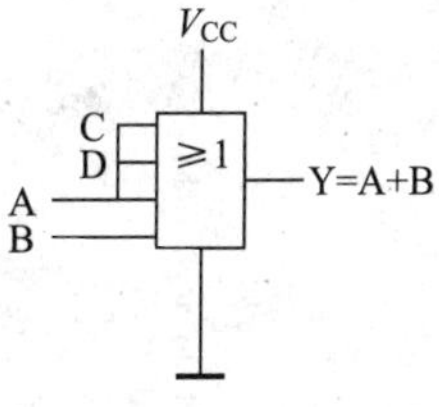 V_{CC}；C、D；≥1；A、B；Y=A+B

（4）除 OC 门和 TS 门外，TTL 门电路输出端不允许并联使用，否则不仅会造成逻辑混乱，还可能损坏器件。

（5）输出端不允许直接接电源或接地。

（6）多余门的处理。多余门中的输入端子接入的电平值应以不影响输出值为原则，如图 1－35 中的多余门中的端子（H、I）应至少一个接 0，得到的逻辑关系为：

$$Y = \overline{ABCD + EFG}$$

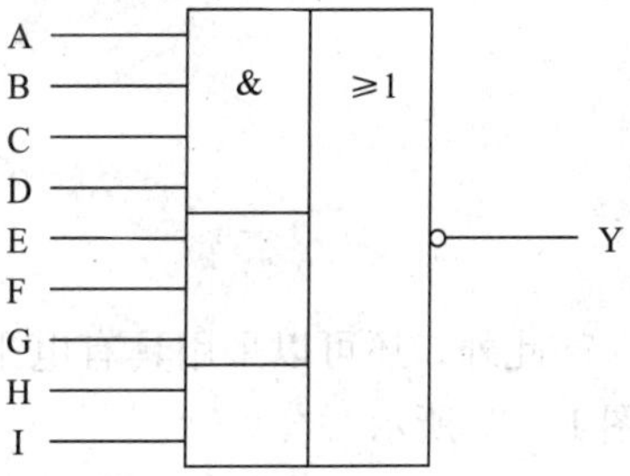

A B C D E F G H I & ≥1 Y

图 1－35　多余门示例

2. CMOS 电路使用注意事项

（1）CMOS 电路的电源正端标 V_{DD}，负端标 V_{SS}，使用时通常将 V_{SS} 接地。电源电压允许范围为 3～18 V，一般使用 5～15 V。

（2）CMOS 集成电路的多余输入端不能悬空，否则电路将受到干扰，不能正常工作。

（3）与门（与非门）多余输入端接 V_{DD}，或门（或非门）多余输入端接地，尽量不要将输入端并联使用。

（4）输出端不允许直接与 V_{DD} 或 V_{SS} 连接。

（5）接通电源后，才能输入信号；断电时，要求先撤信号，后断电源。

（6）在装接电路、改变电路连接或插电路板时，均应断开电源，严禁带电操作。

（7）CMOS 集成电路应存放在导电的容器内，有良好的静电屏蔽。

（8）焊接 CMOS 电路时，电烙铁功率不得大于 20 W，电烙铁外壳要有良好的接地，最好利用电烙铁断电后的余热快速焊接。

3. TTL 与 CMOS 电路的连接

TTL 电路和 CMOS 电路之间电压和电流参数各不相同，一般不能直接连接，而需要采用接口电路作为过渡。这主要是考虑两个问题：一是要求**电平匹配**，即前级驱动门要为后级负载门提供符合标准的输出高电平和低电平；二是要求**电流匹配**，即驱动门要为负载门提供足够大的驱动电流。

（1）TTL 驱动 CMOS 电路

由于 CMOS 电路的输入阻抗高，所以用 TTL 电路驱动 CMOS 电路时，驱动电流一般不会受到限制。在电平匹配问题上，低电平可以匹配，但由于 TTL 电路的输出高电平，通常低于 CMOS 电路所要求的输入高电平，为了实现电平匹配，可在 TTL 门电路输出端与电源之间接一个**上拉电阻** R，如图 1－36 所示，使输出高电平提高到 3.5 V 以上，一般 R 的取值为 1～4.7 kΩ。

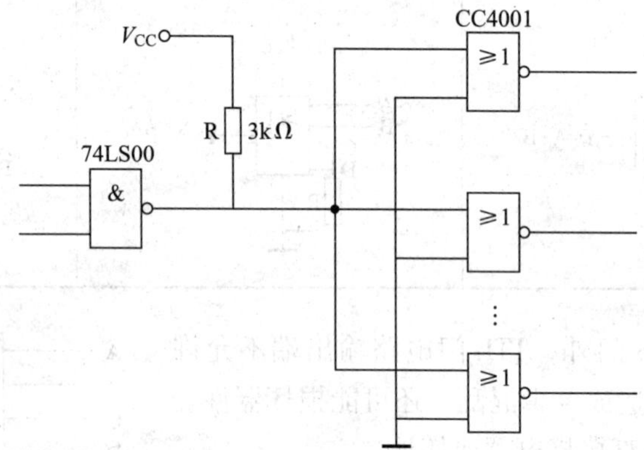

图 1－36　TTL 驱动 CMOS 电路

此外，还可以采用具有电平转换作用的 CMOS 门（如 CC40109）来实现电平匹配，如图 1－37 所示。

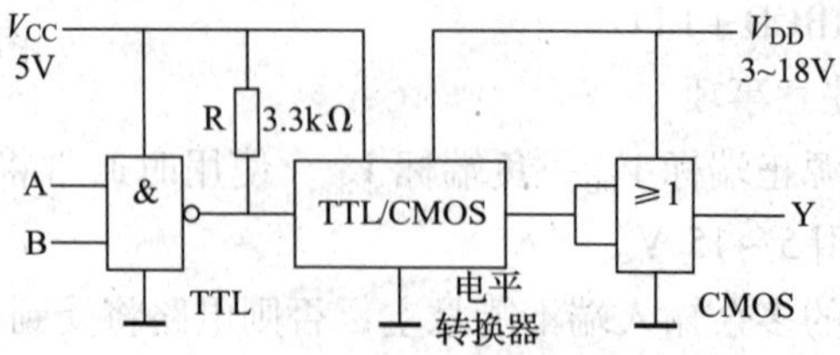

图 1－37　用 CMOS 门实现电平匹配

（2）CMOS 驱动 TTL 电路

CMOS 电路输出电平能满足要求，但驱动电流受到限制，主要是输出低电平时带负载能力差，解决办法有以下几种：

1）几个同功能的 CMOS 电路并联使用，即将其输入端并联，输出端也并联（TTL 电路是不允许并联的），如图 1－38 所示。

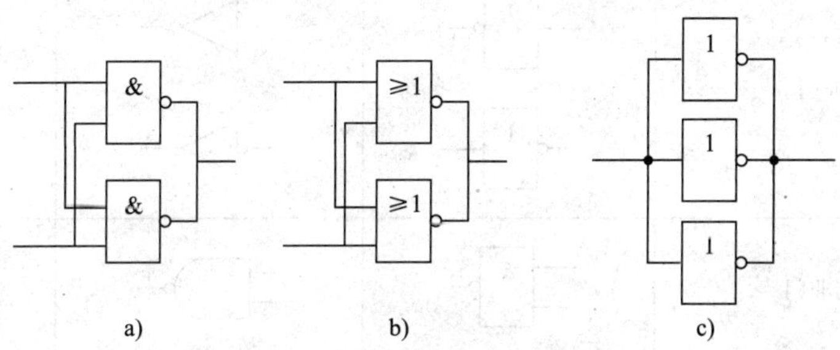

图 1－38　将 CMOS 并联以提高带负载能力

a）与非门　b）或非门　c）非门

2）选用 74HC/74HCT 系列 CMOS 门直接驱动 TTL 门电路。

3）在 CMOS 电路输出端增加一级 CMOS 驱动器（如 CC4010、CC40107）作为接口电路，如图 1－39a 所示，也可增加一级三极管放大器来扩展输出电流，如图 1－39b 所示。

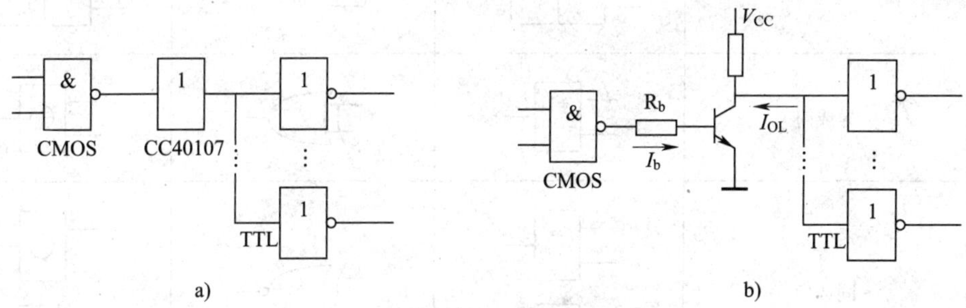

图 1－39　驱动 TTL 电路

a）用 CMOS 驱动器　b）用三极管电流放大器扩展输出电流

小资料

1. 常用集成门电路逻辑符号对照表

国内外基本逻辑门电路图形符号对照见表 1－18。

表 1－18　　基本逻辑门电路图形符号对照

序号	名称	国标图形符号	国外其他图形符号	曾用图形符号
1	与门	&		

续表

序号	名称	国标图形符号	国外其他图形符号	曾用图形符号
2	或门	≥1		+
3	非门	1 1		
4	与非门	&		
5	或非门	≥1		+
6	与或非门	& ≥1		+
7	异或门	=1		⊕
8	同或门	= =1		⊙ ⊕
9	集电极开路OC门，漏极开路OD门	&		
10	缓冲器	▷		
11	三态使能输出的非门	1 ▽ EN 1 ▽ EN		

2. 常用集成电路的型号与名称

常用74LS系列TTL集成电路的型号与名称见表1-19，常用4000/4500系列CMOS集成电路的型号与名称见表1-20。

表1-19　　常用74LS系列TTL集成电路

型　号	名　称	型　号	名　称
74LS00	2输入四与非门	74LS18	双4输入与非门（施密特触发）
74LS01	2输入四与非门（OC）	74LS20	双4输入与非门
74LS02	2输入四或非门	74LS22	双4输入与非门（OC）
74LS04	六非门	74LS30	8输入与非门
74LS08	2输入四与门	74LS32	2输入四或非门
74LS09	2输入四与门（OC）	74LS51	双2输入与或非门
74LS10	3输入三与非门	74LS86	2输入四异或门
74LS11	3输入三与门	74LS134	12输入与非门（三态）
74LS14	六反相器（施密特触发）	74LS136	2输入四异或门（OC）

表1-20　　常用4000/4500系列CMOS集成电路

型　号	名　称	型　号	名　称
4001	2输入四或非门	4069	六非门
4002	双4输入或非门	4071	2输入四或门
4010	六缓冲器	4072	双4输入或门
4011	2输入四与非门	4073	3输入三与门
4012	双4输入与非门	4075	3输入三或门
4023	3输入三与非门	4078	8输入或非门
4025	3输入三或非门	4081	2输入四与门
4030	四异或门	4093	2输入四与非门（施密特触发）
4068	8输入与非门	4503	六缓冲器（三态）

数字集成电路的功能测试

一、实训目的

1. 了解数字电路实验箱的结构、基本功能和使用方法。
2. 了解集成电路的外形和引脚排列。
3. 熟悉常用门电路的逻辑功能及其测试方法。
4. 了解集成电路多余端的处理方法。
5. 了解TTL与CMOS电路之间的连接。

二、实训器材

1. 实训器材明细见表1-21。

表 1－21　实训器材明细表

名称	型号及规格	数量	名称	型号及规格	数量
数字电路实验箱	THD—1 型	1	六非门	74LS04	1
双踪示波器		1	2 输入四或非门	74LS02	1
万用表		1	8 输入与非门	74LS30	1
2 输入四与非门	74LS00	2	2 输入四或非门	CC4001	1
2 输入四与门	74LS08	1	2 输入四与非门（高速）	74HC00	1
2 输入四或门	74LS32	1	2 输入四或非门	CC4001	1

2. THD－1 型数字电路实验箱，如图 1－40 所示。THD－1 型数字电路实验箱使用说明：

图 1－40　THD－1 型数字电路实验箱

（1）THD－1 型数字电路实验箱提供 ±5 V 和 ±15 V 直流电源。TTL 电路对电源电压要求较严，超过 5.5 V 即可能损坏器件，低于 4.5 V 时器件的逻辑功能将不正常。接电源线时，应注意切不可误接相邻 15 V 电源。直流稳压电源面板如图 1－41 所示。

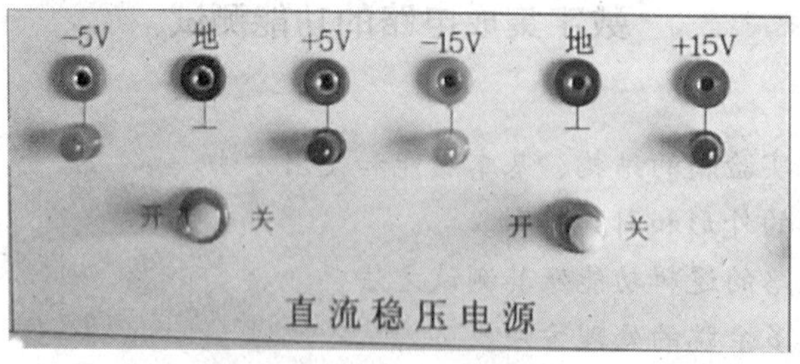

图 1－41　直流稳压电源面板

（2）连接导线时，为了便于区别，要用不同颜色导线区分电源线、地线和信号线，一般用红色导线接电源，黑色导线接地。

(3) 实验箱提供15位逻辑电平开关。开关上拨时，对应插孔输出高电平，发光二极管亮；开关下拨时，输出低电平，发光二极管不亮，如图1-42所示。

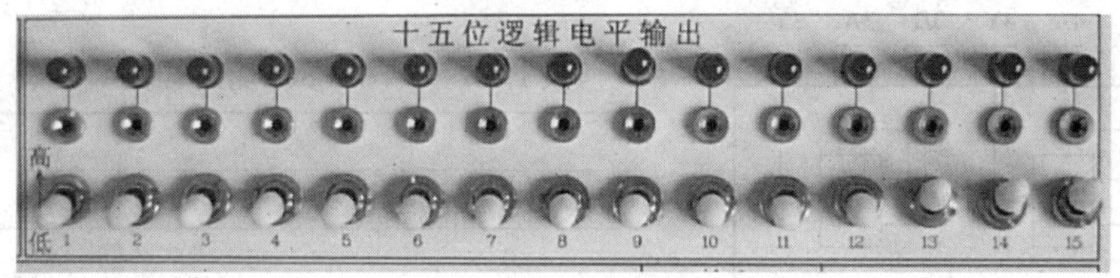

图1-42 15位逻辑电平开关

(4) 实验箱提供15位逻辑电平显示器，可用于测试电平高低。接入信号后，LED灯亮表示高电平，LED灯不亮表示低电平。也可利用实验箱逻辑笔测试电平的高低，接入信号后，红色LED灯亮表示高电平，绿色LED灯亮表示低电平，如图1-43所示。

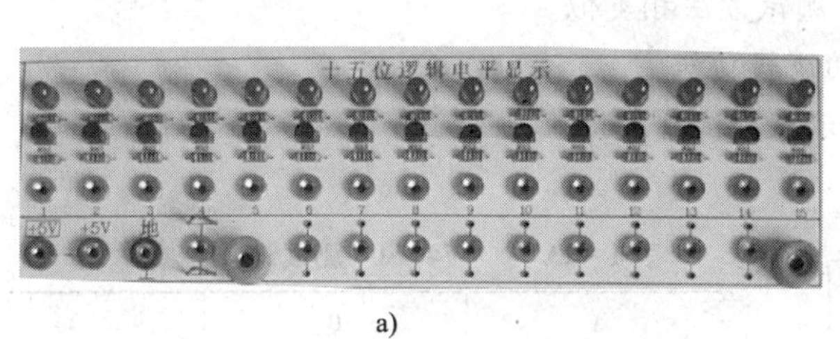

a)

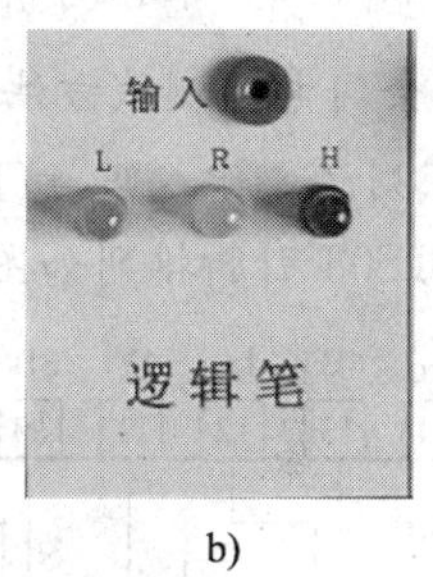

b)

图1-43 15位逻辑电平显示及逻辑笔

a) 15位逻辑电平显示 b) 逻辑笔

(5) 实验箱提供的连续脉冲源有1 Hz、1 kHz、20 kHz三个频段可供选择，同时还有单次脉冲源，如图1-44所示。

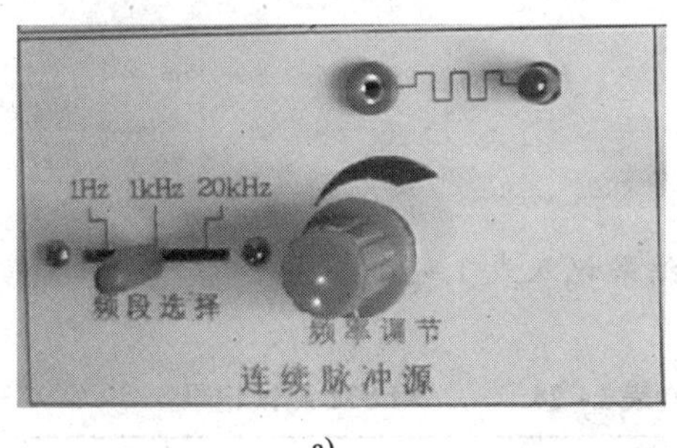

a)

b)

图1-44 连续脉冲电源及单次脉冲电源

a) 连续脉冲电源 b) 单次脉冲电源

三、实训内容

1. 测试2输入四与非门74LS00的逻辑功能

74LS00引脚排列如图1-45所示。

将74LS00正确插入14个引脚插座，注意认清缺口方向（一般将缺口朝左）。⑭脚接+5 V，⑦脚接地。输入端A、B接逻辑电平开关，输出端Y接逻辑电平LED显示器。

按表 1－22 要求，依次从 1A、1B ~4A、4B 输入高或低电平信号，观测 1Y ~4Y 的输出电平并做记录。

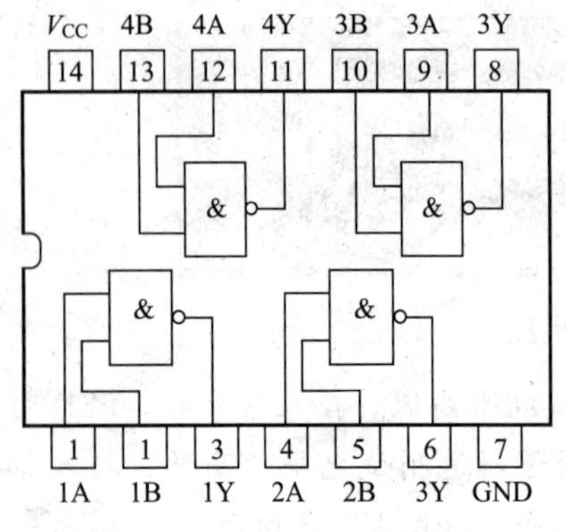

图 1－45　74LS00 引脚排列

表 1－22　　74LS00 测试记录

A	B	Y
0	0	
0	1	
1	0	
1	1	

其余门电路测试方法与 74LS00 测试方法相类似。

2. 测试 2 输入四与门 74LS08 的逻辑功能

74LS08 引脚排列如图 1－46 所示，测试结果记入表 1－23。

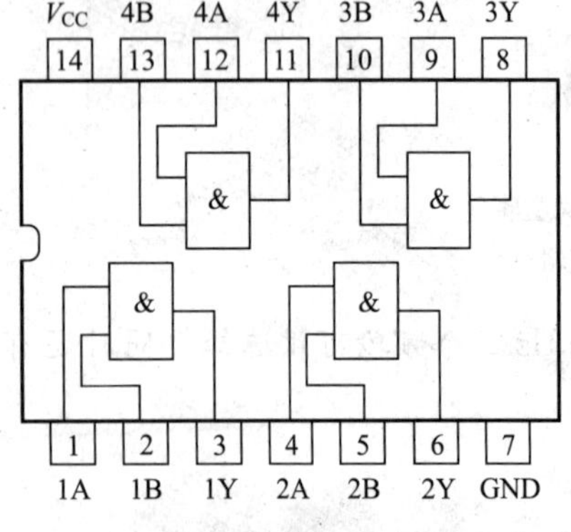

图 1－46　74LS08 引脚排列

表 1－23　　74LS08 测试记录

A	B	Y
0	0	
0	1	
1	0	
1	1	

3. 测试 2 输入四或门 74LS32 的逻辑功能

74LS32 引脚排列如图 1－47 所示，测试结果记入表 1－24。

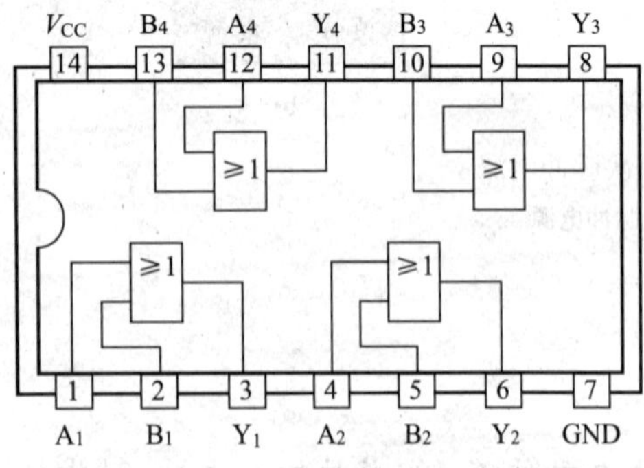

图 1－47　74LS32 引脚排列

表 1－24　　74LS32 测试记录

A	B	Y
0	0	
0	1	
1	0	
1	1	

4. 测试六非门 74LS04 的逻辑功能

74LS04 引脚排列如图 1－48 所示，测试结果记入表 1－25。

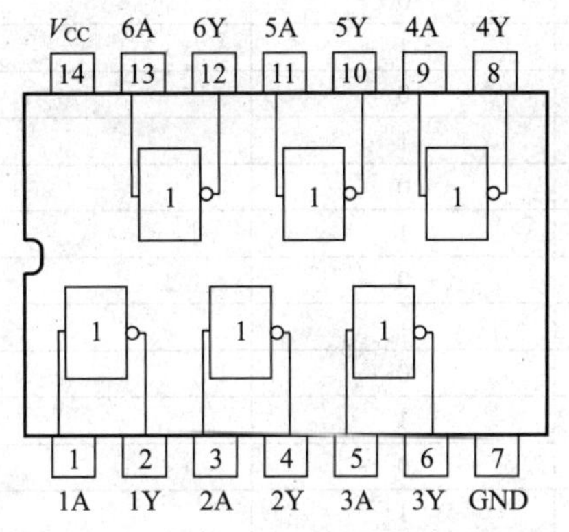

图 1－48　74LS04 引脚排列

表 1－25　74LS04 测试记录

A	B	Y
0	0	
0	1	
1	0	
1	1	

5. 测试 2 输入四或非门 74LS02 的逻辑功能

74LS02 引脚排列如图 1－49 所示，测试结果记入表 1－26。

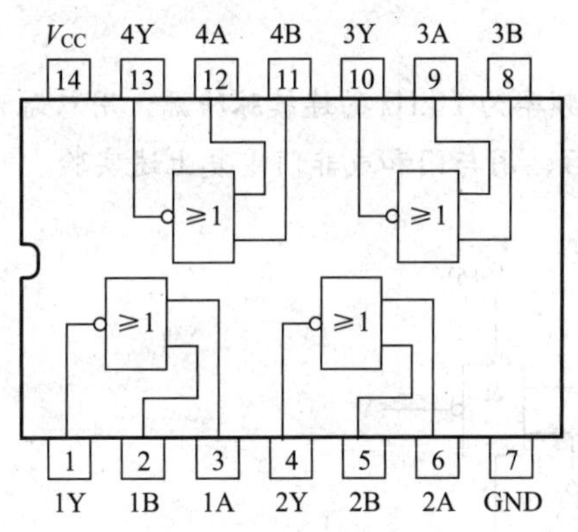

图 1－49　74LS02 引脚排列

表 1－26　74LS02 测试记录

A	B	Y
0	0	
0	1	
1	0	
1	1	

6. 测试 4 输入二与非门 74LS20 的逻辑功能

74LS30 引脚排列如图 1－50 所示，测试结果记入表 1－27。

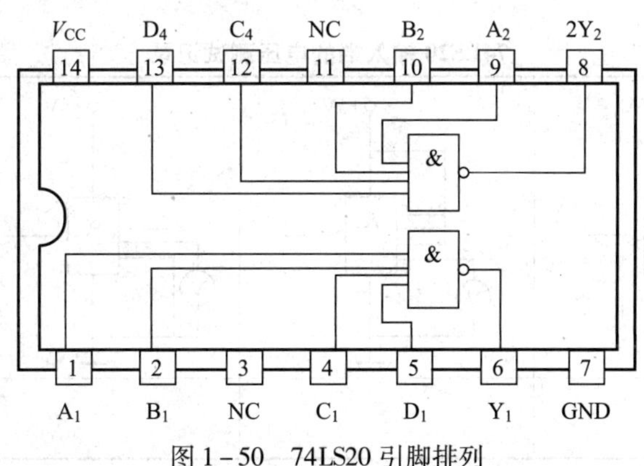

图 1－50　74LS20 引脚排列

表 1－27　　**74LS30 测试记录**

A	B	C	D	Y
0	0	0	0	
0	0	0	1	
0	0	1	0	
0	0	1	1	
0	1	0	0	
0	1	0	1	
0	1	1	0	
0	1	1	1	
1	0	0	0	
1	0	0	1	
1	0	1	0	
1	0	1	1	
1	1	0	0	
1	1	0	1	
1	1	1	0	
1	1	1	1	

7. 观察与非门、与门、或非门对信号的控制作用

选用与非门按图 1－51 所示接线，将某一输入端接入频率为 1 kHz 的连续脉冲源，用双踪示波器观察两种电路的输入、输出波形，并进行比较。然后，用与门和或非门重复上述实验。

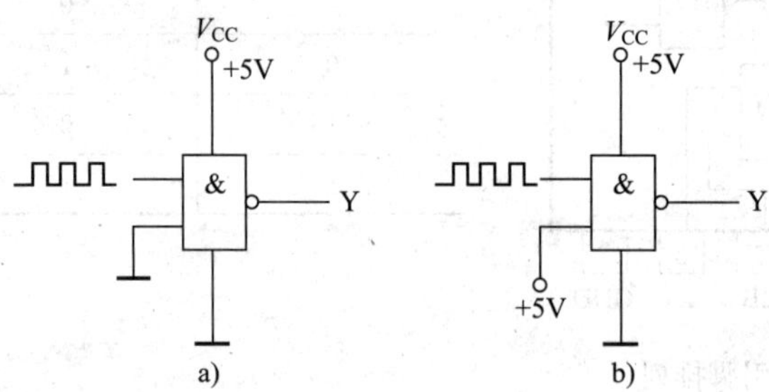

图 1－51　与非门对脉冲的控制作用

8. 按表 1－28 所列要求测试 74LS20 输入端的电压值，并对测试结果进行分析比较。

表 1－28　　**74LS20 输入端的电压测试记录**

测试电路图	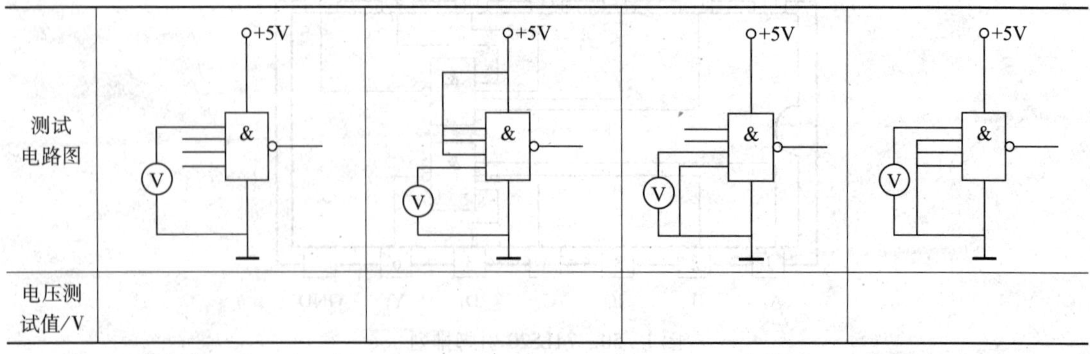			
电压测试值/V				

9. 用 TTL 电路驱动 CMOS 电路

用 74LS00 的一个门来驱动 CC4001 的 4 个门，实验电路采用如图 1－36 所示的电路，上拉电阻 R 取 3 kΩ。测量连接 3 kΩ 电阻与不连接 3 kΩ 电阻时 74LS00 的输出高、低电平及 CC4001 的逻辑功能，并将测试结果分别记入表 1－29 和表 1－30。

表 1－29　　74LS00 高、低电平测量记录

项目	输出高电平/V	输出低电平/V
未连接 R 时		
连接 R 时		

表 1－30　　CC4001 逻辑功能测试

未连接 R 时			连接 R 时		
A	B	Y	A	B	Y
0	0		0	0	
0	1		0	1	
1	0		1	0	
1	1		1	1	

10. 用 CMOS 电路驱动 TTL 电路

实验电路如图 1－52 所示。被驱动的电路用 74LS00 的八个门并联，CC4001 引脚排列如图 1－53 所示。

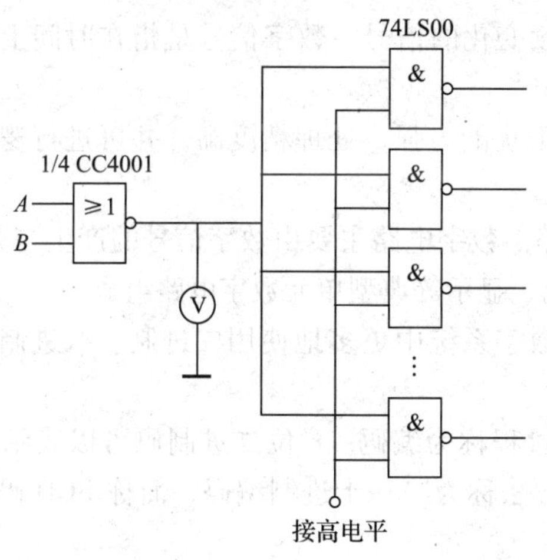

图 1－52　CMOS 电路驱动 TTL 电路

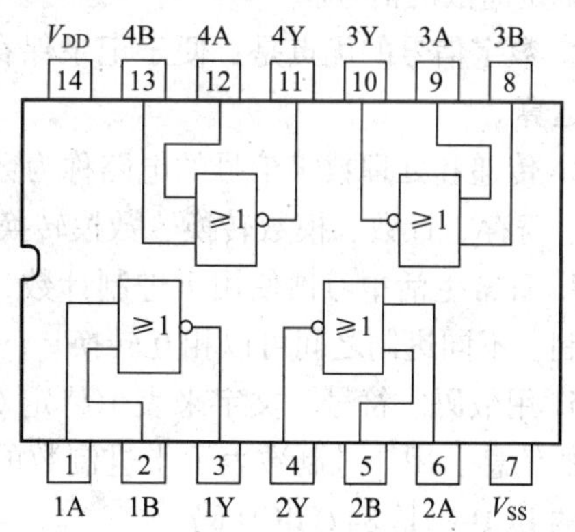

图 1－53　CC4001 引脚排列

（1）电路输入端接逻辑开关输出插口，八个输出端分别按逻辑电平显示的输入插口用 CC4001 的一个门来驱动，观测 CC4001 的输出电平和 74LS00 的逻辑功能。

（2）将 CC4001 的其余 3 个门并联到第一个门（输入与输入、输出与输出并联），分别观测 CC4001 的输出电平及 74LS00 的逻辑功能。

将以上测试结果分别记入表 1－31 和表 1－32。

（3）用$\frac{1}{4}$74LS00 代替$\frac{1}{4}$CC4001，测试其输出电平及系统的逻辑功能。

表 1－31　　CC4001 高、低电平测量记录

项目	输出高电平/V	输出低电平/V
单独一个门驱动		
4 个门并联驱动		

表 1－32　　74LS00 的逻辑功能测试

CC4001　单独一个门驱动			CC4001　4 个门并联驱动		
A	B	Y	A	B	Y
0	0		0	0	
0	1		0	1	
1	0		1	0	
1	1		1	1	

本章小结

1. 模拟信号是指在时间上和数值上均是连续变化的信号，数字信号是指在时间上和数值上都是离散的信号。

2. 数字信号的优点是：便于记录保存，抗干扰能力强，处理精度高，并可进行逻辑判断和运算。

3. 传递和处理数字信号的电路称为数字电路。数字电路主要由数字信号的产生与整形、编码、寄存、计数、模数转换、数模转换、译码、显示等典型单元数字电路组成。

4. 日常生活中习惯使用十进制计数，但在数字系统中更多地使用二进制、八进制和十六进制。不同进制之间可以相互转换。

5. 用数码、符号、文字来表示特定对象的过程称为编码。n 位二进制码可以表示 2^n 个不同的信息。用二进制数表示十进制数的编码方法称为二一十进制编码，简称 BCD 码，最常用的 BCD 码是 8421BCD 码。

6. 基本逻辑门电路有与门、或门、非门三种，由基本门电路组成的复合门有与非门、或非门、与或非门和异或门等，它们都是构成多种数字电路的基本单元。

7. 数字集成电路根据内部半导体器件的不同，有 TTL（主要由双极型三极管构成）和 CMOS 集成电路（主要由单极型场效应管构成），其主要参数见表 1－33。

表 1－33　　集成电路的主要参数

<table>
<tr><th>项目</th><th>TTL</th><th>CMOS</th></tr>
<tr><td>电源电压</td><td>5 V</td><td>3～18 V</td></tr>
<tr><td rowspan="2">电压传输特性
（输出电压随输入电压变化的理想化曲线）</td><td> 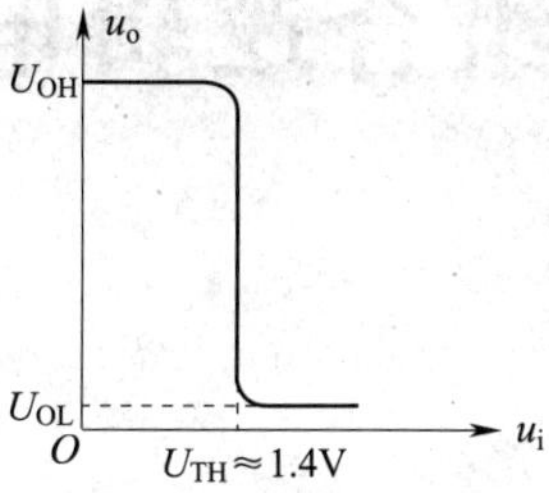u_o U_{OH} U_{OL} O u_i
$U_{TH}\approx 1.4$V</td><td> 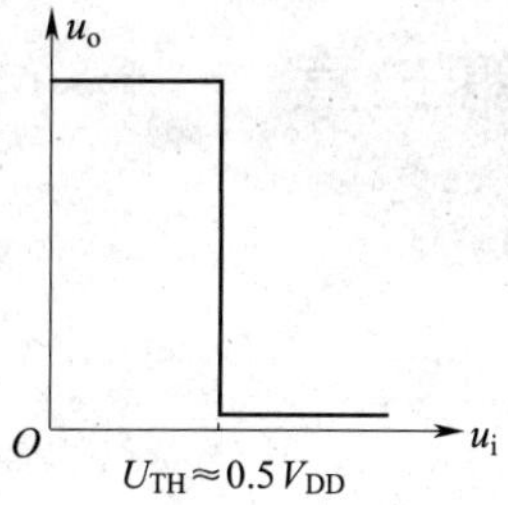u_o O u_i
$U_{TH}\approx 0.5V_{DD}$</td></tr>
<tr><td colspan="2">U_{TH}是输出电压由高至低转折的界限值，称为阈值电压或门限电压。当 $u_i < U_{TH}$时，输出高电平（$u_o = U_{OH}$）；当 $u_i > U_{TH}$时，输出低电平（$u_o = U_{OL}$）</td></tr>
<tr><td>输出高电平 U_{OH}</td><td>≥2.4 V（典型值 3.6 V）</td><td>$\approx V_{DD}$</td></tr>
<tr><td>输出低电平 U_{OL}</td><td>≤0.4 V（典型值 0.3 V）</td><td>≈0</td></tr>
</table>

8. 使用门电路时，多余的输入端要接适当的电平。

9. 除 OC 门和 TS 门外，TTL 门电路输出端不允许并联使用。

10. TTL 电路和 CMOS 电路相互连接或外接负载时，应注意电流的匹配和高、低电平的匹配。

第二章 组合逻辑电路

学习目标

1. 了解组合逻辑电路的一般分析方法和设计方法。
2. 了解编码器、译码器典型集成电路的引脚功能和使用方法。
3. 了解数码选择器、数据分配器、加法器的基本工作原理和应用。
4. 掌握半导体七段显示数码管的使用方法。
5. 能根据电路图安装表决器、数码显示器等组合逻辑电路。

§2—1 组合逻辑电路基础知识

一、什么是组合逻辑电路

组合逻辑电路是由各种门电路组合而成，它某一时刻的输出直接由该时刻的输入状态所决定，与电路原来的状态无关，也就是说它**没有记忆功能**。

在组合逻辑电路中，不存在输出端到输入端的反馈通路，也不存在电容等储能元件。

图 2－1 所示为超市寄存包装置，存包人只需按一下“存”按钮，装置立即输出一张有条形码的纸条，取下纸条相应箱门打开，便可寄存物品。条形码实际上就是寄存物品的箱地址编码。当需要取出物品时，只要将条形码对准扫描器扫描一下，装置里的译码器把条形码对应的箱地址翻译出来，箱门便自动打开。整个存取过程，无论是编码器的编码还是译码器的译码，都取决于存包人是否按下“存”按钮或是否将条形码进行扫描，也就是说，系统在任一时刻的输出都是由同一时刻的输入所决定的，而与电路原来的状态无关，可见该系统采用的就是一种组合逻辑电路。

图 2-1　超市寄存包装置

§1—3 节中介绍的三人表决器是否属于组合逻辑电路？为什么？

二、逻辑函数及其表示方法

组合逻辑电路的功能可用逻辑函数来描述。对于某一实际问题的功能要求，如果以**逻辑自变量（原因）**作为输入，以**逻辑因变量（结果）**作为输出，那么当输入变量的取值确定后，输出量便随之而定，这种输出与输入之间的函数关系就称为**逻辑函数**，也称**逻辑表达式**。

下面以图 2-2 所示的开关控制电路为例，说明逻辑函数的表示方法。

1. 真值表

真值表是用表格的形式表述输入变量所有可能的取值与相应输出变量数值之间的对应关系。

在图 2-2 所示的电路中，开关 A 和 B 至少有一个闭合，同时开关 C 也闭合，指示灯 Y 才能亮。如果设开关闭合为 1，开关断开为 0，指示灯亮为 1，指示灯不亮为 0，则 Y 与 A、B、C 的关系可用真值表 2-1 表示。

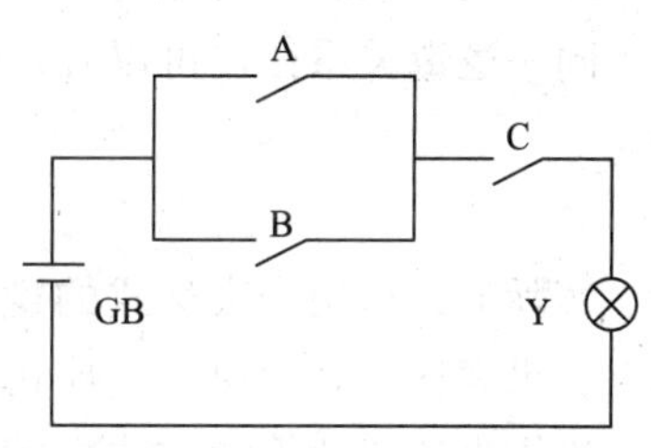

图 2-2　开关控制电路

由于一个逻辑变量只有 0 和 1 两种取值，所以 n 个逻辑变量一共有 2^n 种可能的数值组合。在列写真值表时，输入变量的取值组合应按照二进制递增的顺序排列，这样既不容易重复，也不容易遗漏。

表 2-1　　开关控制电路真值表

A	B	C	Y	A	B	C	Y
0	0	0	0	1	0	0	0
0	0	1	0	1	0	1	1
0	1	0	0	1	1	0	0
0	1	1	1	1	1	1	1

2. 逻辑函数表达式

把输出与输入之间的逻辑关系用与、或、非等的运算组合形式表示出来，得到的就是逻辑表达式。

在图 2-2 所示的电路中，要使指示灯 Y 亮，开关 A 和 B 中至少有一个闭合，可以表示为（A+B），同时还要将开关 C 闭合，由此可得到该电路的逻辑表达式为：

$$Y = (A+B)C$$

3. 逻辑图

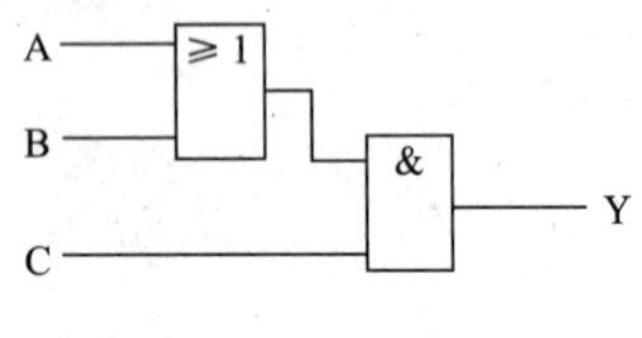

图 2-3　开关控制电路的逻辑图

把逻辑函数中各变量之间的与、或、非等逻辑关系用相应的逻辑门符号代替，画出的与逻辑函数对应的图形，称为**逻辑电路图**，简称**逻辑图**。Y=（A+B）C 的逻辑图，如图 2-3 所示。

除上述三种表示方法外，逻辑函数还可用**波形图**及**卡诺图**表示。波形图是用信号电平高低表示输出信号按一定规律变化的图形，此前在分析基本门电路时已有所应用。卡诺图也是一种图形表示方法，常用于逻辑表达式的化简。

三、逻辑表达式的化简

同一逻辑关系往往可以有几种不同的表达式，如下面两个表达式：

$$Y = A\overline{B}C + AB\overline{C} + \overline{A}BC + ABC$$

$$Y = AC + AB + BC$$

实际上，这两个表达式的逻辑关系是完全一样的，显然，第二个表达式比第一个要简单。逻辑表达式越简单，实现它的电路也就越简单，电路工作也越稳定可靠。

逻辑表达式化简的方法主要有公式法和卡诺图法。

1. 逻辑代数的基本公式和定律

逻辑代数又称**布尔代数**，是分析逻辑电路的数学工具，其基本公式及定律见表 2-2。

表 2-2　　逻辑代数基本公式及定律

名　称	公　式	说　明
01 律	$A\cdot 0=0$，$A+0=A$	变量与常数关系
	$A\cdot 1=A$，$A+1=1$	

续表

名称	公式	说明
交换律	$A \cdot B = B \cdot A$，$A + B = B + A$	与普通代数相似规律
结合律	$A \cdot (B \cdot C) = (AB) \cdot C$，	
	$A + (B + C) = (A + B) + C$	
分配律	$A \cdot (B + C) = AB + AC$	
	$A + BC = (A + B)(A + C)$	逻辑代数特殊的规律
互补律	$A \cdot \overline{A} = 0$，$A + \overline{A} = 1$	
同一律	$A \cdot A = A$，$A + A = A$	
还原律	$\overline{\overline{A}} = A$	
德·摩根定理	$\overline{AB} = \overline{A} + \overline{B}$，$\overline{A + B} = \overline{A} \cdot \overline{B}$	求反运算的规律
常用公式	$A + \overline{A}B = A + B$	消去含有另一项反变量的因子
	$AB + \overline{A}C + BC = AB + \overline{A}C$	消去冗余项
	$\overline{A\overline{B} + \overline{A}B} = \overline{A}\,\overline{B} + AB$（即 $\overline{A \oplus B} = A \odot B$）	异或非等于同或

2. 逻辑运算的基本规则

（1）代入规则

任何一个含有某变量的等式，如果将式中所有该变量都用另一个变量或逻辑函数代替，该等式仍成立。

例如$\overline{AB} = \overline{A} + \overline{B}$，当等式两边的 B 都用 CD 代替时，可得：

$$\overline{ACD} = \overline{A} + \overline{CD}$$

（2）反演规则

对于任何一个逻辑表达式 Y，如果将其中与变或，或变与，0 变 1，1 变 0，原变量变反变量，反变量变原变量，所得到的新函数式即为原函数时的**反函数**（或称**补函数**），记作 $\overline{Y}$。

在使用反演规则时需注意以下两点：

1）遵守“先括号，再算与，最后算或”的运算顺序。

2）不属于单个变量上的非号应保留不变。

例如 $Y = (A + \overline{B}\,\overline{CD})\,\overline{E}$ 则 $\overline{Y} = \overline{A}\,(B + \overline{C} + D) + E$。

（3）对偶规则

对于任何一个逻辑表达式 Y，如果将其中所有与变或，或变与，0 变 1，1 变 0，而变量不变，所得到的新函数式即为原函数的**对偶式**，记作 Y′。

在使用对偶规则时，需注意以下两点：

1）进行对偶变换时，式中的非号一律不变。

2）变换前后的运算顺序不变。

例如 $Y=(A+\overline{B}C\overline{D})\overline{E}$ 则 $Y'=A(\overline{B}+C+\overline{D})+\overline{E}$；$F=\overline{A}B+1D$ 则 $F'=(\overline{A}+B)(0+D)$

3. 逻辑表达式化简举例

常用的逻辑表达式有多种，例如与或式、与或非式、与非式等，其中较常用的是与或式，即逻辑式中只有与和或两种关系。表达式化简的最终目标是：表达式所含**乘积项数最少**，且每个乘积项中所含的**变量个数最少**。

在进行逻辑表达式化简时，往往需要综合运用多个基本公式和多种方法，才能求得其最简式，下面举例说明。

【例 2－1】 利用公式 $A+\overline{A}=1$ 和 $1+A=1$ 化简。

$$Y=ABC+A\overline{BC}=A(BC+\overline{BC})=A$$

$$Y=\overline{A}B+\overline{A}B\overline{C}=\overline{A}B(1+\overline{C})=\overline{A}B$$

【例 2－2】 利用公式 $A+\overline{A}B=A+B$ 消去多余的变量因子。

$$Y=AB+\overline{A}\overline{B}+A\overline{B}=AB+\overline{B}(\overline{A}+A)=AB+\overline{B}=A+\overline{B}$$

$$Y=\overline{A}B+\overline{A}\overline{B}C=\overline{A}(B+\overline{B}C)=\overline{A}(B+C)=\overline{A}B+\overline{A}C$$

【例 2－3】 利用公式 $AB+\overline{A}C+BC=AB+\overline{A}C$ 消去多余的项。

$$Y=ABC+\overline{A}D+\overline{B}D+CD=ABC+\overline{AB}D+CD$$

$$=ABC+\overline{AB}D=ABC+\overline{A}D+\overline{B}D$$

$$Y=A\overline{B}C\overline{D}+\overline{A}E+BE+C\overline{D}E=A\overline{B}C\overline{D}+(\overline{A}+B)E+C\overline{D}E$$

$$=A\overline{B}C\overline{D}+\overline{A\overline{B}}E+C\overline{D}E=A\overline{B}C\overline{D}+\overline{A\overline{B}}E=A\overline{B}C\overline{D}+\overline{A}E+BE$$

四、逻辑函数各种表示方式之间的转换

逻辑函数的不同表示方式之间可以相互转换。

真值表 ⇌ 逻辑表达式 ⇌ 逻辑图

1. 由逻辑表达式列写真值表

将输入的 n 个变量的 2^n 种取值按二进制递增规律列表，同时在相应位置填入相应函数值，便可得到函数的真值表。

例如，已知逻辑函数表达式 $Y=\overline{A}\overline{B}C+\overline{A}B\overline{C}+A\overline{B}\overline{C}$，将 ABC 的多种取值逐一代入逻辑表达式，计算出 Y 值，即可得到表 2－3 所示真值表。

2. 由真值表写出逻辑表达式

以表 2－3 为例，由真值表写出逻辑表达式的步骤如下：

（1）找出真值表中所有 Y = 1 的输入变量组合：共三组。

表 2－3　　　　　　　　　　　　真值表

A	B	C	Y	A	B	C	Y
0	0	0	0	1	0	0	1
0	0	1	1	1	0	1	0
0	1	0	1	1	1	0	0
0	1	1	0	1	1	1	0

（2）每组输入变量的组合对应一个乘积项（与关系），其中等于 1 者写原变量，等于 0 者写反变量：$\overline{A}\overline{B}C$，$\overline{A}B\overline{C}$，$A\overline{B}\overline{C}$。

（3）将所有乘积项相加（或关系）即可得到逻辑表达式：

$$Y = \overline{A}\overline{B}C + \overline{A}B\overline{C} + A\overline{B}\overline{C}$$

3. 由逻辑表达式画出逻辑图

将逻辑表达式中各变量之间的与、或、非等逻辑关系用图形符号表示出来，就可以画出该逻辑表达式的逻辑图。

例如，已知逻辑函数 $Y = \overline{\overline{A} + \overline{B + C}}$，可画出逻辑图，如图 2－4 所示。

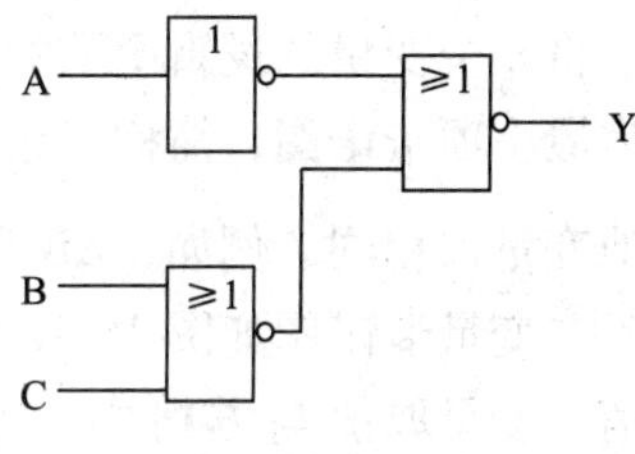

图 2－4　逻辑图

4. 由逻辑图写出逻辑表达式

从输入端到输出端逐级写出每个图形符号对应的逻辑式，最后写出输出端的逻辑表达式。

例如，由图 2－4 逻辑图，可以很快写出其逻辑表达式为 $Y = \overline{\overline{A} + \overline{B + C}}$。

五、卡诺图化简法

利用公式化简逻辑函数，不仅要熟悉逻辑代数的基本定理、常用公式，而且要有一定的技巧，尤其是用公式化简的结果是否为最简，往往很难确定。如果利用卡诺图来化简，则可以较方便地得到最简的逻辑函数表达式。

1. 卡诺图的构成

卡诺图是将逻辑函数用方格图来表示，卡诺图中每一个小方格对应逻辑函数的一个**最小项**。所谓最小项是指这样的乘积项：

（1）有 n 个变量，则最小项就有 n 个因子。

（2）各乘积项中，每一个变量都以原变量或反变量的形式作为一个因子出现一次，且仅出现一次。

如果用 Y_i 来表示第 i 个最小项，用 1 对应原变量，0 对应其反变量，可按顺序排列成一个二进制数，则与此相对应的十进制数就是这个最小项的下标 i。按此编号方法，3 个变量的全部最小项及其编号见表 2－4。

表 2-4　　三变量的最小项及其编号

最小项	变量取值			最小项编号
	A	B	C	
$\overline{A}\,\overline{B}\,\overline{C}$	0	0	0	Y_0
$\overline{A}\,\overline{B}C$	0	0	1	Y_1
$\overline{A}B\overline{C}$	0	1	0	Y_2
$\overline{A}BC$	0	1	1	Y_3
$A\overline{B}\,\overline{C}$	1	0	0	Y_4
$A\overline{B}C$	1	0	1	Y_5
$AB\overline{C}$	1	1	0	Y_6
ABC	1	1	1	Y_7

将 n 个变量的逻辑函数的 2^n 个最小项用小方格代表并按**相邻规则**排列，所形成的图形称为**最小项卡诺图**，简称卡诺图。所谓相邻规则就是指相邻 2 个最小项只有 1 个变量不同，其他变量都相同。例如，AB 和 $\overline{A}B$、ABC 和 $AB\overline{C}$、$AB\overline{C}D$ 和 $A\overline{B}\,\overline{C}D$ 都是**相邻项**。

二变量卡诺图如图 2-5a 所示，表格左上角标注输入变量，上边和左边标注对应的变量取值，变量取值与方格中的最小项编号一一对应。图中上下、左右之间的最小项都是相邻项。

同理，可得三变量、四变量卡诺图，如图 2-5b、c 所示。

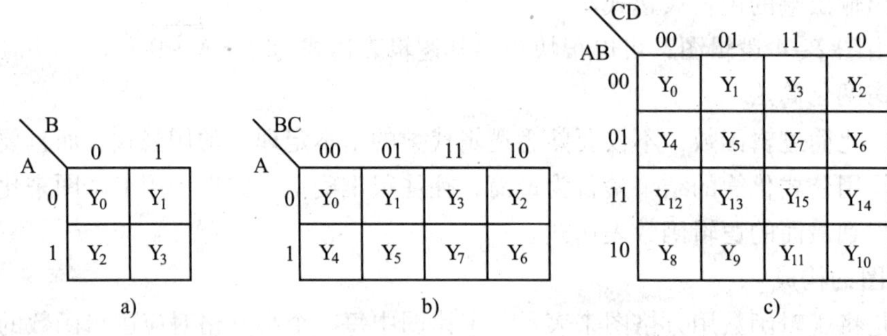

图 2-5　卡诺图
a）二变量　b）三变量　c）四变量

按相邻规则，卡诺图方格编号二进制数顺序为 00→01→11→10，而不是 00→01→10→11。

2. 用卡诺图表示逻辑函数

先将逻辑函数化为与或表达式，然后在卡诺图中把每一个乘积项所包含的最小项都填上1，其余的填上0（或不填），便可得到该逻辑函数的卡诺图。

【例2-4】 画出 $Y = AB + \overline{B}C$ 的卡诺图。

解：$AB = AB(C+\overline{C}) = ABC + AB\overline{C}$，所以 AB 包含了两个最小项 ABC 和 $AB\overline{C}$。同理，$\overline{B}C$ 也包含两个最小项 $A\overline{B}C$ 和 $\overline{A}\overline{B}C$。

把每一个乘积所包含的那些最小项都填上1，其余填上0，就可以得到如图2-6所示的卡诺图。

【例2-5】 画出逻辑函数 $Y = A\overline{D} + BC\overline{D} + \overline{A}B + \overline{B}C$ 的卡诺图。

解：$BC\overline{D} = BC\overline{D}(A+\overline{A}) = ABC\overline{D} + \overline{A}BC\overline{D}$

$A\overline{D} = A\overline{D}(B+\overline{B})(C+\overline{C}) = ABC\overline{D} + AB\overline{C}\overline{D} + A\overline{B}C\overline{D} + A\overline{B}\overline{C}\overline{D}$

$\overline{A}B = \overline{A}B\overline{C}\overline{D} + \overline{A}B\overline{C}D + \overline{A}BC\overline{D} + \overline{A}BCD$

$\overline{B}C = \overline{A}\overline{B}C\overline{D} + \overline{A}\overline{B}CD + A\overline{B}C\overline{D} + A\overline{B}CD$

由此可见，在4个变量的表达式中，如果某一乘积项有3个因子，则该项包含两个最小项；如果乘积项只有两个因子，则该项包含4个最小项，此例中3个最小项 $ABC\overline{D}$、$\overline{A}BC\overline{D}$、$A\overline{B}C\overline{D}$各出现了两次。因此该表达式有11个最小项，画出的卡诺图如图2-7所示。

A \ BC	00	01	11	10
0	0	1	0	0
1	0	1	1	1

图2-6　例2-4卡诺图

AB \ CD	00	01	11	10
00	0	0	1	1
01	1	1	1	1
11	1	0	0	1
10	1	0	1	1

图2-7　例2-5卡诺图

3. 用卡诺图化简逻辑函数

在卡诺图中每两个相邻的小方格所代表的最小项只有一个变量不同，如果这两个小方格均填的是1，则可利用这个特点消去一个变量。依次类推：4个标有1的相邻项可合并为一项，消去2个变量；8个标有1的相邻项可合并为一项，消去3个变量。其具体方法如下：

在填好卡诺图后，将相邻为1的最小项圈成一组（圈内所含方格数应为2的倍数），包围圈的个数越少越好，这样乘积项越少。包围圈越大，即圈中所含最小项越多越好，这样消去的变量越多。画圈时最小项可以重复被包围，但在新画的包围圈中必须至少有一个未被圈过的最小项，这样才能保证该化简项的独立性。

图2-8列举了卡诺图中相邻最小项合并的几种方法。

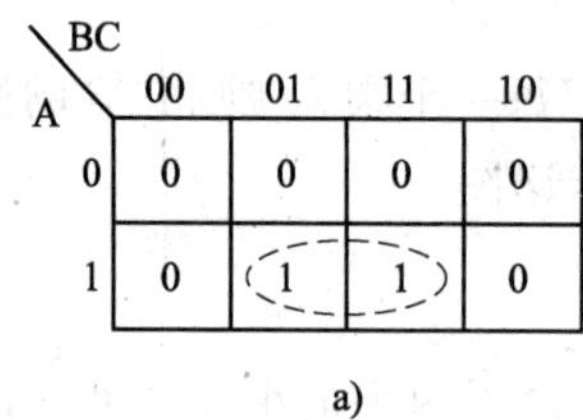

a)

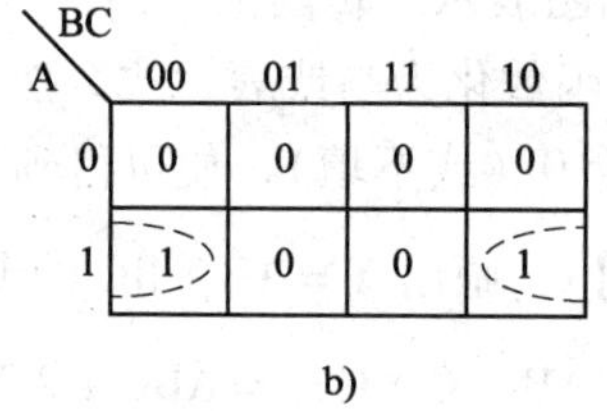

b)

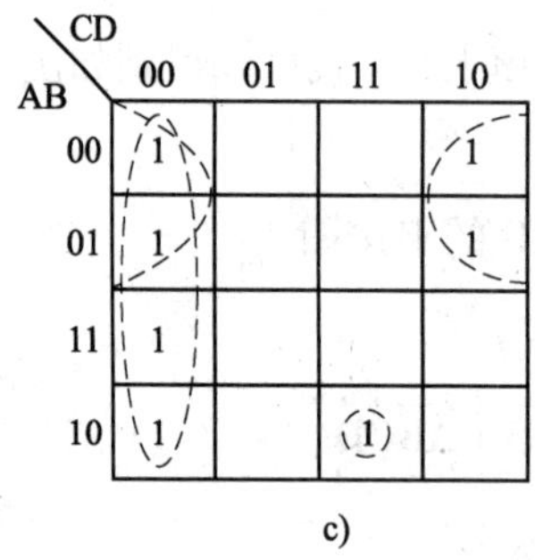

c)

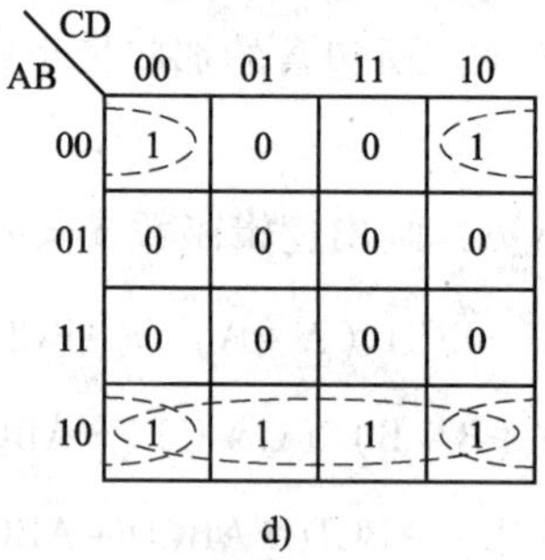

d)

图 2-8　相邻最小项合并的方法示例

a）$Y = AC$　b）$Y = A\overline{C}$　c）$Y = \overline{A}\,\overline{D} + \overline{C}\,\overline{D} + A\overline{B}CD$　d）$Y = \overline{B}\,\overline{D} + A\overline{B}$

【例 2-6】　用卡诺图化简逻辑函数，合并相邻最小项的方法分别如图 2-9 所示，试对两种方法进行比较。

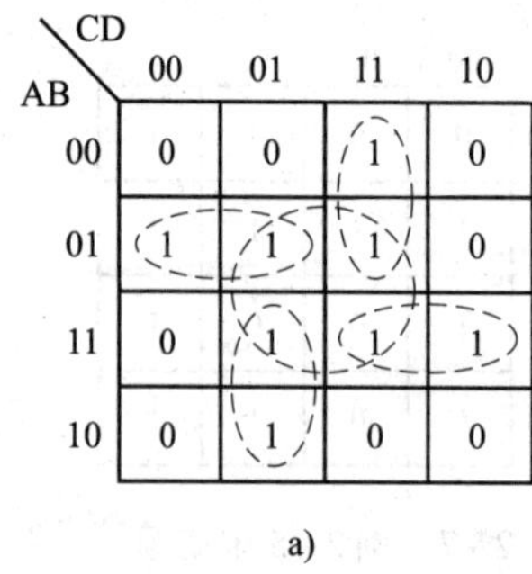

a)

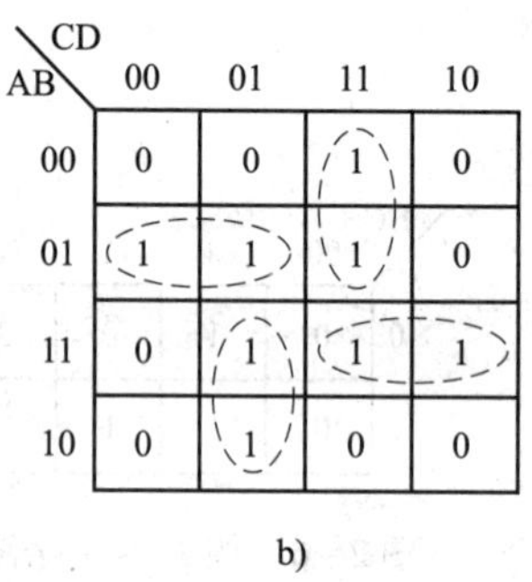

b)

图 2-9　例 2-6 卡诺图

a）不正确　b）正确

图 2-9a 所示圈法不正确，因为中间大圈中的 1 全部被圈过了两次。图 2-9b 所示为有效圈法。

【例 2-7】　用卡诺图化简逻辑函数，合并相邻最小项方法分别如图 2-10 所示，试写出化简结果，并进行比较。

解：按图 2-10a 圈法可以得到逻辑函数的最简表达式为：

$$Y = \overline{A}CD + B\overline{C}D + A\overline{C}\,\overline{D} + \overline{B}C\overline{D}$$

按图 2-10b 圈法可以得到逻辑函数的最简表达式为：

$$Y = \overline{A}\,\overline{B}C + \overline{A}BD + AB\overline{C} + A\overline{B}\,\overline{D}$$

AB \ CD	00	01	11	10
00	0	0	1	1
01	0	1	1	0
11	1	1	0	0
10	1	0	0	1

a)

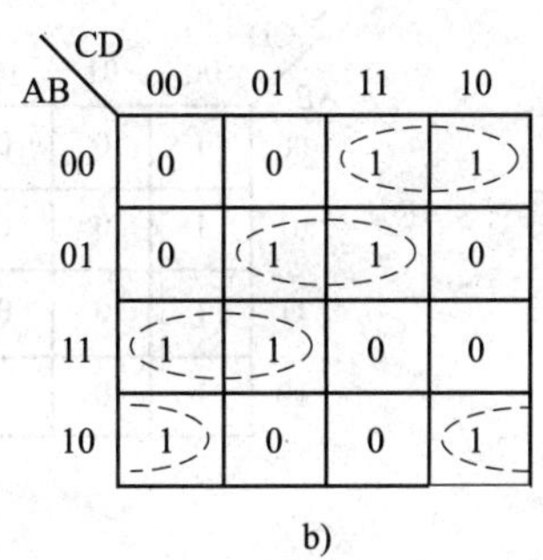

b)

图 2－10　例 2－7 卡诺图

a）列圈　b）行圈

由此例可以看出，**应用卡诺图化简时由于圈法不同，逻辑函数化简的结果也不是唯一的**。

【例 2－8】　用卡诺图化简逻辑函数 $Y = ABC + ABD + A\bar{B}C + \bar{A}C\bar{D} + A\bar{C}D + \bar{C}\bar{D}$。

解：先将逻辑函数 Y 化为最小项表达式的形式，即：

$$
\begin{aligned}
Y &= ABC(D+\bar{D}) + ABD(C+\bar{C}) + A\bar{B}C(D+\bar{D}) + \\
&\quad \bar{A}C\bar{D}(B+\bar{B}) + A\bar{C}D(B+\bar{B}) + \\
&\quad CD(A+\bar{A})(B+\bar{B}) \\
&= ABCD + ABC\bar{D} + AB\bar{C}D + ABCD + A\bar{B}C\bar{D} + \\
&\quad A\bar{B}CD + \bar{A}\bar{B}C\bar{D} + ABC\bar{D} + AB\bar{C}D + A\bar{B}\bar{C}D + \\
&\quad ABCD + A\bar{B}CD + \bar{A}BCD + \bar{A}\bar{B}CD
\end{aligned}
$$

再用卡诺图表示逻辑函数，并进行化简。由图 2－11 所示，可得 $Y = A + \bar{C}\bar{D}$。

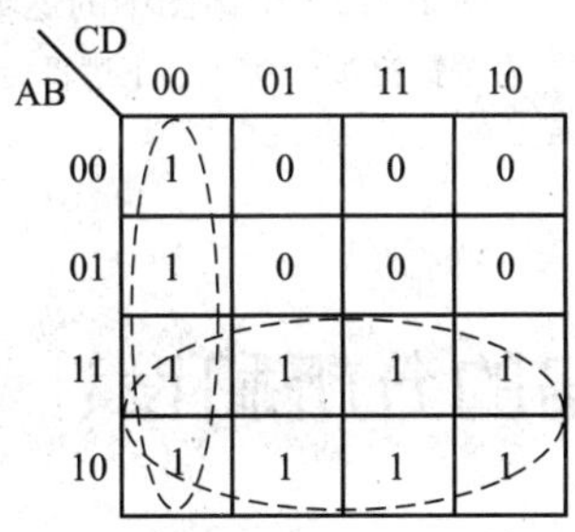

图 2－11　例 2－8 卡诺图

解法一卡诺图（包围 1）

卡诺图中两边与四角的逻辑相邻关系可用图 2－12 加以形象说明。

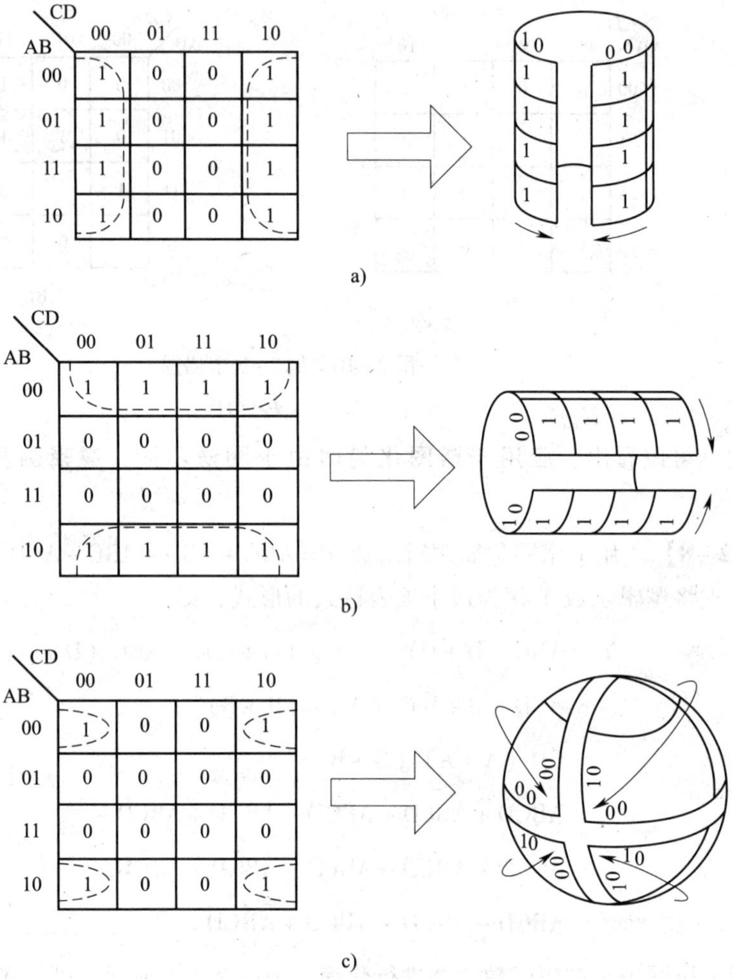

AB \ CD	00	01	11	10
00	1	0	0	1
01	1	0	0	1
11	1	0	0	1
10	1	0	0	1

a)

AB \ CD	00	01	11	10
00	1	1	1	1
01	0	0	0	0
11	0	0	0	0
10	1	1	1	1

b)

AB \ CD	00	01	11	10
00	1	0	0	1
01	0	0	0	0
11	0	0	0	0
10	1	0	0	1

c)

图 2－12　卡诺图中的逻辑相邻关系

a）左、右逻辑相邻　b）上、下逻辑相邻　c）四角逻辑相邻

§2—2　组合逻辑电路的分析和设计

一、组合逻辑电路的分析

组合逻辑电路分析的一般步骤，如图 2－13 所示。

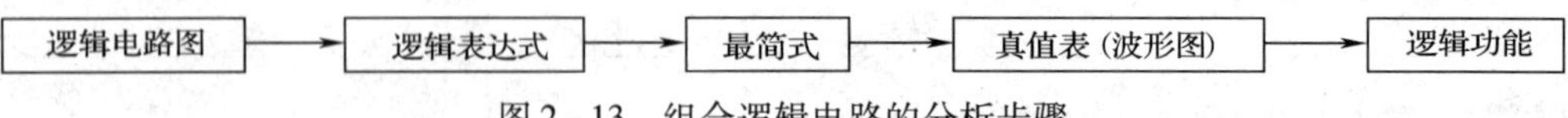

图 2－13　组合逻辑电路的分析步骤

根据给定的组合逻辑电路图，找出其输出与输入之间的逻辑关系，得出逻辑表达式。

若表达式较复杂，应将其化简为最简表达式，以便于判断电路的逻辑功能，必要时还可借助真值表或波形图来判断电路的逻辑功能。

【例 2-9】　分析图 2-14 所示逻辑电路的功能。

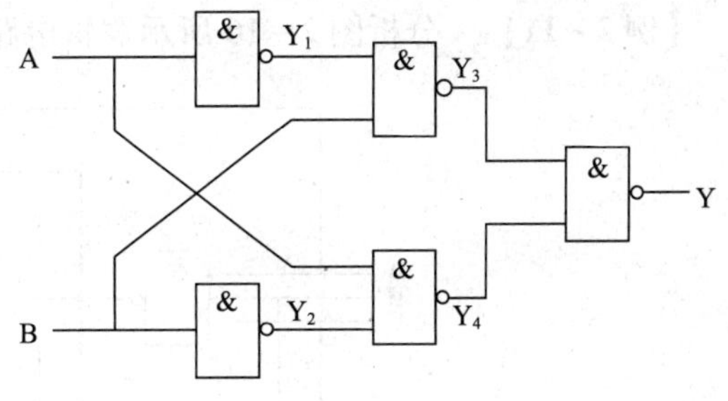

图 2-14　例 2-9 逻辑图

解：（1）由逻辑图写出逻辑表达式，并化简如下：

$$Y_1=\bar{A},\ Y_2=\bar{B},\ Y_3=\overline{\bar{A}B},\ Y_4=\overline{A\bar{B}}$$

$$Y=\overline{Y_3Y_4}=\overline{Y_3}+\overline{Y_4}=\bar{A}B+A\bar{B}$$

（2）列出真值表，见表 2-5。

表 2-5　　**例 2-9 真值表**

A	B	Y
0	0	0
0	1	1
1	0	1
1	1	0

（3）确定逻辑功能

由逻辑表达式和真值表可判断该电路具有异或功能。

【例 2-10】　分析图 2-15 所示逻辑电路的功能。

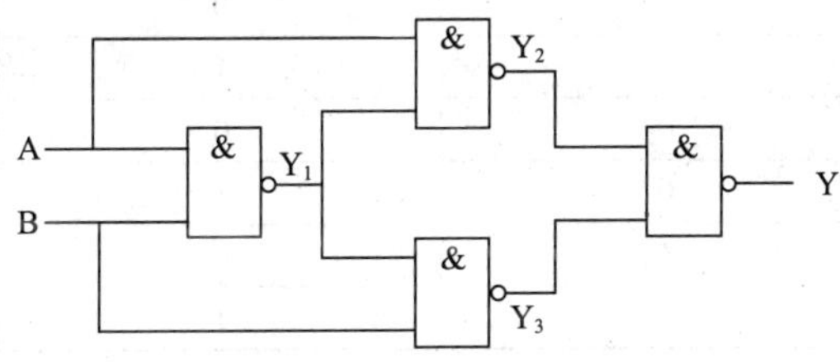

图 2-15　例 2-10 逻辑图

解：由逻辑图写出逻辑表达式，并化简如下：

$$Y_1=\overline{AB},\ Y_2=\overline{Y_1A}=\overline{\overline{AB}A}=\bar{A}+B,\ Y_3=\overline{Y_1B}=\overline{\overline{AB}B}=A+\bar{B}$$

$$Y=\overline{Y_2Y_3}=\overline{(\bar{A}+B)(A+\bar{B})}=\overline{\bar{A}+B}+\overline{A+\bar{B}}=A\bar{B}+\bar{A}B$$

其真值表见表 2-6，可见该电路也具有异或功能。

表 2-6　　**例 2-10 真值表**

A	B	Y
0	0	0
0	1	1
1	0	1
1	1	0

【例 2－11】 分析图 2－16 所示逻辑电路的功能。

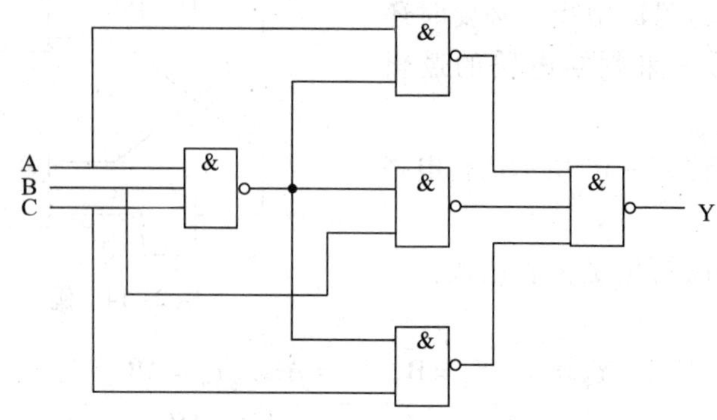

图 2－16 例 2－11 逻辑图

解：（1）由逻辑图写出逻辑表达式，并化简如下：

$$\begin{aligned} Y &= \overline{\overline{A\,\overline{ABC}}\cdot\overline{B\,\overline{ABC}}\cdot\overline{C\,\overline{ABC}}} \\ &= A\,\overline{ABC}+B\,\overline{ABC}+C\,\overline{ABC} \\ &= (A+B+C)\,\overline{ABC} \end{aligned}$$

（2）列出真值表，见表 2－7。

表 2－7 **例 2－11 真值表**

A	B	C	Y
0	0	0	0
0	0	1	1
0	1	0	1
0	1	1	1
1	0	0	1
1	0	1	1
1	1	0	1
1	1	1	0

（3）确定逻辑功能

由真值表可知，只有当 ABC 全为 0 或全为 1 时，输出 Y 才为 0，否则为 1。所以该电路称为“判一致电路”，可用于判断 3 个输入端信号是否一致。

二、组合逻辑电路的设计

组合逻辑电路设计的一般步骤，如图 2－17 所示。

逻辑问题 ⇒ 真值表 ⇒ 逻辑表达式 ⇒ 化简（变换） ⇒ 逻辑图

图 2－17 组合逻辑电路的设计步骤

首先，对实际问题进行分析，确定提出的问题中什么是输入变量、什么是输出变量，并分析它们之间的逻辑关系，即把一个实际问题归纳为逻辑问题。其次，合理地设置变量，列出真值表，然后由真值表写出逻辑表达式，并根据所使用的逻辑门器件对表达式进行化简或变换。最后，根据化简或变换后的逻辑表达式画出逻辑图。

【例 2-12】　交叉路口的信号灯有红、黄、绿三色，正常工作时，应该只能有一灯亮，其他情况均属电路故障，试用与非门组成故障报警电路。

解：设灯亮用 1 表示，灯灭用 0 表示；报警状态用 1 表示，正常工作用 0 表示；红、黄、绿三灯分别用 A、B、C 表示，电路输出用 Y 表示。

（1）按题意列出真值表，见表 2-8。

表 2-8　　**例 2-12 真值表**

A	B	C	Y
0	0	0	1
0	0	1	0
0	1	0	0
0	1	1	1
1	0	0	0
1	0	1	1
1	1	0	1
1	1	1	1

（2）根据真值表画出卡诺图并化简，如图 2-18 所示，可得逻辑表达式为：

$$Y=\overline{A}\,\overline{B}\,\overline{C}+AB+BC+AC$$

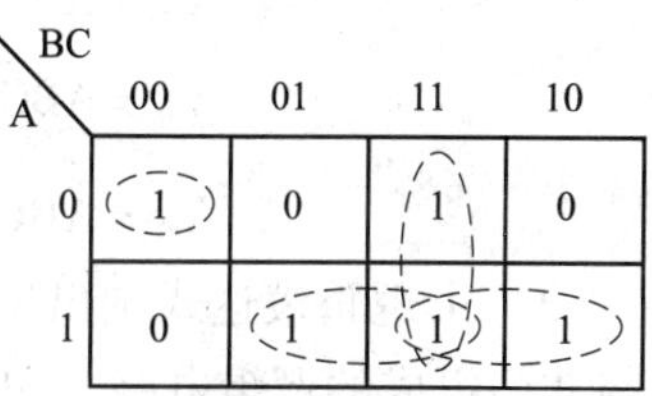

图 2-18　例 2-12 卡诺图

（3）由逻辑表达式画出逻辑图。

由于限定电路用与非门组成，逻辑表达式可变换为：

$$Y=\overline{\overline{\overline{A}\,\overline{B}\,\overline{C}}\cdot\overline{AB}\cdot\overline{BC}\cdot\overline{AC}}$$

由此可画出逻辑电路图，如图 2-19 所示。

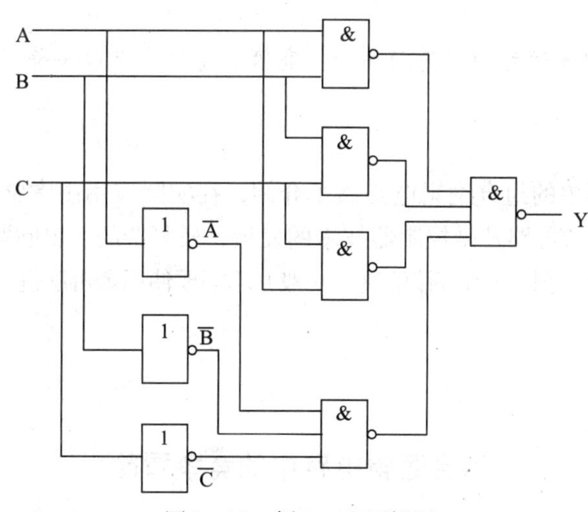

图 2-19　例 2-12 逻辑图

【例 2-13】 铁路列车有特快、直快和普客等不同类型，过站的优先顺序为：特快—直快—普客。在经过车站时，同一时间内只给出一个开车信号，即只允许一趟列车开动。试用与非门组成开车信号控制电路。

解： 设特快、直快、普客列车分别用 A、B、C 表示，电路输出分别用 Y_A、Y_B、Y_C表示。

（1）按题意列出真值表，见表 2-9。

表 2-9　　例 2-11 真值表

A	B	C	Y_A	Y_B	Y_C
0	0	0	0	0	0
0	0	1	0	0	1
0	1	0	0	1	0
0	1	1	0	1	0
1	0	0	1	0	0
1	0	1	1	0	0
1	1	0	1	0	0
1	1	1	1	0	0

（2）由真值表写出逻辑表达式，化简如下：

$$Y_A = A$$

$$Y_B = \overline{A}B\overline{C} + \overline{A}BC = \overline{A}B$$

$$Y_C = \overline{A}\,\overline{B}C$$

（3）由逻辑表达式画出逻辑图。根据逻辑表达式，使用与非门组成的逻辑电路，如图 2-20 所示。

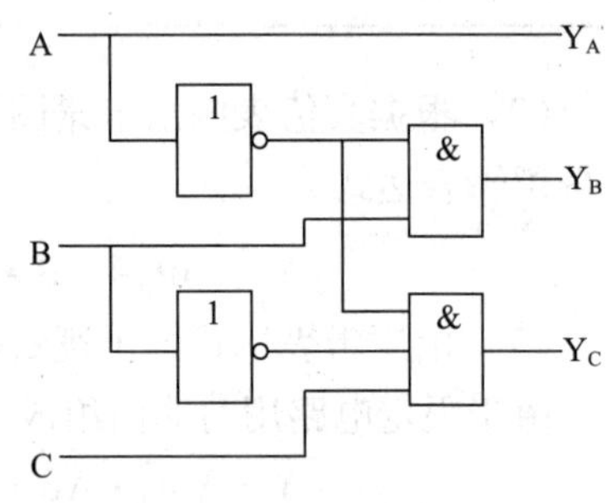

图 2-20　例 2-13 逻辑电路图

由于高铁开通，列车过站的优先顺序为：高铁—特快—直快—普客。试重新完成开车信号控制的逻辑电路。

上面只针对较为简单的组合逻辑电路做了介绍，在实际应用中常常会遇到许多复杂的问题。目前由于大规模集成电路及微控制器技术的发展，较复杂的逻辑问题已由生产厂家所提供的功能器件或采用先进的微控制器直接解决，一般并不需要使用者再度进行复杂的分析和设计。

组合逻辑电路中的竞争冒险

前面在分析和设计组合逻辑电路时，都没有考虑门电路延迟时间对电路的影响。实际上当某一输入信号经多条路径传送后又会合到某个门上，由于不同路径上门的级数不同，以及不同门电路的延迟时间不同，都会导致到达会合点的时间有先有后，这种现象称为**竞争**。由于竞争而使逻辑电路输出发生瞬时错误的现象称为**冒险**。

1. 0 型冒险和 1 型冒险

如图 2－21a 所示的逻辑电路，逻辑表达式为 $F = A + \overline{A}$，理想情况下，输出应恒为 1。但由于非门 G1 的延迟，A 和 $\overline{A}$ 到达 G2 门的时间有先后，如图 2－21b 所示，这就称为竞争。在 $t = t_1 \sim t_2$时，虽有竞争，但输出未受影响。但是在 $t = t_3 \sim t_4$时，输出端出现了一个负向窄脉冲，这一现象称为 **0 型冒险**。

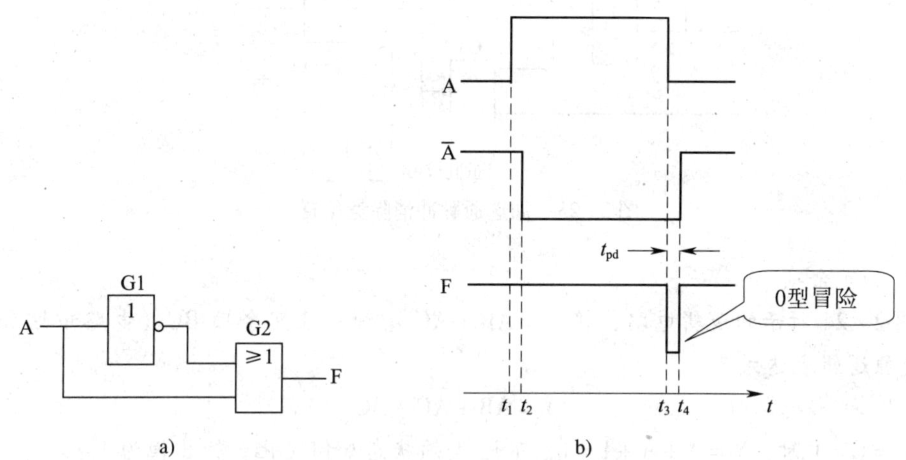

图 2－21　0 型冒险逻辑电路及波形

a）逻辑图　b）波形图

同理，在图 2－22a 所示电路中，由于非门 G1 的延迟，会使 G2 在 $t = t_1 \sim t_2$时出现正向窄脉冲，如图 2－22b 所示，这一现象称为 **1 型冒险**。

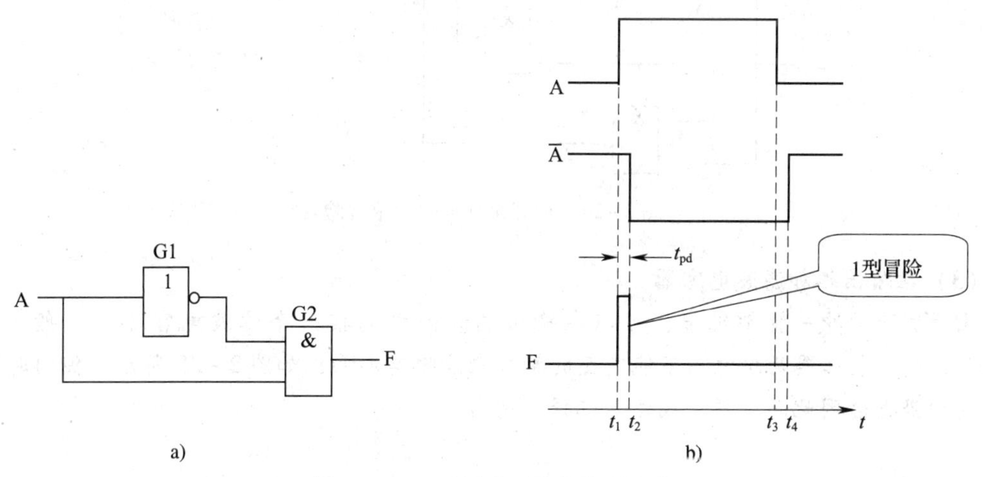

图 2－22　1 型冒险逻辑电路及波形

a）逻辑图　b）波形图

2. 消除竞争冒险的方法

（1）加选通脉冲

如图 2－23 所示的逻辑电路，逻辑表达式为 $Y = AB + \overline{A}C$。当 $B = C = 1$ 时，$Y = A + \overline{A}$，可能会出现 0 型冒险。在 G4 门增加选通脉冲 K，当险象发生时，利用 $K = 0$ 将 G4 门封锁；当冒险消除后，才引入 $K = 1$，将 G4 门打开，这样输出就不会出现冒险脉冲了。

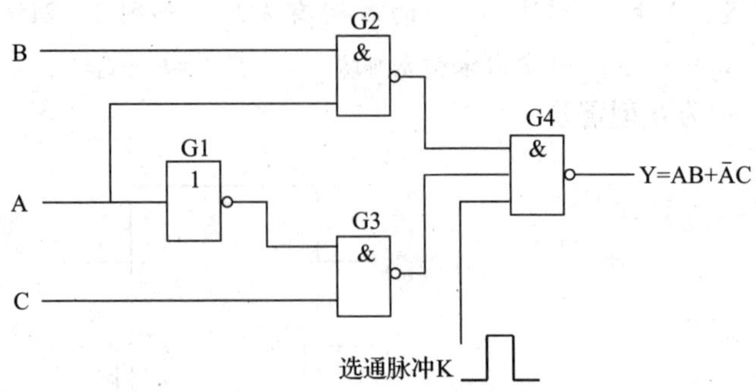

图 2－23　加选通脉冲消除竞争冒险

（2）加冗余项

如图 2－24 所示的逻辑电路，将 $Y = AB + \overline{A}C$ 增加一项冗余项 BC（电路中增加与非门 G5），使原逻辑表达式为：

$$Y = AB + \overline{A}C + BC$$

当 $B = C = 1$ 时，$Y = A + \overline{A} + 1 = 1$，不论 A 的状态如何变化，输出恒为 1。

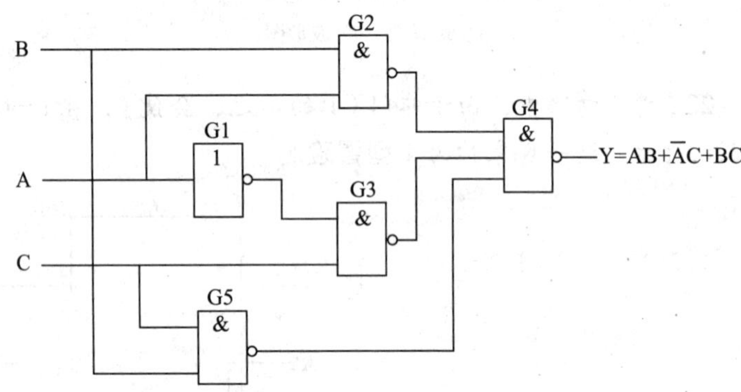

图 2－24　加冗余项消除竞争冒险

（3）在输出端加滤波电容器

由于冒险脉冲一般都很窄，可以在输出端和地之间接一个滤波电容器（一般为 4 ~ 20 pF），利用电容器两端电压不能突变的特性来消除其影响，如图 2－25 所示。但同时输出波形的边沿也会因此而变斜，故参数选择要适当。

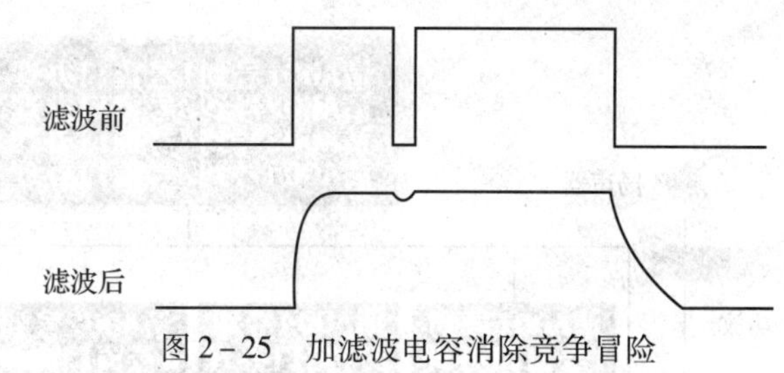

图 2－25　加滤波电容消除竞争冒险

§2—3　编　码　器

编码是用文字、符号或数字表示特定对象的过程，实现编码功能的电路称为编码器。

例如，计算机键盘内部就是一个编码器，当按下某个按键时，就是给编码器输入了一个信号，编码器会将该信号转换成一串由 0、1 组成的代码（键位码）送入计算机。

图 2－26 所示为某单片机的矩阵式键盘。

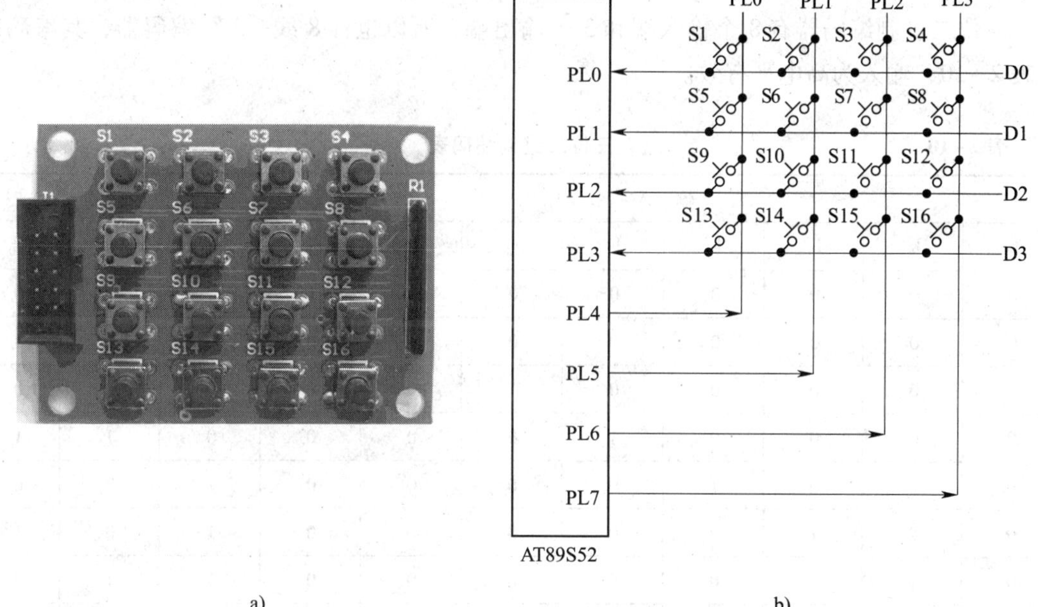

图 2－26　单片机矩阵式键盘

a）实物图　b）电路图

又如，银行的叫号机也用到了编码器，如图 2－27 所示。去银行办事的人员只要在叫号机的触摸屏上触摸相应位置，叫号机立即就能打印出一张办事排队编号——也就是办事人员的编码。

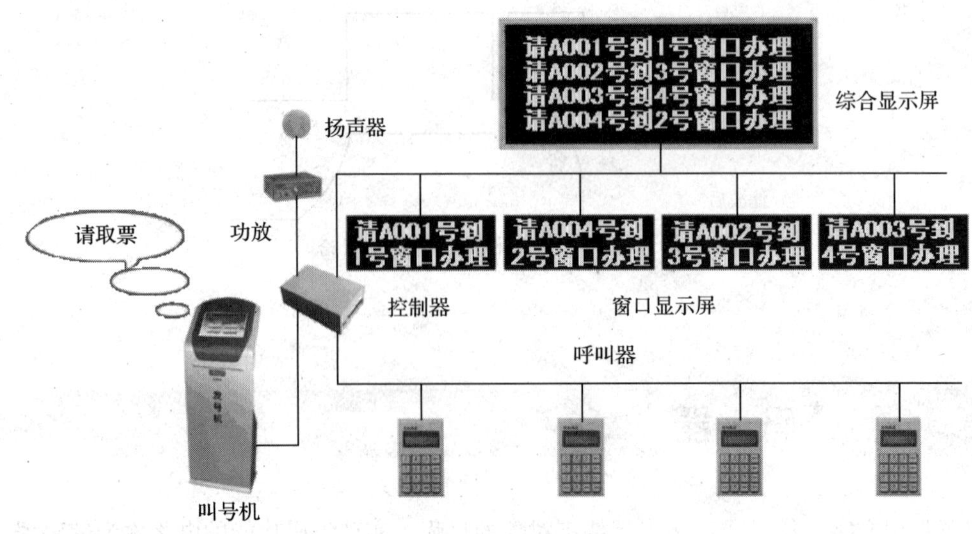

图 2－27　银行叫号机

一、二进制编码器

用二进制代码表示某种信号的电路称为**二进制编码器**。

1. 三位二进制编码器

三位二进制编码器有 8 个输入端和 3 个输出端，所以也称 8 线—3 线编码器，其编码表见表 2－10，输入为高电平有效。

表 2－10　　三位二进制编码表

输入								输出		
I_7	I_6	I_5	I_4	I_3	I_2	I_1	I_0	Y_2	Y_1	Y_0
0	0	0	0	0	0	0	1	0	0	0
0	0	0	0	0	0	1	0	0	0	1
0	0	0	0	0	1	0	0	0	1	0
0	0	0	0	1	0	0	0	0	1	1
0	0	0	1	0	0	0	0	1	0	0
0	0	1	0	0	0	0	0	1	0	1
0	1	0	0	0	0	0	0	1	1	0
1	0	0	0	0	0	0	0	1	1	1

由该编码表（即真值表）写出各输出端的逻辑表达式为：

$$Y_2 = I_4 + I_5 + I_6 + I_7$$

$$Y_1 = I_2 + I_3 + I_6 + I_7$$

$$Y_0 = I_1 + I_3 + I_5 + I_7$$

根据逻辑表达式可以画出或门组成的三位二进制编码器，如图 2－28 所示。图中，I_0的编码是隐含着的，当 I_1 ~ I_7 均为 0 时，电路输出就是 I_0的编码。

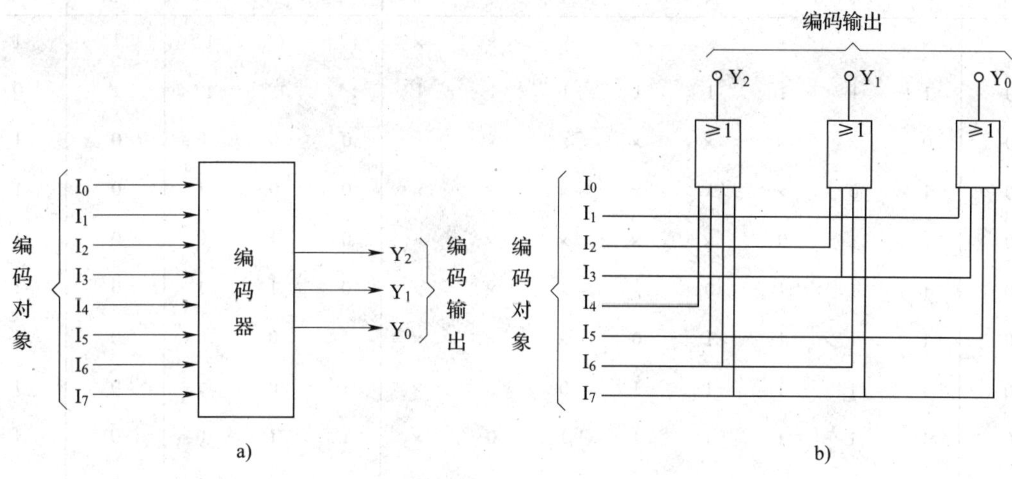

图 2－28 三位二进制编码器

a）简化图 b）逻辑图

2. 优先编码器

上述编码器每次只能对一个输入信号进行编码，如同时有两个以上的信号输入，编码器就会出错。优先编码器允许同时输入两个以上的信号，并对所有的输入信号规定了优先顺序，当多个信号同时输入时，只对其中优先级别最高的一个进行编码。

图 2－29 所示为集成 8 线—3 线优先编码器 74LS148 的实物图和引脚排列。

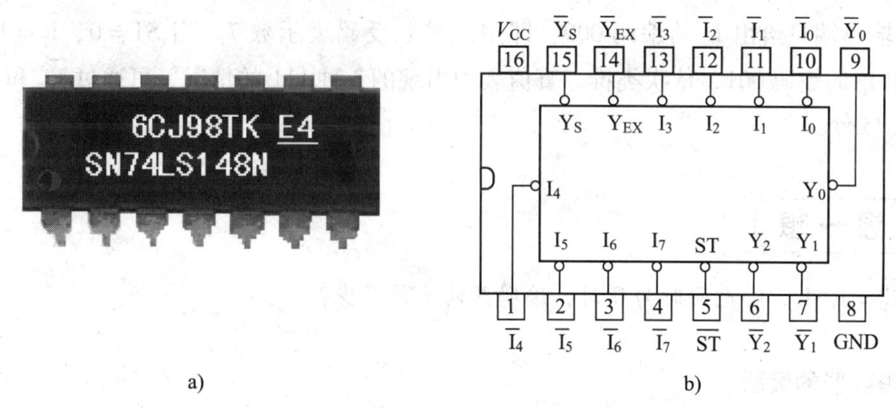

图 2－29 集成 8 线—3 线优先编码器 74LS148

a）实物图 b）引脚排列

表 2－11 所示为集成 8 线—3 线优先编码器的真值表。

表 2-11　　集成 8 线—3 线优先编码器的真值表

选通输入	输入								输出			扩展输出	选通输出
$\overline{ST}$	$\overline{I}_7$	$\overline{I}_6$	$\overline{I}_5$	$\overline{I}_4$	$\overline{I}_3$	$\overline{I}_2$	$\overline{I}_1$	$\overline{I}_0$	$\overline{Y}_2$	$\overline{Y}_1$	$\overline{Y}_0$	$\overline{Y}_{EX}$	Y_S
1	×	×	×	×	×	×	×	×	1*	1*	1*	1	1
0	1	1	1	1	1	1	1	1	1*	1*	1*	1	0
0	0	×	×	×	×	×	×	×	0	0	0	0	1
0	1	0	×	×	×	×	×	×	0	0	1	0	1
0	1	1	0	×	×	×	×	×	0	1	0	0	1
0	1	1	1	0	×	×	×	×	0	1	1	0	1
0	1	1	1	1	0	×	×	×	1	0	0	0	1
0	1	1	1	1	1	0	×	×	1	0	1	0	1
0	1	1	1	1	1	1	0	×	1	1	0	0	1
0	1	1	1	1	1	1	1	0	1	1	1	0	1

在集成 8 线—3 线编码器中，$\overline{ST}$为是否允许编码的**使能控制端**，或称**选通输入端**，低电平有效，只有当 $\overline{ST}=0$ 时，才允许对输入信号进行编码；当 $\overline{ST}=1$ 时，禁止编码，所有输出端均被封锁。$\overline{I}_0\sim\overline{I}_7$ 为编码输入信号，低电平有效。$\overline{Y}_2$、$\overline{Y}_1$、$\overline{Y}_0$ 为输出端，输出三位二进制反码。Y_S 为**选通输出端**，$\overline{Y}_{EX}$为**扩展输出端**，当 $\overline{ST}=0$ 时，只要有编码信号，$\overline{Y}_{EX}$输出即为低电平。当编码器输入信号数超过 8 时，可用多片 74LS148 通过级联来扩展编码器的功能。

由表 2-11 可以看出，当 $\overline{ST}=0$、$\overline{I}_7=0$ 时，无论其他输入端有无输入信号（表中用×表示），输出端只给出 $\overline{I}_7$ 的编码 000，即用二进制反码表示数 7。当 $\overline{ST}=0$，$\overline{I}_7=1$、$\overline{I}_6=0$ 时，输出 $\overline{I}_6$ 的编码 001，依次类推。真值表中出现的 3 种 111 的情况，可通过 $\overline{Y}_S$ 和 $\overline{Y}_{EX}$的不同状态来区分。

想一想

当$\overline{ST}=0$，$\overline{I}_5$、$\overline{I}_2$ 也同时为 0 时，编码器输出是多少？

3. 编码器的级联

图 2-30 所示是由两片 74LS148 级联而成的 16 线—4 线优先编码器，它可将$\overline{I}_{15}\sim\overline{I}_0$ 分别编码成 1111～0000 四位代码输出。74LS148（1）为低位片，74LS148（2）为高位片。$\overline{I}_{15}$ 优先级别最高，$\overline{I}_{14}$次之，依次类推，$\overline{I}_0$ 级别最低。

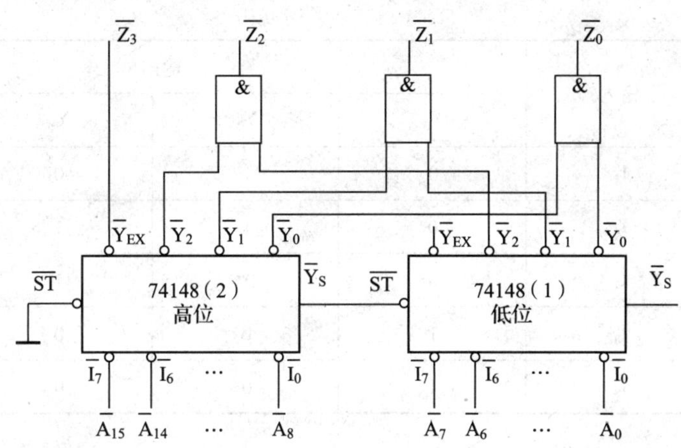

图 2-30　8 线—3 线扩展为 16 线—4 线优先编码器

高位片选通输出端 $\overline{Y}_S$ 与低位片的使能控制端 $\overline{ST}$ 相接。当高位片 $\overline{ST}=0$ 时，高位片允许编码。若此时高位片有编码输入（$\overline{I}_{15}\sim\overline{I}_8$ 端有低电平输入），高位片 $\overline{Y}_S=1$，它使低位片 $\overline{ST}=1$，低位片禁止编码。若高位片无编码输入（$\overline{I}_{15}\sim\overline{I}_8$ 皆为高电平），高位片 $\overline{Y}_S=0$，它使低位片 $\overline{ST}=0$，低位片允许编码。

例如，当（$\overline{I}_{15}\,\overline{I}_{14}=11$）而 $\overline{I}_{13}=0$ 时，则高位片的 $\overline{Y}_2\,\overline{Y}_1\,\overline{Y}_0=010$，$\overline{Y}_{EX}=0$，$\overline{Y}_S=1$，低位片被封锁。总输出为 $\overline{Z}_3\,\overline{Z}_2\,\overline{Z}_1\,\overline{Z}_0=0010$，即用二进制反码表示 13。

当 $\overline{I}_5=0$，其余高位信号皆为 1 时，则低位片 $\overline{Y}_2\,\overline{Y}_1\,\overline{Y}_0=010$，总编码输出为 $\overline{Z}_3\,\overline{Z}_2\,\overline{Z}_1\,\overline{Z}_0=1010$，即用二进制反码表示 5。

二、二—十进制编码器

将十进制数字 0 ~ 9 编成二进制代码的电路称为二—十进制编码器，也称为 8421BCD 码编码器。

表 2-12 所列是 8421BCD 码的编码表。输入是需要编码的十进制数字，输出是相应的二进制代码 $Y_3Y_2Y_1Y_0$。

表 2-12　　8421BCD 码编码表

十进制数	输入	输出			
		Y_3	Y_2	Y_1	Y_0
0	I_0	0	0	0	0
1	I_1	0	0	0	1
2	I_2	0	0	1	0
3	I_3	0	0	1	1
4	I_4	0	1	0	0

续表

十进制数	输入	输出			
		Y_3	Y_2	Y_1	Y_0
5	I_5	0	1	0	1
6	I_6	0	1	1	0
7	I_7	0	1	1	1
8	I_8	1	0	0	0
9	I_9	1	0	0	1

根据该编码表可以读出逻辑表达式：

$$Y_3 = I_8 + I_9$$

$$Y_2 = I_4 + I_5 + I_6 + I_7$$

$$Y_1 = I_2 + I_3 + I_6 + I_7$$

$$Y_0 = I_1 + I_3 + I_5 + I_7 + I_9$$

根据上述逻辑表达式可以直接画出图 2－31 所示的逻辑图。图中 $I_1 \sim I_9$ 均为 0 时，电路输出就是 I_0 的编码。

使用 8 线—3 线优先编码器和门电路也可以组成二—十进制编码器。此外，一些 10 线—4 线编码器可直接输出 BCD 码，如 74LS147、CC4017 等。

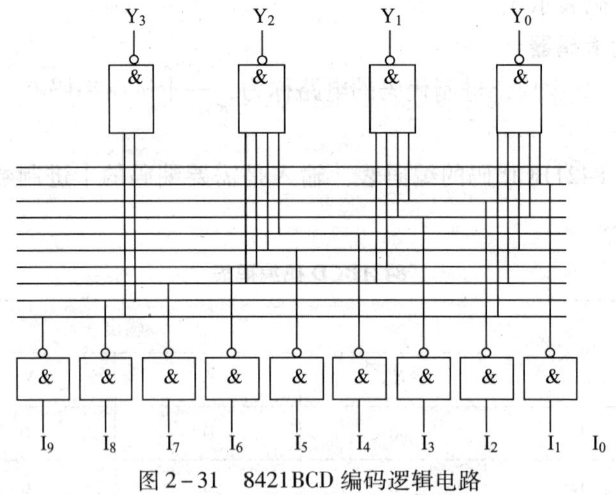

图 2－31　8421BCD 编码逻辑电路

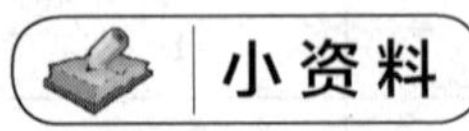

小资料

常用的集成优先编码器类型见表 2－13。

表 2-13　常用的集成优先编码器类型

集成电路	名称	型号举例
TTL	8 线—3 线优先编码器	CT1148、SN54/74148、HD74LS148
	10 线—4 线优先编码器（BCD 输出）	CT1147、SN54/74147、HD74LS147
CMOS	8 线—3 线优先编码器	CC4532
	10 线—4 线优先编码器（BCD 输出）	CC4017

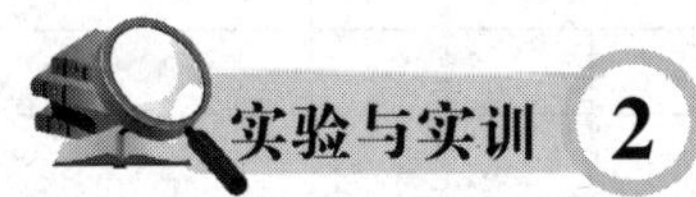

优先编码器的功能测试和应用

一、实训目的

1. 掌握 74LS148 优先编码器的功能和使用方法。
2. 熟悉编码器的扩展方式。

二、实训器材

1. 5 V 直流电源。
2. 逻辑电平开关。
3. 逻辑电平显示器。
4. 8 线—3 线优先编码器 74LS148 ×2。
5. 2 输入四与非门 74LS00 ×2。

三、实训内容

1. 测试 74LS148 逻辑功能

按图 2-32 所示连接实验电路，将$\overline{I_0}$ ~ $\overline{I_7}$和$\overline{ST}$接逻辑电平开关，将$\overline{Y_2}$、$\overline{Y_1}$、$\overline{Y_0}$、$\overline{Y_{EX}}$和$\overline{Y_S}$接逻辑电平显示器。按表 2-14 所列逐项测试其逻辑功能，并进行记录和说明。

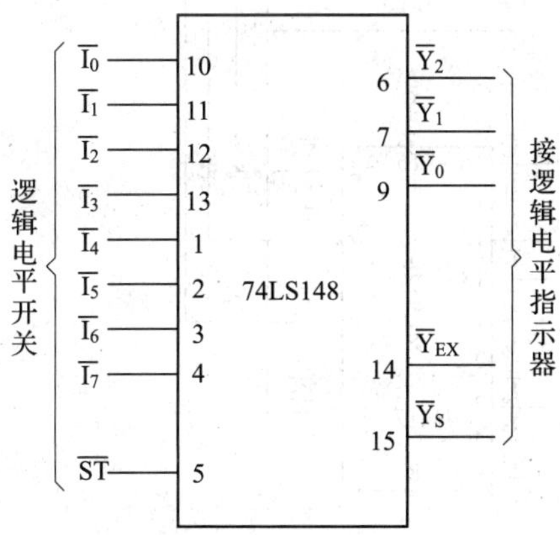

图 2-32　74LS148 实验电路

表 2-14　　74LS148 功能测试记录表

输入									输出					说明
$\overline{ST}$	$\overline{I_7}$	$\overline{I_6}$	$\overline{I_5}$	$\overline{I_4}$	$\overline{I_3}$	$\overline{I_2}$	$\overline{I_1}$	$\overline{I_0}$	$\overline{Y_2}$	$\overline{Y_1}$	$\overline{Y_0}$	$\overline{Y_{ES}}$	$\overline{Y_S}$	
1	×	×	×	×	×	×	×	×						
0	1	1	1	1	1	1	1	1						
0	0	×	×	×	×	×	×	×						
0	1	0	×	×	×	×	×	×						
0	1	1	0	×	×	×	×	×						
0	1	1	1	0	×	×	×	×						
0	1	1	1	1	0	×	×	×						
0	1	1	1	1	1	0	×	×						
0	1	1	1	1	1	1	0	×						
0	1	1	1	1	1	1	1	0						

2. 用 74LS148 组成十六进制键盘编码器

按图 2-33 所示连接电路，将 $\overline{I_0}\sim\overline{I_7}$ 接逻辑电平开关。将 A_3、A_2、A_1、A_0 接逻辑电平显示器，逐一测试 $\overline{I_0}\sim\overline{I_7}$ 输入低电平后，编码器输出端 $A_3A_2A_1A_0$ 所显示的 8421BCD 码是否正确。

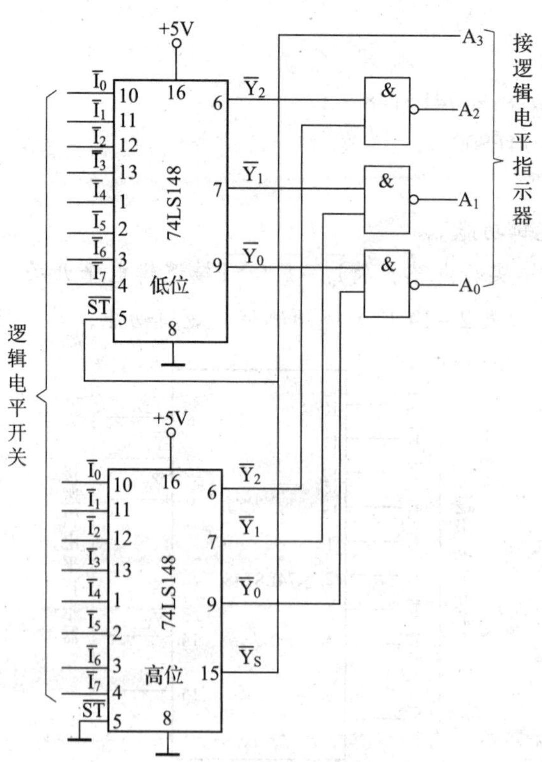

图 2-33　十六进制键盘编码器

§2—4 译码器和显示器

将某种输入代码转换成相应信号的过程称为**译码**，能实现译码功能的电路称为**译码器**，又称**解码器**。

例如，计算机中的地址译码器，可将某一存储单元的地址转换成一个有效信号，用于选中对应的单元。计算器、电子记分牌、列车时刻表等，在其工作过程中，运算操作的对象主要是二进制代码，但最终结果都要以人们习惯的十进制数显示出来，如图 2－34 所示。可见，译码和显示电路是数字系统的一个重要组成部分。

a）

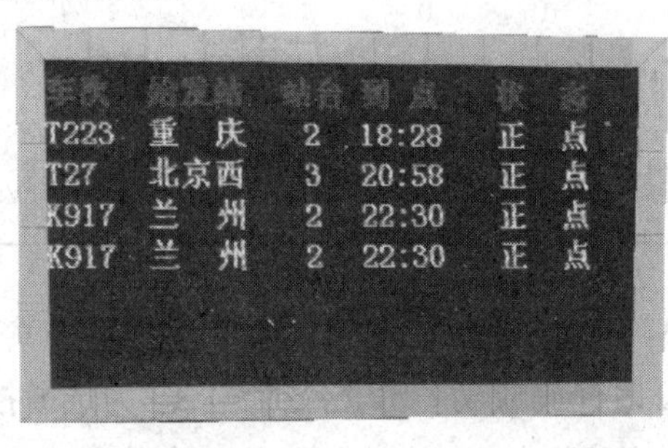

b）

图 2－34　电子记分牌、列车时刻表

a）记分牌　b）列车时刻表

译码器按照功能不同可分为通用译码器和显示译码器。其中，显示译码器按照显示材料不同又分为荧光、发光二极管译码器和液晶显示译码器；按照显示内容不同又分为文字、数字和符号译码器。

一、二进制译码器

二进制译码器是将输入的二进制代码转换成相应信号的电路。假设译码器有 n 位输入代码，N 个输出信号，若 $N=2^n$，称为**完全译码器**；若 $N<2^n$，称为**部分译码器**。

74LS138 是一种典型的二进制译码器，其实物图和引脚排列如图 2－35 所示。

a）

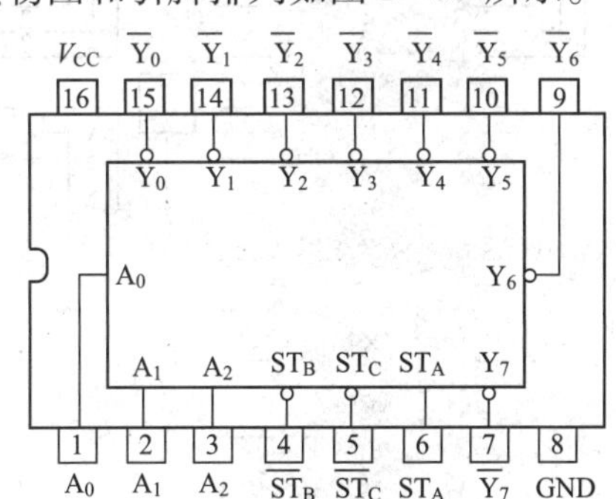

b）

图 2－35　74LS138 译码器

a）实物图　b）引脚排列

它有 3 个输入端，8 个输出端，所以也称 3 线—8 线译码器，属于完全译码器。其功能表见表 2－15。

表 2－15　　74LS138 译码器的功能表

输入					输出							
ST_A	$\overline{ST_B}+\overline{ST_C}$	A_2	A_1	A_0	$\overline{Y_7}$	$\overline{Y_6}$	$\overline{Y_5}$	$\overline{Y_4}$	$\overline{Y_3}$	$\overline{Y_2}$	$\overline{Y_1}$	$\overline{Y_0}$
1	0	0	0	0	1	1	1	1	1	1	1	0
1	0	0	0	1	1	1	1	1	1	1	0	1
1	0	0	1	0	1	1	1	1	1	0	1	1
1	0	0	1	1	1	1	1	1	0	1	1	1
1	0	1	0	0	1	1	1	0	1	1	1	1
1	0	1	0	1	1	1	0	1	1	1	1	1
1	0	1	1	0	1	0	1	1	1	1	1	1
1	0	1	1	1	0	1	1	1	1	1	1	1
0	×	×	×	×	1	1	1	1	1	1	1	1
×	1	×	×	×	1	1	1	1	1	1	1	1

A_2、A_1、A_0为三位二进制代码输入，$\overline{Y_0}\sim\overline{Y_7}$ 为 8 个译码输出，低电平有效，即某一输出信号为 0 时译码成功。ST_A、$\overline{ST_B}$、$\overline{ST_C}$ 为选通控制，当 $ST_A=1$，$\overline{ST_B}=\overline{ST_C}=0$ 时，允许译码，由输入代码 A_2、A_1、A_0的取值组合使$\overline{Y_0}\sim\overline{Y_7}$ 中的某一位输出低电平。当 3 个选通控制信号中只要有一个不满足时，译码器禁止译码，输出皆为无用信号。

74LS138 功能测试

1. 用 Multisim 仿真软件建立如图 2－36 所示的 74LS138 实验仿真电路。

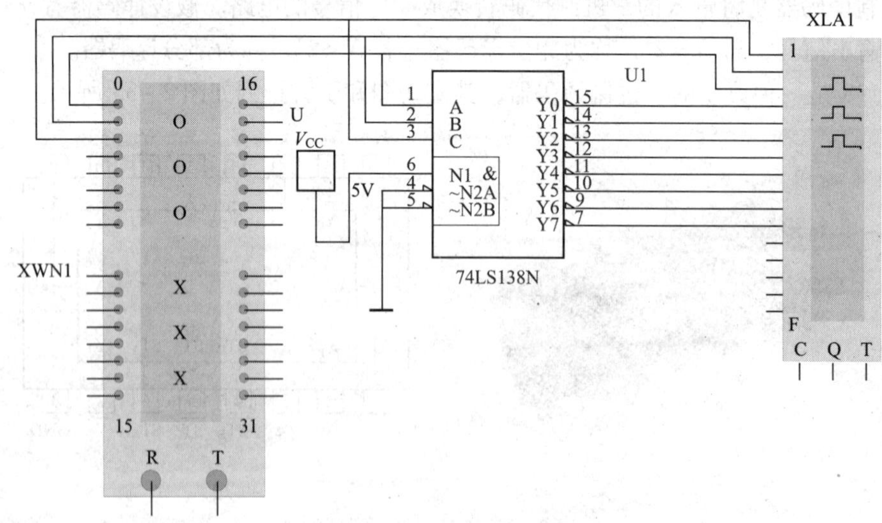

图 2－36　74LS138 实验仿真电路

2. 将数字信号发生器 XWN1 的三个输出端接 74LS138 的 A、B、C 输入端，设置其按 000～111 由小到大的顺序循环输出，如图 2－37 所示。

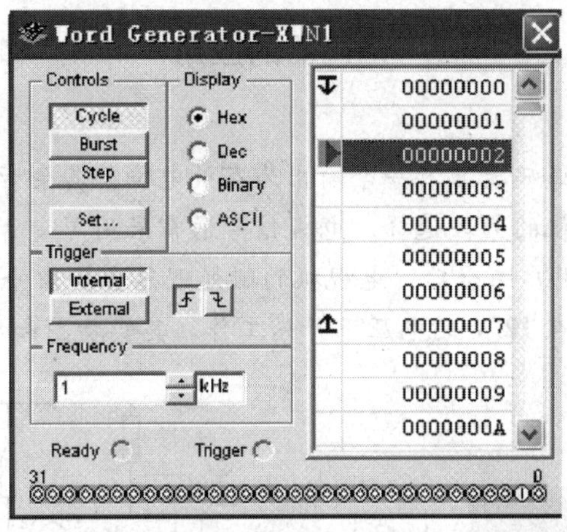

图 2－37 数字信号发生器 XWN1 的设置

3. 按下仿真开关进行动态分析，双击逻辑分析仪 XLA1 面板，即可得到输出信号波形，如图 2－38 所示。图中波形序号 1、2、3 显示的是 A、B、C 3 个输入端的输入信号波形，4～11 显示的是 74LS138 $\overline{Y}_0 \sim \overline{Y}_7$ 8 个输出端的输出信号波形。可以看出，74LS138 的 3 个输入端的 8 种不同组合对应 $\overline{Y}_0 \sim \overline{Y}_7$ 的每一路输出。

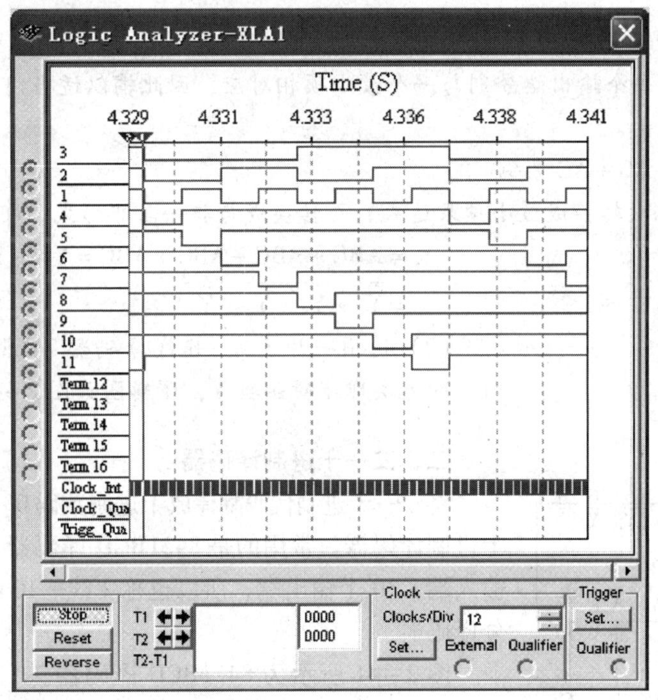

图 2－38 逻辑分析仪 XLA1 显示的输入、输出信号波形

译码器的应用

1. 选通信号

对应任一输入代码，译码器只有一个输出为有效电平，其余皆为无效电平，利用译码器的这一功能可以实现电视机的频段选择。电视信号通常采用 V_L、V_H、U_H 三个频段，所以应选用 2 线—4 线译码器。用户选台后，电视机的微处理器会输出一个地址码去控制译码器的输出，被选中的频段便可在 12 V 的电压下开始工作。其实物图和原理图如图 2-39 所示。

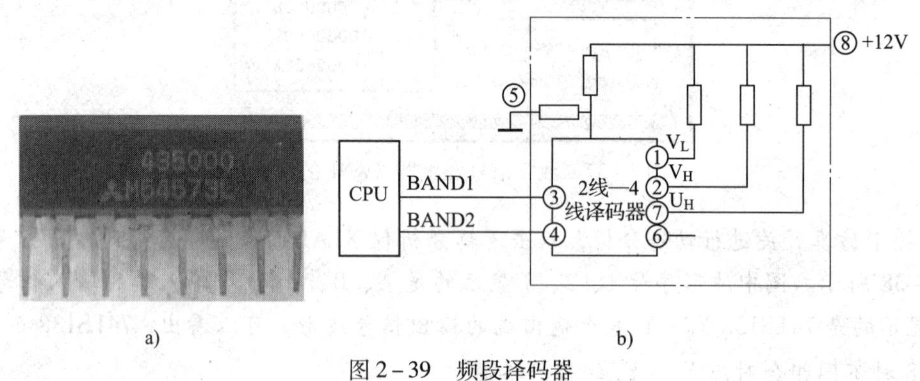

图 2-39　频段译码器

a）实物图　b）原理图

2. 实现组合逻辑函数

由于译码器的每个输出端分别与一个最小项相对应，因此辅以适当门电路，便可实现各种组合逻辑函数。

现以 Y = AB + BC + AC 为例：

（1）将逻辑函数转换成最小项表达式，再转换成与非—与非形式，即：

$$Y = \bar{A}BC + A\bar{B}C + AB\bar{C} + ABC = Y_3 + Y_5 + Y_6 + Y_7$$
$$= \overline{\bar{Y}_3 \cdot \bar{Y}_5 \cdot \bar{Y}_6 \cdot \bar{Y}_7}$$

（2）选用一片 3 线—8 线译码器 74LS138 再加一个与非门，即可实现逻辑函数 Y，逻辑图如图 2-40 所示。

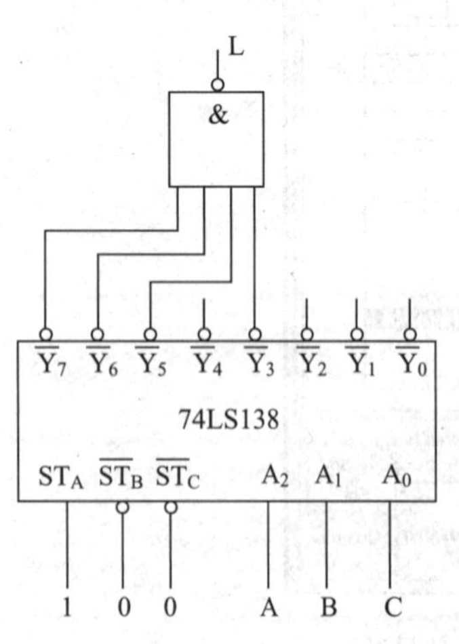

图 2-40　逻辑函数实现电路图

二、二—十进制译码器

将二—十进制代码翻译成十进制数码 0 ~ 9 的电路称为二—十进制译码器。常用的是 8421BCD 译码器。该译码器有 4 个输入端，10 个输出端，所以也称 4 线—10 线译码器，属于部分译码器。

图 2-41 所示为 8421BCD 译码器 74LS42 的实物图和引脚排列图，真值表见表 2-16，表中输出 0 为有效电平，1 为无效电平。例如当 $A_3A_2A_1A_0 = 0101$ 时，$\bar{Y}_5 = 0$，它表示

8421BCD 码 0101 译成的十进制数码为 5。

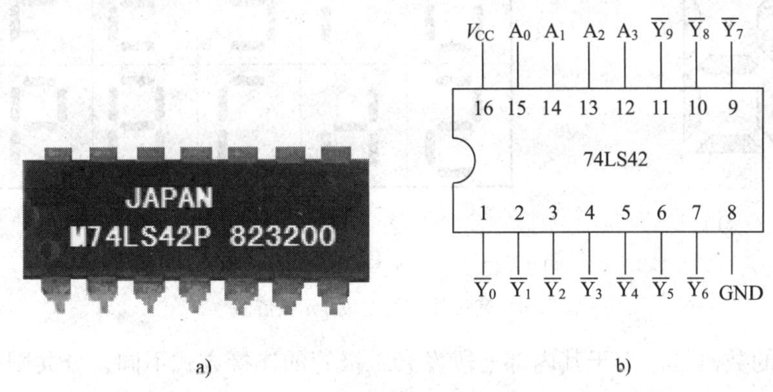

图 2－41　8421BCD 译码器 74LS42

a）实物图　b）引脚排列

表 2－16　　8421BCD 译码器 74LS42 真值表

数码	8421BCD 码输入				输出									
	A_3	A_2	A_1	A_0	$\overline{Y}_9$	$\overline{Y}_8$	$\overline{Y}_7$	$\overline{Y}_6$	$\overline{Y}_5$	$\overline{Y}_4$	$\overline{Y}_3$	$\overline{Y}_2$	$\overline{Y}_1$	$\overline{Y}_0$
0	0	0	0	0	1	1	1	1	1	1	1	1	1	0
1	0	0	0	1	1	1	1	1	1	1	1	1	0	1
2	0	0	1	0	1	1	1	1	1	1	1	0	1	1
3	0	0	1	1	1	1	1	1	1	1	0	1	1	1
4	0	1	0	0	1	1	1	1	1	0	1	1	1	1
5	0	1	0	1	1	1	1	1	0	1	1	1	1	1
6	0	1	1	0	1	1	1	0	1	1	1	1	1	1
7	0	1	1	1	1	1	0	1	1	1	1	1	1	1
8	1	0	0	0	1	0	1	1	1	1	1	1	1	1
9	1	0	0	1	0	1	1	1	1	1	1	1	1	1
无效数码	1	0	1	0	全部为 1									
	1	0	1	1										
	1	1	0	0										
	1	1	0	1										
	1	1	1	0										
	1	1	1	1										

由真值表可知，在输入状态中，1010～1111 这 6 个数码为**无效数码**，也称**伪码**。当输入端出现伪码时，输出均为无效电平，即得不到译码输出，这就是**拒绝伪码**的功能。

三、数码显示器

用以显示数字和字符的电子器件称为数码显示器，最常用的为七段数码显示器，如图 2－42 所示。它把要显示的十进制数码分成七段，因此称为七段数码显示器，俗称数码管。

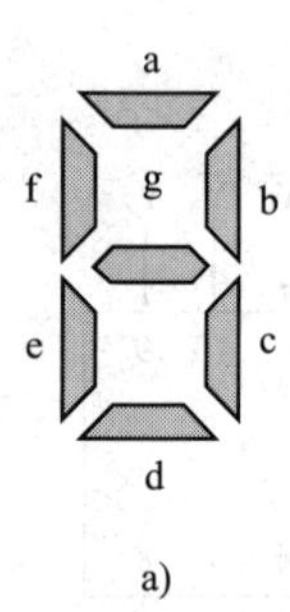

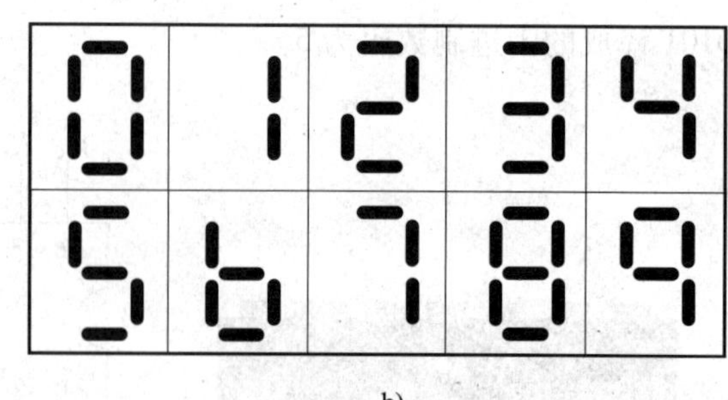

a)　　　　b)

图 2-42　七段半导体数码显示器

a）笔画图　b）七段显示数值

外形相同的数码管，由于其内部七段发光二极管的连接方式不同，分共阳极和共阴极两种接法，如图 2-43 所示。

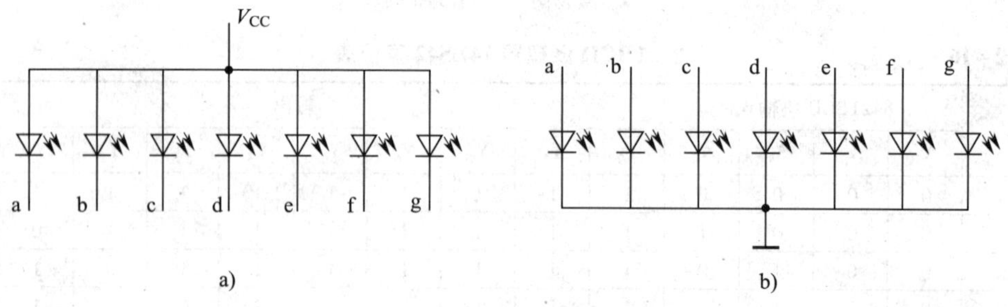

a)　　　　b)

图 2-43　数码管的两种接法

a）共阳极　b）共阴极

有些数码管还在右下角增加了一个小数点，成为字形的第 8 段，例如 BS202 数码管，其实物图及引脚排列如图 2-44 所示。

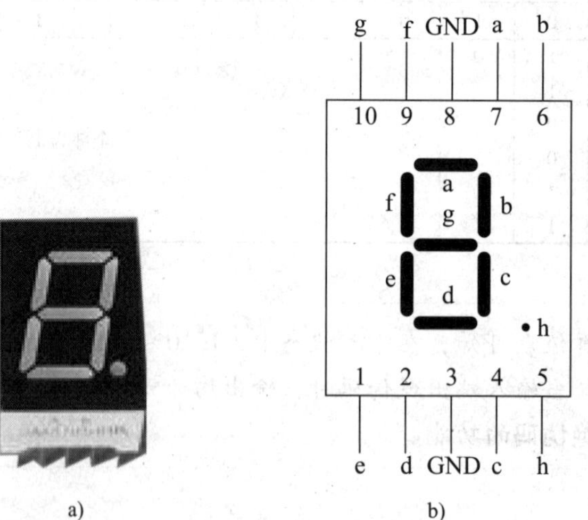

a)　　　　b)

图 2-44　BS202 数码管

a）实物图　b）引脚排列

液晶显示器

液晶是一种介于液体和晶体之间的有机化合物，既有液体的流动性，又有晶体的光学特性。液晶显示器（LCD）是将液晶材料封装在两片玻璃之间，并在玻璃板内壁制成七段相对电极，其结构如图 2－45 所示。在七段上、下电极之间加上适当大小的电压就能改变液晶的光学特性，从而显示出十进制数字。但液晶显示器本身不会发光，需借助外部光源才能显示数字。液晶显示器需用 30～100 Hz 的方波电压驱动，若用直流电压驱动，会影响使用寿命。

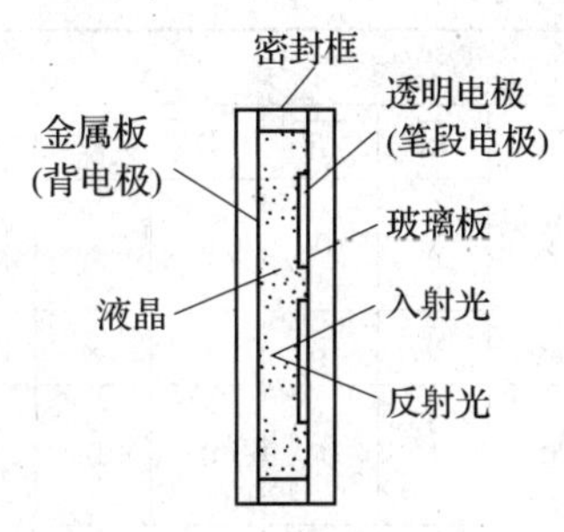

图 2－45　液晶显示器结构

液晶显示器工作电压低，一般为 2～6 V，甚至稍低于 1 V 也能工作，功耗很小，一般在 1 $\mu W/cm^2$ 以下，可直接与 CMOS 电路相匹配。液晶显示器广泛应用于电子钟表、电子计算器及各种仪器仪表中，近年来发展迅速，目前已有越来越多清晰度高、响应速度快、大屏幕彩色液晶显示器投入实际应用中。

四、显示译码器

显示译码器的作用是将输入端的 8421 二—十进制代码译成数码管的字段信号，以驱动数码管，显示出相应的十进制数码。现以 CC4511 为例说明其应用方法。

CC4511 是高电平输出的七段显示译码器，驱动共阴极接法的数码管。其实物图和引脚排列如图 2－46 所示。

a)

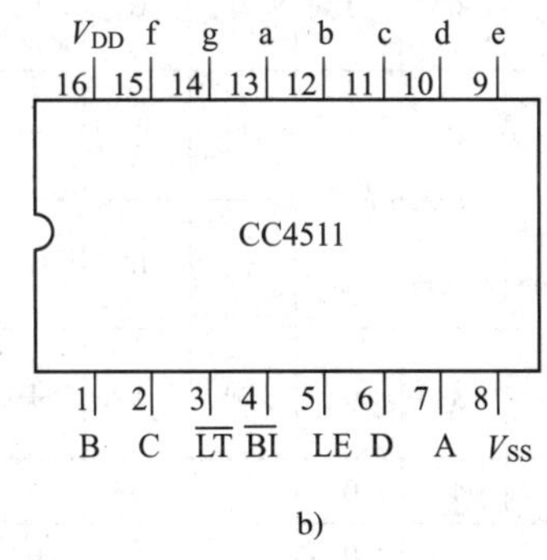

b)

图 2－46　CC4511 七段显示译码器

a）实物图　b）引脚排列

CC4511 七段显示译码器的各引脚功能说明如下：

A、B、C、D——8421BCD 码输入端

a、b、c、d、e、f、g——译码输出端，高电平有效，用来驱动共阴极 VD 数码管。

$\overline{LT}$——测试输入端（俗称试灯输入端），$\overline{LT}=0$ 时，译码输出全为 1，显示字形“日”。

$\overline{BI}$——消隐输入端（俗称灭灯输入端），$\overline{BI}=0$ 时，译码输出全为 0，无显示。

LE——锁定端，LE =1 时，译码器处于锁定（保持）状态，译码输出保持在 LE =0 时的数值，LE =0 时正常译码。

表 2－17 所列为 CC4511 七段显译码器的功能表。

表 2－17　　CC4511 七段显示译码器的功能表

输入							输出							显示字形
LE	$\overline{BI}$	$\overline{LT}$	D	C	B	A	a	b	c	d	e	f	g	
×	×	0	×	×	×	×	1	1	1	1	1	1	1	8
×	0	1	×	×	×	×	0	0	0	0	0	0	0	消隐
0	1	1	0	0	0	0	1	1	1	1	1	1	0	0
0	1	1	0	0	0	1	0	1	1	0	0	0	0	1
0	1	1	0	0	1	0	1	1	0	1	1	0	1	2
0	1	1	0	0	1	1	1	1	1	1	0	0	1	3
0	1	1	0	1	0	0	0	1	1	0	0	1	1	4
0	1	1	0	1	0	1	1	0	1	1	0	1	1	5
0	1	1	0	1	1	0	0	0	1	1	1	1	1	6
0	1	1	0	1	1	1	1	1	1	0	0	0	0	7
0	1	1	1	0	0	0	1	1	1	1	1	1	1	8
0	1	1	1	0	0	1	1	1	1	0	0	1	1	9
0	1	1	1	0	1	0	0	0	0	0	0	0	0	消隐
0	1	1	1	0	1	1	0	0	0	0	0	0	0	消隐
0	1	1	1	1	0	0	0	0	0	0	0	0	0	消隐
0	1	1	1	1	0	1	0	0	0	0	0	0	0	消隐
0	1	1	1	1	1	0	0	0	0	0	0	0	0	消隐
0	1	1	1	1	1	1	0	0	0	0	0	0	0	消隐
1	1	1	×	×	×	×	锁存							锁存

小资料

常用的译码器和显示译码器类型见表 2－18。

表 2－18　　常用的译码器和显示译码器类型

名　称		型　号
译码器	2 线—4 线译码器	CC4556、CC4555、LS139
	3 线—8 线译码器	LS137、LS138、LS231
	4 线—16 线译码器	CC4514、CC4515、LS154
	8421BCD 译码器	74LS42、CC4028B、C301
显示译码器	共阴极	T337、CC4511、LS48
	共阳极	T1247、T338、LS247
	液晶显示译码器	CC306、CC4055、CC14543
半导体数码管	共阳极	BS201、BS202、LS5011－11、LC5012－11
	共阴极	BS204、BS211、LA5011－11、LA5012－11

七段数码管每段工作电流 I_F 一般取 5～10 mA，在 $I_F < I_M$ 的情况下，I_F 越大，数码管发光越亮，但其使用寿命越短，显示译码器的负荷也越重。故在满足发光要求的前提下，可采取适当的限流措施。LS48 等输出为 OC 门结构的显示译码器与数码管连接时，需外接上拉电阻；若使用 CC4511，只需各段串联一只限流电阻即可。

水位自动监测数显系统

系统功能为监测一 10m 高水箱内水位的变化情况，其原理框图如图 2－47 所示，图中 74LS147 为 10 线—4 线优先编码器，74HC4511 为七段显示译码器。

在水箱内从 1 m 至 9 m 高程，每隔 1 m 安装一个监测探头，要求其输出信号低电平有效。探头输出的监测信号由 10 线—4 线优先编码器按优先次序编制为与十进制数相对应的 8421BCD 码（以反码形式输出），经取反后，输入七段显示译码器，驱动七段数码管。

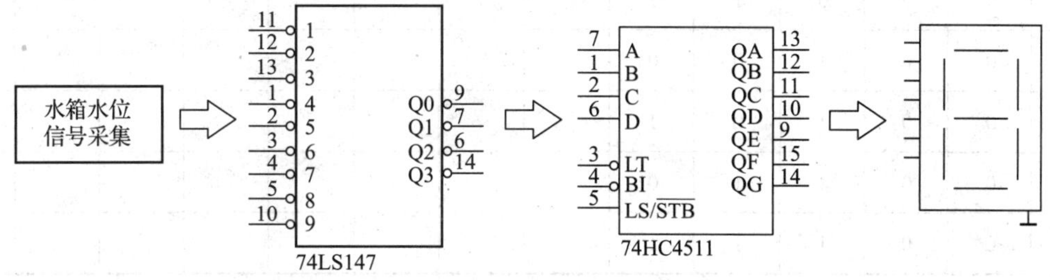

图 2－47　水位自动监测数显系统原理框图

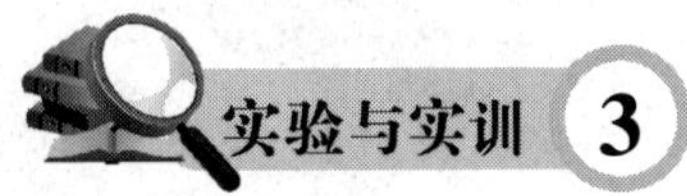

实验与实训 3

译码器的使用

一、实训目的

1. 掌握74LS138译码器和CC4511七段显示译码器的功能和使用方法。

2. 熟悉数码管的使用。

二、实训器材

1. 5 V直流电源。

2. 拨码开关组。

3. 逻辑电平开关。

4. 3线—8线译码器74LS138×2。

5. 共阴极七段显示译码器CC4511。

6. 数码管BS202。

三、实训内容

1. 74LS138译码器逻辑功能测试

（1）将译码器使能端ST_A、$\overline{ST_B}$、$\overline{ST_C}$及地址端A_2、A_1、A_0分别接至逻辑电平开关输出口，8个输出端$\overline{Y_0}$~$\overline{Y_7}$依次接至逻辑电平显示器的8个输入口。

（2）按表2-19进行操作，拨动逻辑电平开关，逐次测试74LS138的逻辑功能，将结果记入表2-19中。

表2-19　　74LS138逻辑功能测试记录表

使能端			输　入			输　出							
ST_A	$\overline{ST_B}$	$\overline{ST_C}$	A_2	A_1	A_0	$\overline{Y_0}$	$\overline{Y_1}$	$\overline{Y_2}$	$\overline{Y_3}$	$\overline{Y_4}$	$\overline{Y_5}$	$\overline{Y_6}$	$\overline{Y_7}$
1	0	0	0	0	0								
1	0	0	0	0	1								
1	0	0	0	1	0								
1	0	0	0	1	1								
1	0	0	1	0	0								
1	0	0	1	0	1								
1	0	0	1	1	0								
1	0	0	1	1	1								

2. 用两片 74LS138 构成 4 线—16 线译码器

(1) 接线

按图 2-48 所示接线，图中 74LS138 (1) 为低位片，74LS138 (2) 为高位片。

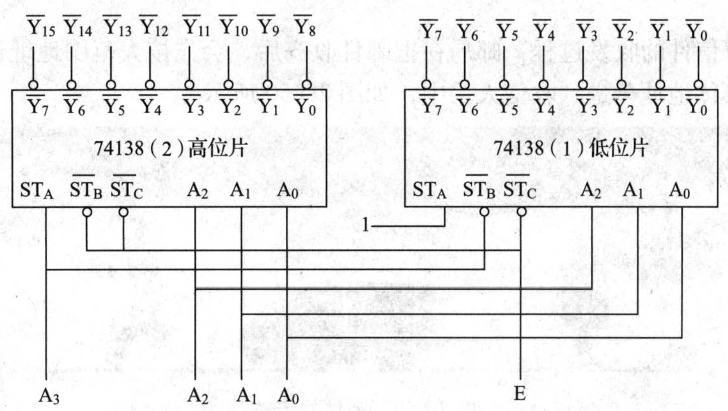

图 2-48　两片 74138 扩展为 4 线—16 线译码器

(2) 测试电路功能

当 $E=\overline{ST}_C=1$ 时，两个译码器都禁止译码，输出全为 1。

当 $E=\overline{ST}_C=0$ 时，译码器工作。这时，如果 $A_3=0$，高位片禁止。低位片工作，输出 $\overline{Y}_0\sim\overline{Y}_7$ 由 $A_2A_1A_0$ 决定；如果 $A_3=1$，低位片禁止，高位片工作，输出 $\overline{Y}_8\sim\overline{Y}_{15}$ 由 $A_2A_1A_0$ 决定。

3. 用 CC4511 驱动 VD 数码管

CC4511 和数码管的连接框图如图 2-49 所示（在 THD-1 型试验箱中已经完成了电路连接）。

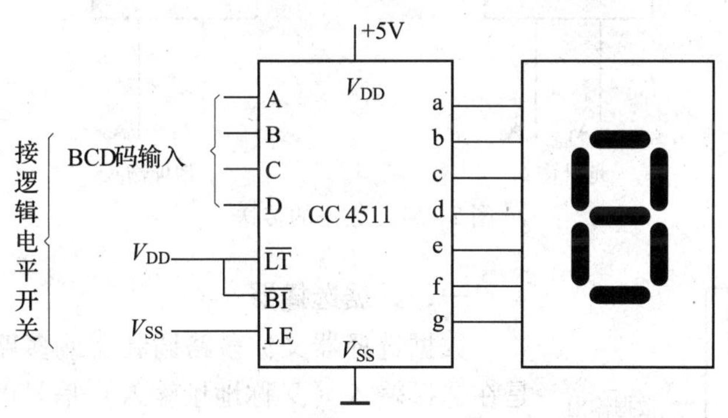

图 2-49　CC4511 驱动数码管

将试验箱中 4 组拨码开关的输出 A_i、B_i、C_i、D_i 分别接至 4 组显示译码器 CC4511 的对应输入端，LE、$\overline{BI}$、$\overline{LT}$ 接至 3 个逻辑开关的输出插口，显示器接上 5 V 电源，然后按功能表表 2-17 的输入要求揿动 4 个数码的增减键（“+”“-”），并操作与 LE、$\overline{BI}$、$\overline{LT}$ 对应的 3 个逻辑电平开关，观测拨码盘上的 4 位数与数码管显示的对应数字是否一致，译码显示是否正常。

§2—5 数据选择器和分配器

大家都了解信件的收发过程：邮局在把邮件收齐后，会先按大范围地址进行传送，然后再由邮递员按具体地址分送到收信人手中，如图 2－50 所示。

图 2－50　邮件的传送

在数字系统中，信息的收集、传送和分发的过程与邮局收送信件有相似之处，为了减少传输线，提高传输效率，经常采用**总线技术**，即在同一条传输线上对多路数据进行接收或传送，为了实现这种逻辑功能，就要用到数据选择器和数据分配器。其数据传送如图 2－51 所示。

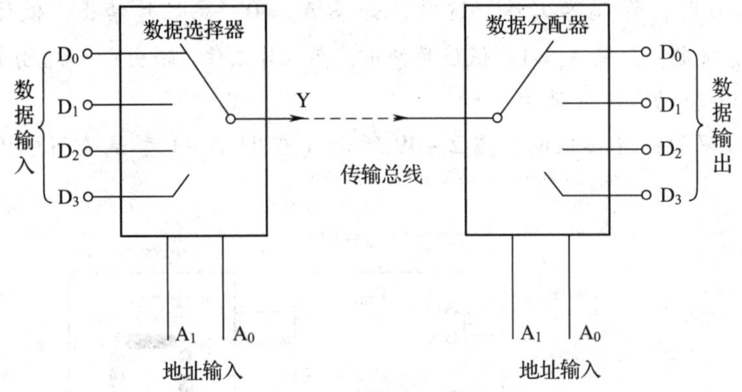

图 2－51　数据的传送

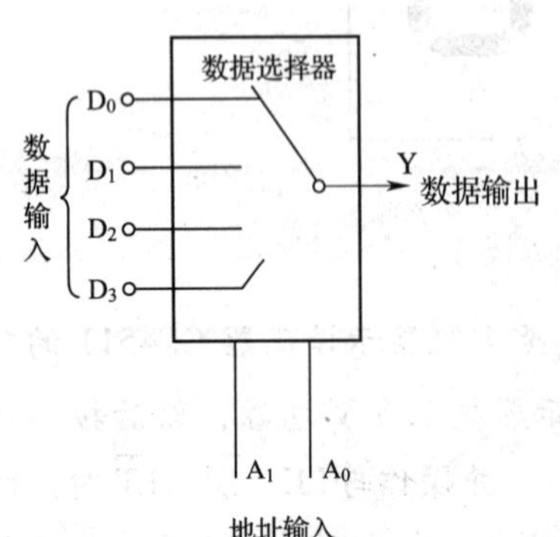

图 2－52　数据选择器

一、数据选择器

数据选择器又称**多路调制器**或**多路选择开关**，其功能是在**选择输入**（又称**地址输入**）信号的作用下，能从多路输入数据中选择其中一路并将其传送至公共输出端。其功能相当于多个输入的单刀多掷开关，如图 2－52 所示。

数据选择器是目前逻辑设计中应用十分广泛的逻辑部件，常用的有 2 选 1、4 选 1、8 选 1、16 选 1 等。

1. 4 选 1 数据选择器

4 选 1 数据选择器 74LS153 的实物图和引脚排列如图 2－53 所示，功能表见表 2－20。

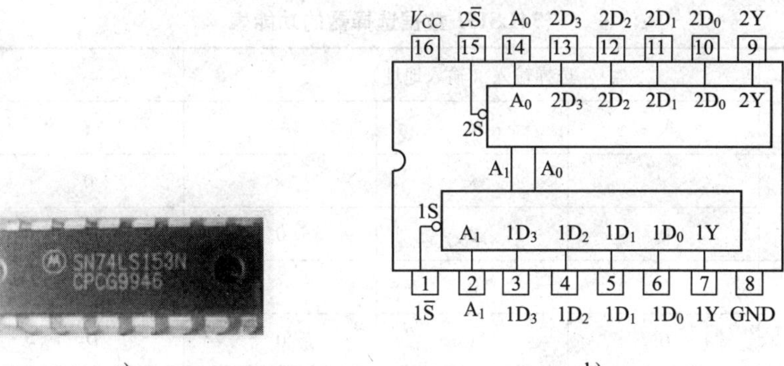

a)　　b)

图 2-53　74LS1534 选 1 数据选择器

a）外形图　b）引脚排列

一片 74LS153 中有两个 4 选 1 数据选择器，A_1、A_0为公用的地址输入端，$1D_0$ ~ $1D_3$和 $2D_0$ ~ $2D_3$分别为两个 4 选 1 数据选择器的数据输入端，Y_1、Y_2为两个输出端。

（1）当使能端 $1\overline{S}$（$2\overline{S}$）=1 时，禁止选择，无输出。

表 2-20　　74LS153 数据选择器的功能表

使能端 $\overline{S}$	选择输入（输入地址）		输出 Y
	A_1	A_0	
1	×	×	0
0	0	0	D_0
0	0	1	D_1
0	1	0	D_2
0	1	1	D_3

（2）当使能端 $1\overline{S}$（$2\overline{S}$）=0 时，正常工作，根据地址输入码 A_1、A_0的状态，将相应数据送到输出端。例如：

$A_1A_0=00$，则选择数据 D_0到输出端，即 $Y = D_0$；

$A_1A_0=01$，则选择数据 D_1到输出端，即 $Y = D_1$。

2. 8 选 1 数据选择器

8 选 1 数据选择器 74LS151 的实物图和引脚排列，如图 2-54 所示，功能表见表 2-21。

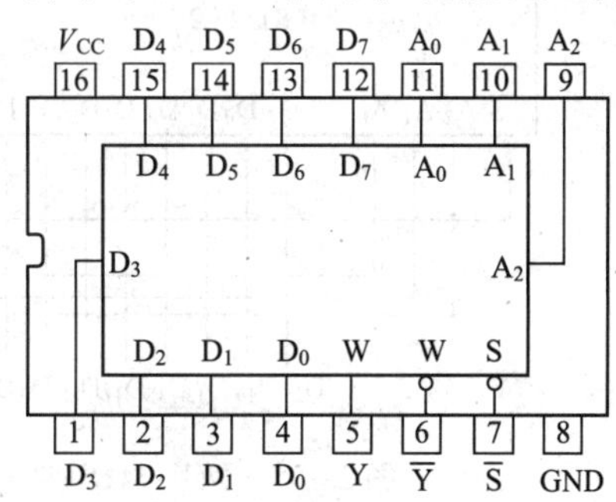

a)　　b)

图 2-54　74LS151 8 选 1 数据选择器

a）外形图　b）引脚排列

表 2-21　　74LS151 数据选择器的功能表

使能端 $\overline{S}$	选择输入（输入地址）			输出	
	A_2	A_1	A_0	Y	$\overline{Y}$
1	×	×	×	0	1
0	0	0	0	D_0	$\overline{D_0}$
0	0	0	1	D_1	$\overline{D_1}$
0	0	1	0	D_2	$\overline{D_2}$
0	0	1	1	D_3	$\overline{D_3}$
0	1	0	0	D_4	$\overline{D_4}$
0	1	0	1	D_5	$\overline{D_5}$
0	1	1	0	D_6	$\overline{D_6}$
0	1	1	1	D_7	$\overline{D_7}$

3. 数据选择器的扩展

利用使能端 $\overline{S}$ 可以扩展数据选择器功能。例如，用两片 8 选 1 数据选择器可实现 16 选 1 功能，如图 2-55 所示。图中，第 4 个选择输入端 A_3 直接接到 74LS151（1）的使能端 $\overline{S}$，并通过反相器接 74LS151（2）的使能端 $\overline{S}$，当 $A_3=0$，即 $\overline{S}=0$ 时，74LS151（1）被选中，74LS151（2）被禁止，数据输出即由 $D_0 \sim D_7$ 中选择一路输出；当 $A_3=1$，即 $\overline{S}=0$ 时，74LS151（1）被禁止，74LS151（2）被选中，数据输出即由 $D_8 \sim D_{15}$ 中选一路输出。

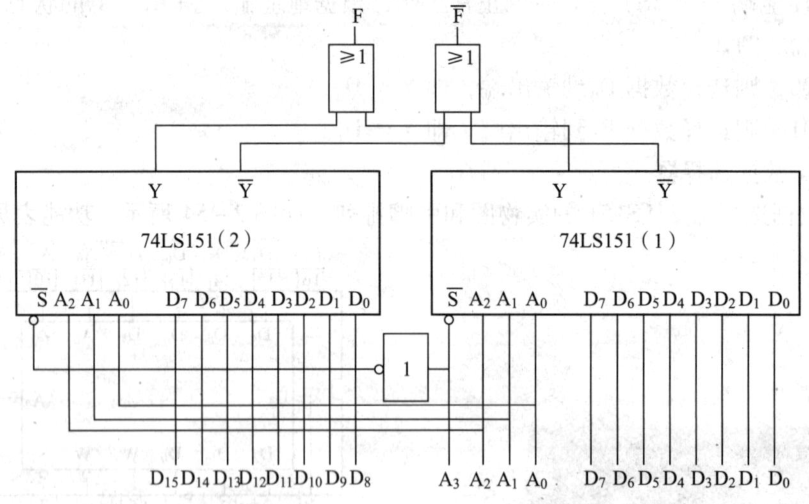

图 2-55　两片 74LS151 组成的 16 选 1 数据选择器的逻辑图

4. 用数据选择器实现逻辑函数

多路数据选择器不仅可以用来作为数据传输时的数据选择开关，而且还可以用来实现逻辑函数。

例如，用 8 选 1 数据选择器 74LS151 实现逻辑函数：$F = A\overline{B} + \overline{A}C + B\overline{C}$。

（1）解法 1

1）列出逻辑函数 $F = A\overline{B} + \overline{A}C + B\overline{C}$的真值表，见表 2 – 22。

表 2 – 22　　$F = A\overline{B} + \overline{A}C + B\overline{C}$的真值表

输　入			输　出
A	B	C	F
0	0	0	0
0	0	1	1
0	1	0	1
0	1	1	1
1	0	0	1
1	0	1	1
1	1	0	1
1	1	1	0

2）将输入变量接至数据选择器的地址输入端，即 $A_2 = A$，$A_1 = B$，$A_0 = C$。输出变量接至数据输出器的输出端，即 F = Y。将表 2 – 22 真值表中 F 取值为 1 的最小项所对应的数据输入端接 1，F 取值为 0 的最小项所对应的数据输入端接 0，即 D_0、D_7接 0，其余接 1。

3）画出逻辑图，如图 2 – 56 所示。

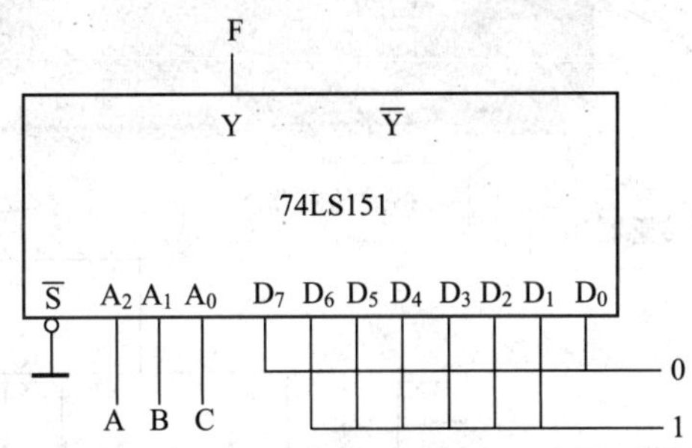

图 2 – 56　8 选 1 数据选择器实现 $F = A\overline{B} + \overline{A}C + B\overline{C}$的逻辑图

（2）解法 2

将逻辑函数转换成最小项表达式，即：

$$
\begin{aligned}
F &= A\overline{B} + \overline{A}C + B\overline{C} \\
&= A\overline{B}\,\overline{C} + A\overline{B}C + AB\overline{C} + \overline{A}B\overline{C} + \overline{A}\,\overline{B}C + \overline{A}BC \\
&= Y_1 + Y_2 + Y_3 + Y_4 + Y_5 + Y_6
\end{aligned}
$$

按此可直接画出逻辑图，如图 2 – 56 所示。

想一想

如何用 8 选 1 数据选择器 74LS151 组成一个三人表决器电路？

数据选择器在多路报警系统中的应用

图 2－57 所示为智能小区多路报警系统的数据采集示意图。在智能小区中，户室内监视主要由各种传感器来进行。例如，用磁性传感器监测人不在家时窗户的开关情况，用燃气传感器监测燃气有无泄漏，用围栏传感器感知有无侵入者触碰，用玻璃传感器感知玻璃破裂时的振动等，当发生异常时，相应传感器能产生信号，并传送至监控中心。设正常时，输出数据为 1；出现异常时，输出数据为 0。安保监控中心的 CPU 不断循环输出 000～111 的地址码，例如 000 时选中 D_0，001 时选中 D_1，顺序检测可了解各家庭的情况。

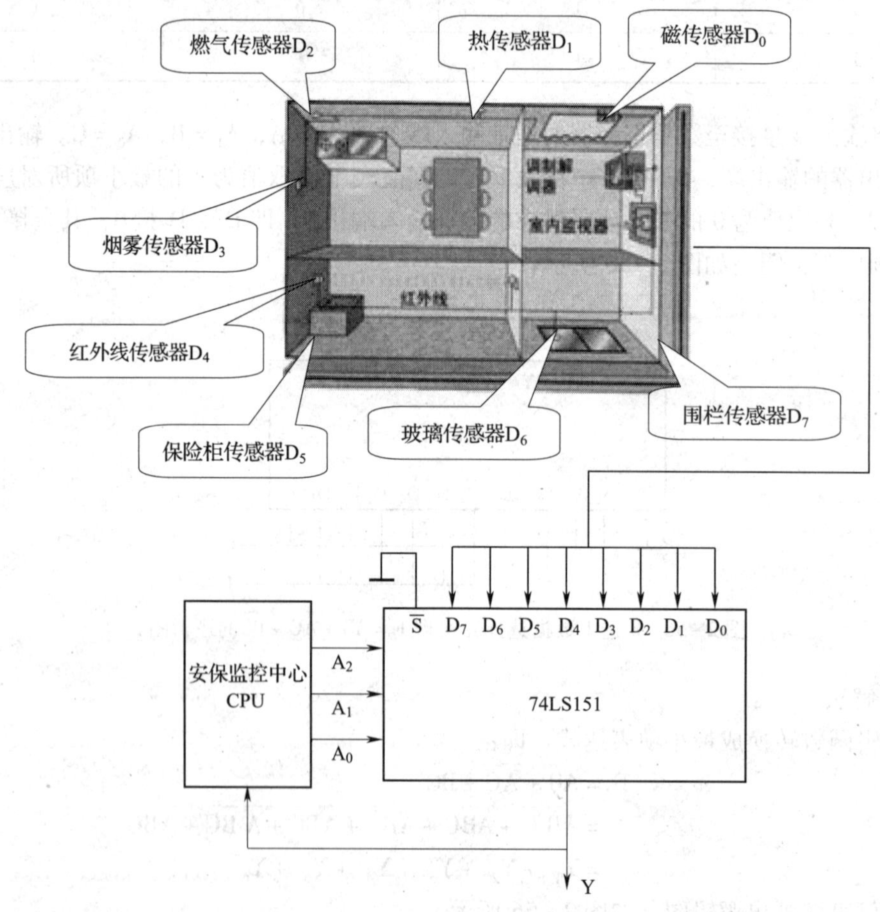

图 2－57　8 选 1 数据选择器应用于多路报警系统中

二、数据分配器

数据分配器又称**多路解调器**或**反向多路开关**。其功能与数据选择器相反，它是根据地址选择信号将一路输入数据传送到多路设备的某一输出端，功能相当于多个输出的单刀多掷开关，如图 2－58 所示。

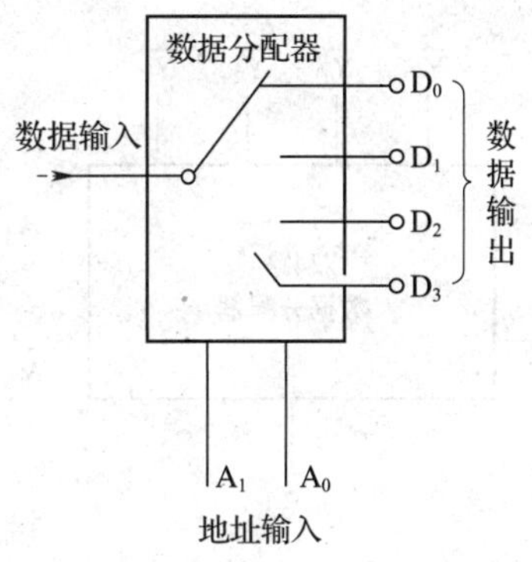

图 2－58　数据分配器示意图

数据分配器实质上就是译码器，两者只不过是使用角度不同而已。下面用 2 线—4 线译码器 74LS139 来构建一个双 2 线—4 线数据分配器。74LS139 译码器实物图和引脚排列如图 2－59 所示，功能表见表 2－23。

a)

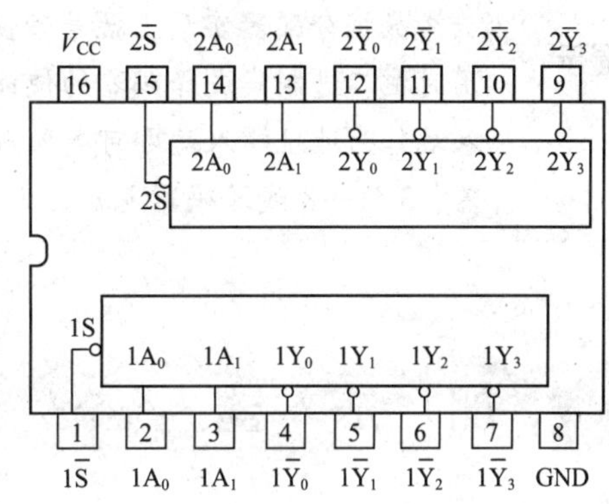

b)

图 2－59　74LS139 译码器

a）实物图　b）引脚排列

表 2－23　　74LS139 功能表

输入数据	地址输入		输出			
$\overline{S}$	A_1	A_0	$\overline{Y}_3$	$\overline{Y}_2$	$\overline{Y}_1$	$\overline{Y}_0$
1	×	×	1	1	1	1
0	0	0	1	1	1	0
0	0	1	1	1	0	1
0	1	0	1	0	1	1
0	1	1	0	1	1	1

由 74LS139 构成的双 4 路分配器如图 2－60 所示，它可根据地址输入端 A_1、A_0的取值组合，选中$\overline{Y}_0$ ~ $\overline{Y}_3$ 中的一路数据输出。

由图 2－60 可知，使能端 $\overline{S}$ 作为分配器的数据输入，逻辑 0 为有效电平，逻辑 1 为无效电平。

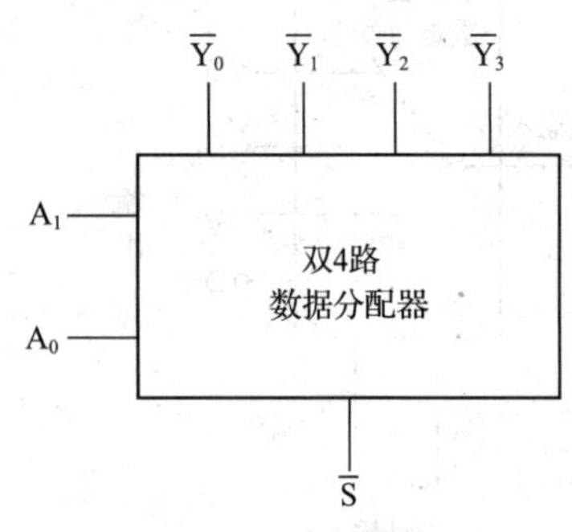

图 2－60　74LS139 构成的双 4 路分配器

1. 当 $\overline{S}=1$ 时，译码器不工作，此时所有输出端皆为 1。

2. 当 $\overline{S}=0$ 时，译码器正常工作，此时根据地址输入 A_1、A_0 的状态，选择 $\overline{S}$ 的通道。例如：

$A_1A_0=00$，则 $\overline{Y}_0=\overline{S}$，相当于接通到 $\overline{Y}_0$，而 $\overline{Y}_1$、$\overline{Y}_2$、$\overline{Y}_3$ 皆为 1，相当于不接通。

$A_1A_0=01$，则 $\overline{Y}_1=\overline{S}$，相当于 $\overline{S}$ 接通到 $\overline{Y}_1$，其余皆不接通。

依次类推，两个地址控制端 4 个状态，则输入分别接通 4 个输出，从而完成数据分配功能。

数据分配器实质上就是带使能（通道）端的二进制集成译码器。只要在使用时把二进制集成译码器的使能（通道）端作为数据输入端，把二进制代码输入端作为地址输入端即可。例如，2 线—4 线译码器也就是 1 路—4 路数据分配器，3 线—8 线译码器也就是 1 路—8 路数据分配器，而且它们的型号也相同。

§2—6　加　法　器

在数字系统中，除逻辑运算外，还经常要进行二进制数之间的算术运算，二进制算术运算中的乘、除和减法运算均可利用加法运算来实现。因此，加法器是数字系统中最基本的运算单元。

一、半加器

一位二进制数的加法运算如下：

$$\begin{array}{cccc} 0 & 0 & 1 & 1 \quad \text{----- A（加数）} \\ +\ 0 & +\ 1 & +\ 0 & +\ 1 \quad \text{----- B（加数）} \\ \hline 0 & 1 & 1 & 1\ 0 \quad \text{----- S（和数）} \end{array}$$

（进位 1 ----- C（进位））

上列算式为只有两个一位二进制数相加而无低位进位的加法，称为“半加”，能够实现半加功能的逻辑电路称为半加器。半加器的真值表见表 2－24。

由半加器真值表可得逻辑表达式：

$$S=\overline{A}B+A\overline{B}$$
$$C=AB$$

由逻辑表达式可以画出用与非门组成的半加器逻辑图，如图 2－61a 所示，逻辑符号如图 2－61b 所示。

表 2-24　　半加器真值表

输入		输出	
加数		和	进位
A	B	S	C
0	0	0	0
0	1	1	0
1	0	1	0
1	1	0	1

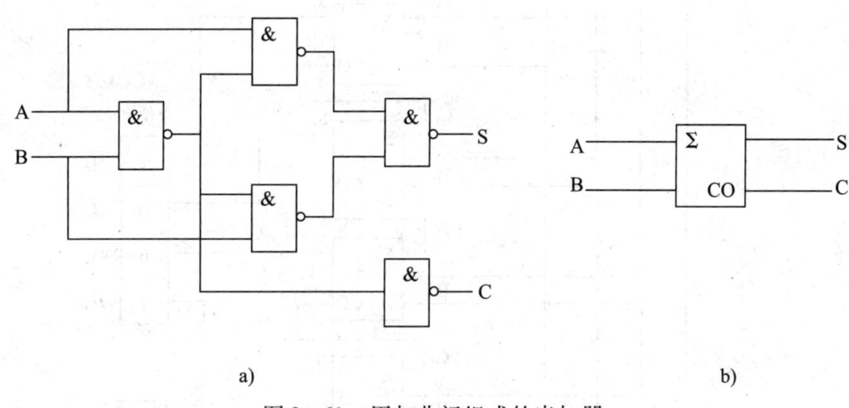

图 2-61　用与非门组成的半加器

a）逻辑图　b）逻辑符号

二、全加器

在两个一位二进制数相加的同时，还要加上低位送来的进位，称为“**全加**”，能够实现全加运算的逻辑电路称为全加器。全加器的真值表见表 2-25，逻辑符号见图 2-62 所示。

表 2-25　　全加器的真值表

输　入			输　出	
加数		从低位来的进位	和	向相邻高位的进位数
A_i	B_i	C_{i-1}	S_i	C_i
0	0	0	0	0
0	0	1	1	0
0	1	0	1	0
0	1	1	0	1
1	0	0	1	0
1	0	1	0	1
1	1	0	0	1
1	1	1	1	1

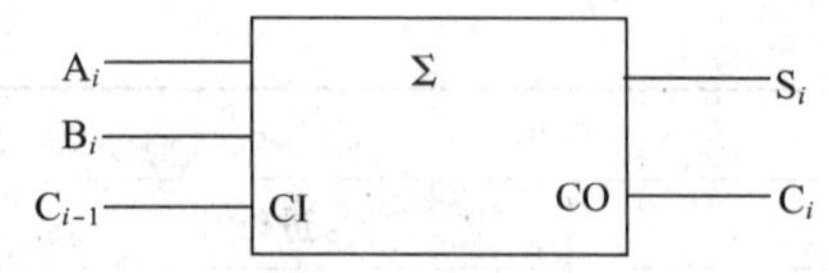

图 2－62　全加器的逻辑符号

三、多位加法器

两个多位二进制数相加时要考虑进位，进位的方式有串行进位和超前进位两种。

1. 串行进位加法器

图 2－63 所示为四位串行进位加法器逻辑图。图中两个四位相加数 $A_3A_2A_1A_0$和 $B_3B_2B_1B_0$的各位同时送到相应全加器的输入端，进位数串行传送，最低位全加器的 C_i 端接 0。

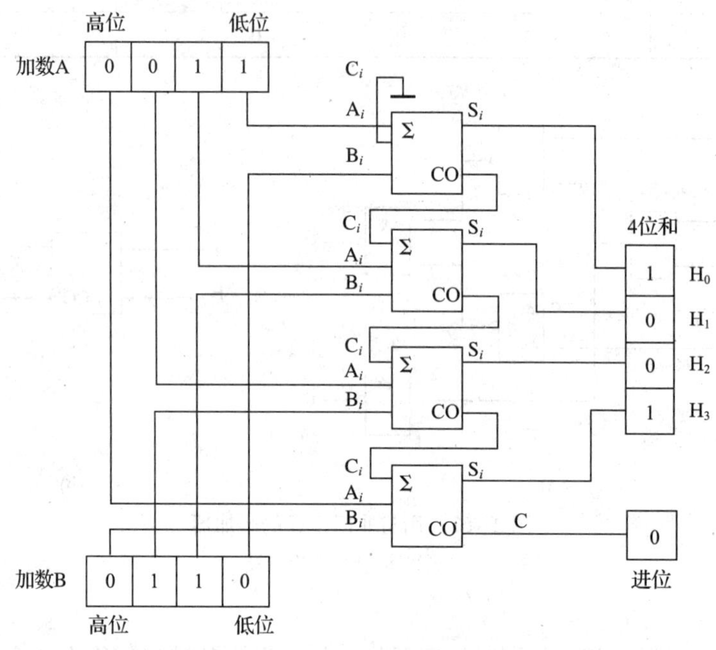

图 2－63　四个 2 位全加器构成的二进制加法器

串行进位加法器结构简单，但进位信号逐次向高位传送，级数越多累加的延迟时间越长，所以运行速度较慢，为了提高速度，可以采用超前进位加法器。

2. 超前进位加法器

超前进位加法器是在加法运算过程中，将各级进位信号同时送到各位全加器的进位输入端，从而大大提高了运算速度。现在的集成加法器大多采用这种方法。

74LS283 是一种典型的四位超前进位集成加法器，其实物图和引脚排列如图 2－64 所示。

a）

V_{CC} 16　B_2 15　A_2 14　S_2 13　B_3 12　A_3 11　S_3 10　CO 9

74LS283

S_1 1　B_1 2　A_1 3　S_0 4　A_0 5　B_0 6　CI 7　GND 8

b）

图 2－64　74LS283 加法器

a）实物图　b）引脚排列

为了扩展相加数的位数，可将74LS283级联使用，如图2－65所示。主要方法是将低位端的加法运算进位输入到高位端进行运算，高位的运算进位则从高位端S_8输出，$S_7\sim S_0$为运算结果。两个全加器各自内部是超前进位的，而它们之间则是串行进位，虽然增加了一些延迟，但比整个全加器均采用串行进位方式的延迟还是要少得多。

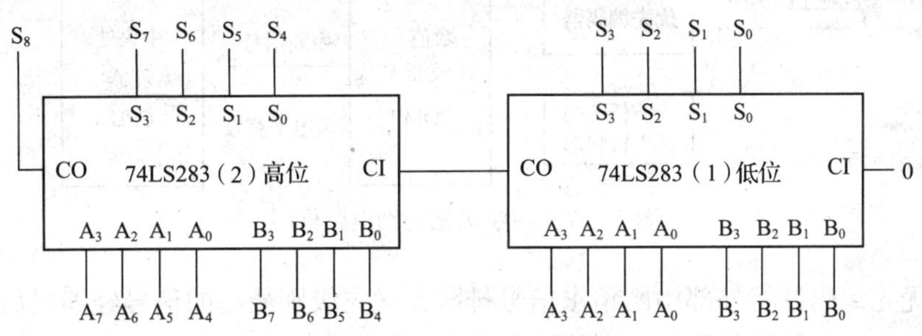

图2－65　74LS283的级联

用加法器将8421BCD码转换成余3码

如图2－66所示，在74LS283的$B_3B_2B_1B_0$端接入0011，即可将由$A_3A_2A_1A_0$输入的8421BCD码转换成余3码。

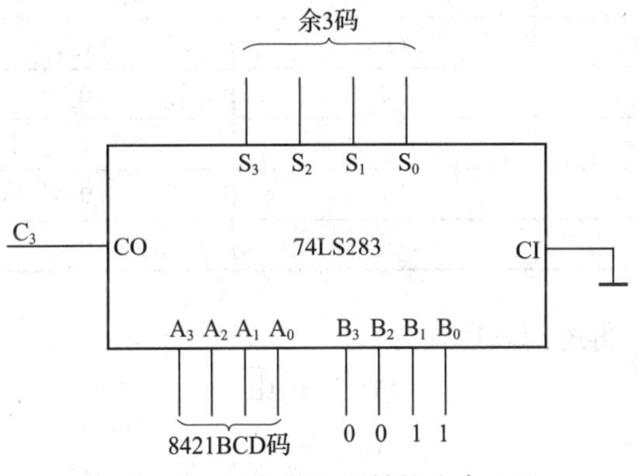

图2－66　8421BCD码转换为余3码

§2—7　数值比较器

数值比较器是对两个位数相同的二进制数A和B进行数值比较以判定其大小的电路，在数字控制系统和计算机中都有很多应用。

例如，计算机在工作过程中常会有多项任务同时请求处理，这时，计算机将根据中断优先判别电路发出的信号，决定是否中断当前任务。数值比较器便是该判断电路的核心器件，如图 2-67 所示。

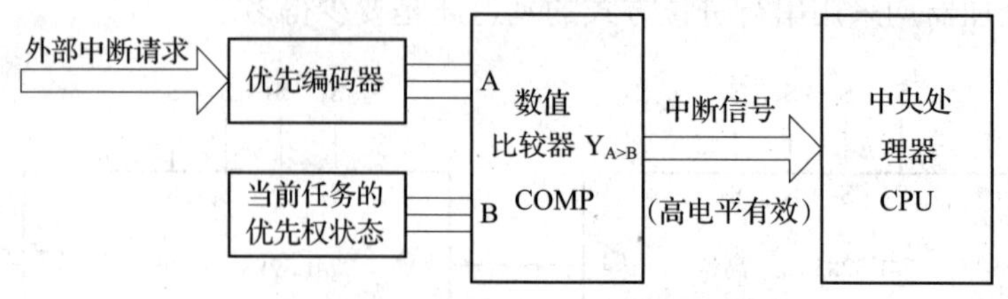

图 2-67　中断优先判别电路框图

首先，优先编码器将外部中断请求信号排队，优先级别最高的信号经编码后输出，作为比较器的输入 A；当前任务优先级别的编码作为比较器的输入 B。

若比较结果 $Y_{A>B}=1$，表示中断请求对象级别比当前任务级别高，计算机必须中断当前任务。若比较结果 $Y_{A>B}=0$，则表示中断请求对象级别比当前任务级别低或级别相同，则计算机就不会中断当前任务。

一、一位数值比较器

当 A 和 B 都是一位数时，它们只有 0 或 1 两种取值，由此可写出一位数值比较器的真值表，见表 2-26。

表 2-26　一位数值比较器的真值表

输入		输出		
A	B	$Y_{A>B}$	$Y_{A<B}$	$Y_{A=B}$
0	0	0	0	1
0	1	0	1	0
1	0	1	0	0
1	1	0	0	1

由表 2-26 真值表可得逻辑表达式为：

$$Y_{A>B}=A\overline{B}$$
$$Y_{A<B}=\overline{A}B$$
$$Y_{A=B}=\overline{A}\,\overline{B}+AB$$

由上述逻辑表达式可画出逻辑图，如图 2-68 所示。

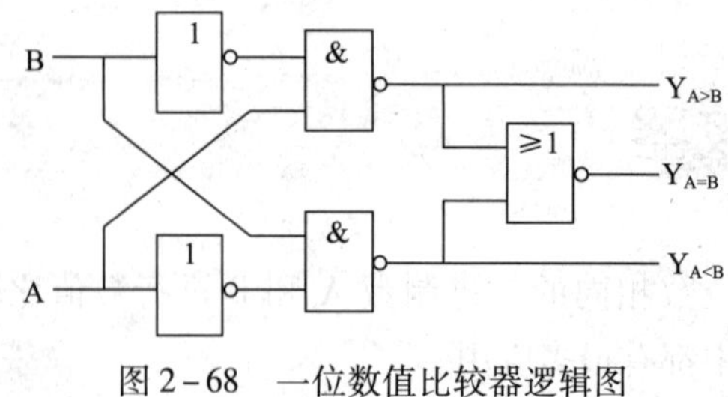

图 2-68　一位数值比较器逻辑图

二、多位集成数值比较器

对于多位二进制数的比较，例如四位二进制数 $A_3A_2A_1A_0$ 和 $B_3B_2B_1B_0$ 的比较，必须从最高位开始。如果最高位 $A_3 > B_3$，则肯定 $A > B$；如果 $A_3 = B_3$，再比较次高位 A_2 和 B_2，依次类推。因此，随着比较位的增加，电路也变得复杂得多。

74LS85 是常用的四位二进制集成数值比较器，它有 8 个数码输入端、3 个级联输入端和 3 个级联输出端，其实物图、引脚排列和逻辑符号，如图 2-69 所示。

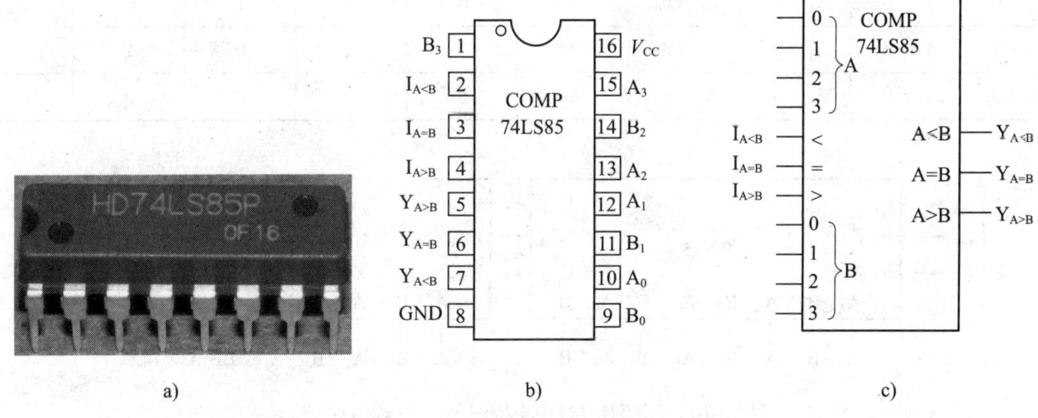

图 2-69 74LS85 四位二进制数值比较器

a）实物图 b）引脚排列 c）逻辑符号

四位数值比较器 74LS85 的真值表见表 2-27。表中第一栏为同位数码比较，由高位向低位逐次比较，而且只有在高位相等时才需要比较低位。第二栏的级联输入中，$I_{A>B}$、$I_{A<B}$ 和 $I_{A=B}$ 是两个低位数 A 和 B 的比较结果，通过这 3 个扩展输入端与另一数值比较器连接，可组成位数更多的数值比较器。图 2-70 所示为用两片 74LS85 构成的八位数值比较器，参与比较的两个二进制数的低四位 $A_3A_2A_1A_0$ 和 $B_3B_2B_1B_0$ 分别接至低位片的相应输入端。因为没有更低位的数据输入，低位级联输入端 $I_{A>B}$、$I_{A<B}$ 和 $I_{A=B}$ 分别接 0、0、1。高四位为 $A_7A_6A_5A_4$ 和 $B_7B_6B_5B_4$ 分别接至高位片的相应输入端。高位片的级联输入端 $I_{A>B}$、$I_{A<B}$ 和 $I_{A=B}$ 则分别与低位级联输出端 $Y_{A>B}$、$Y_{A<B}$、$Y_{A=B}$ 相连接。这样，当高四位都相等时，即可由低四位的比较结果来决定两个数的大小了。

表 2-27　四位数值比较器 74LS85 的逻辑真值表

比较输入				级联输入			输出		
$A_3\ B_3$	$A_2\ B_2$	$A_1\ B_1$	A_0B_0	$I_{A>B}$	$I_{A<B}$	$I_{A=B}$	$Y_{A>B}$	$Y_{A<B}$	$Y_{A=B}$
$A_3>B_3$	×	×	×	×	×	×	1	0	0
$A_3<B_3$	×	×	×	×	×	×	0	1	0
$A_3=B_3$	$A_2>B_2$	×	×	×	×	×	1	0	0
$A_3=B_3$	$A_2<B_2$	×	×	×	×	×	0	1	0
$A_3=B_3$	$A_2=B_2$	$A_1>B_1$	×	×	×	×	1	0	0

续表

比较输入				级联输入			输出		
A_3 B_3	A_2 B_2	A_1 B_1	A_0B_0	$I_{A>B}$	$I_{A<B}$	$I_{A=B}$	$Y_{A>B}$	$Y_{A<B}$	$Y_{A=B}$
$A_3=B_3$	$A_2=B_2$	$A_1<B_1$	×	×	×	×	0	1	0
$A_3=B_3$	$A_2=B_2$	$A_1=B_1$	$A_0>B_0$	×	×	×	1	0	0
$A_3=B_3$	$A_2=B_2$	$A_1=B_1$	$A_0<B_0$	×	×	×	0	1	0
$A_3=B_3$	$A_2=B_2$	$A_1=B_1$	$A_0=B_0$	1	0	0	1	0	0
$A_3=B_3$	$A_2=B_2$	$A_1=B_1$	$A_0=B_0$	0	1	0	0	1	0
$A_3=B_3$	$A_2=B_2$	$A_1=B_1$	$A_0=B_0$	0	0	1	0	0	1

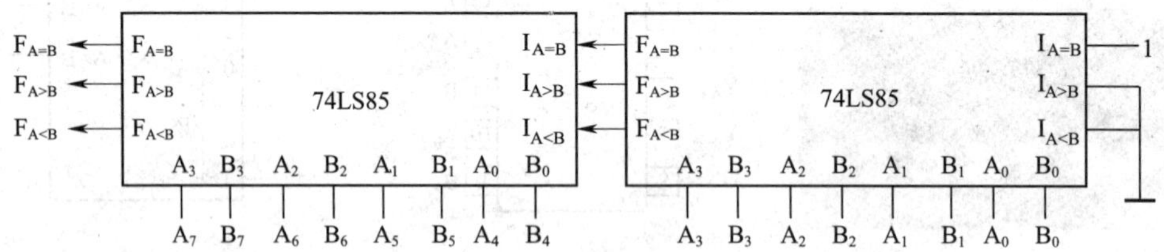

图 2-70　用两片 74LS85 构成的八位数值比较器

用数据比较器 74LS85 构成四舍五入电路

如图 2-71 所示，$I_{A>B}$、$I_{A<B}$、$I_{A=B}$分别接至 0、0、1，$B_3B_2B_1B_0=0100$，四位二进制数由 $A_3\sim A_0$端输入，将判别 $Y_{A>B}$结果作为进位。

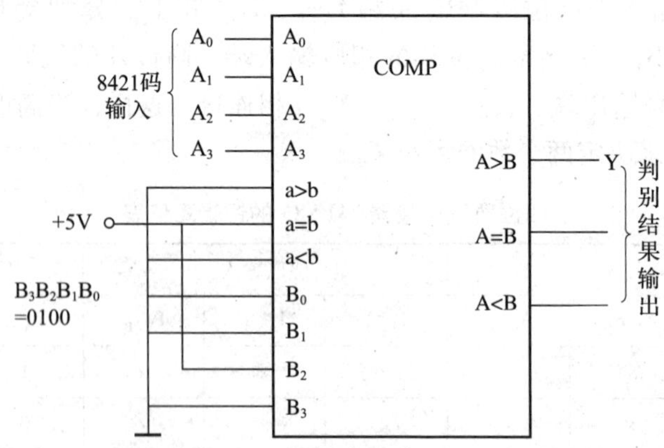

图 2-71　用 74LS85 构成四舍五入电路

当 $A_3A_2A_1A_0>B_3B_2B_1B_0$（0100）时，$Y_{A>B}=1$，则进位；当 $A_3A_2A_1A_0<B_3B_2B_1B_0$（0100）时，$Y_{A>B}=0$，则舍去。

本章小结

1. 组合逻辑电路的特点是电路任一时刻的输出直接由该时刻的输入状态所决定，而与电路原来的状态无关。电路中没有反馈通路，也没有储能元件（记忆元件）。

2. 逻辑函数的表示方法有：真值表、逻辑表达式、逻辑电路图、波形图、卡诺图等，这些不同表示方法之间可以相互转换。

3. 编码是用文字、符号或数字表示特定对象的过程，实现编码功能的电路称为编码器。主要类型有二进制编码器、二—十进制编码器和优先编码器。优先编码器可对输入信号按预先规定的先后次序进行编码，优先权高者先行编码输出。

4. 译码是编码的逆过程。常用的译码器有二进制译码器、二—十进制译码器、显示译码器等。利用译码器可构成数据分配器、逻辑函数产生电路等。

5. 用以显示数字的电子器件称为数码显示器。最常用的为七段数码显示器。显示译码器将 8421BCD 码译成 a ~ g 七段单元码，由驱动器驱动相应字段发光显示。

6. 数据选择器的功能是在选择输入（地址输入）信号的作用下，从多路输入数据中选出一路数据输出；而数据分配器的功能是将一个输入数据分别送到多个不同的输出端。

7. 加法器按进位方式不同，可分为串行进位加法器和超前进位加法器。全加器是考虑低位来的进位数的二进制加法电路。全加器不仅可进行二进制加法，还可实现减法运算等，是数字系统中最基本的运算单元。

8. 数值比较器是对两个位数相同的二进制数 A 和 B 进行数值比较以判定其大小的电路。

9. 组合逻辑电路有许多中规模集成电路可供选用。为了便于使用扩展功能，这类集成电路多数都设置了附加的控制端，如使能端、选通输入端、片选端、禁止端等，灵活运用控制端可充分发挥这类集成电路的功能。

第三章 时序逻辑电路

学习目标

1. 了解时序逻辑电路的特点和基本组成。

2. 了解基本 RS 触发器、同步 RS 触发器的电路组成和逻辑功能。

3. 掌握 JK 触发器、D 触发器、T 触发器的逻辑功能。

4. 能识读常用集成触发器的引脚，具有应用集成 JK、D 触发器组装电路的能力。

5. 掌握寄存器、计数器的功能和常见类型。

6. 能识读常用寄存器、计数器集成电路的引脚，具有安装寄存器和计数器应用电路的能力。

图 3－1 所示为一种触摸式灯开关，用手摸一下接触点，开关接通，灯亮；再摸一下接触点，开关断开，灯灭。当手摸接触点时，灯的状态发生变化；而当手离开接触点后，灯的状态不会改变，可见该控制电路**具有记忆功能**。

具有记忆功能的逻辑电路称为时序逻辑电路，简称时序电路。时序电路以触发器为基本单元构成，常见的有计数器、寄存器、顺序脉冲发生器等。

图 3－2 所示为时序逻辑电路框图，从图中可以看出以下两点：

图 3－1　触摸式电子开关

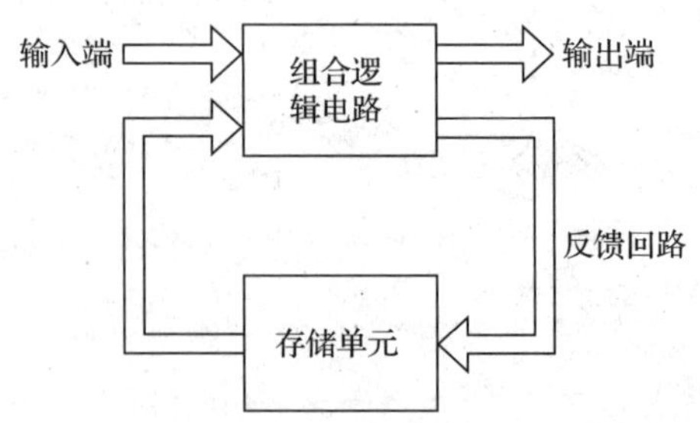

图 3－2　时序逻辑电路框图

（1）时序逻辑电路是在组合逻辑电路的基础上接入反馈回路构成的（这种反馈回路至少有一条）；

（2）在反馈回路中含有存储单元。

由于时序逻辑电路中接有存储单元，所以电路的输出状态不仅与当时的输入状态有关，还与电路原先状态（存储单元中的信息）有关。

§3—1　RS 触发器

具有记忆一位二进制数码功能的逻辑部件统称为触发器，它是构成时序逻辑电路的基本单元。

本章介绍的触发器都是指双稳态触发器，它有两个稳定状态，分别用来代表存储的数码是1还是0。它可以长期保持在某个稳定状态，即长期保存所存储的信息。只有在外加触发信号作用下，它才能从一个稳态转换到另一个稳态。

常用触发器按逻辑功能分为 RS 触发器、D 触发器、JK 触发器、T 触发器和 T′触发器等。其中 RS 触发器的结构最为简单，它也是构成各种结构复杂触发器的基础。

一、基本 RS 触发器

基本 RS 触发器又称**直接复位—置位触发器**或 **RS 锁存器**。

1. 电路组成

图 3－3 所示是用两个与非门交叉连接而成的基本 RS 触发器。$\overline{R}$、$\overline{S}$ 是它的两个输入端，非号表示低电平有效，Q、$\overline{Q}$ 是它的两个输出端。基本 RS 触发器的逻辑符号如图 3－3b 所示。其中，输入端带小圆圈表示低电平触发；输出端不带小圆圈表示 Q 端，带小圆圈表示 $\overline{Q}$ 端。

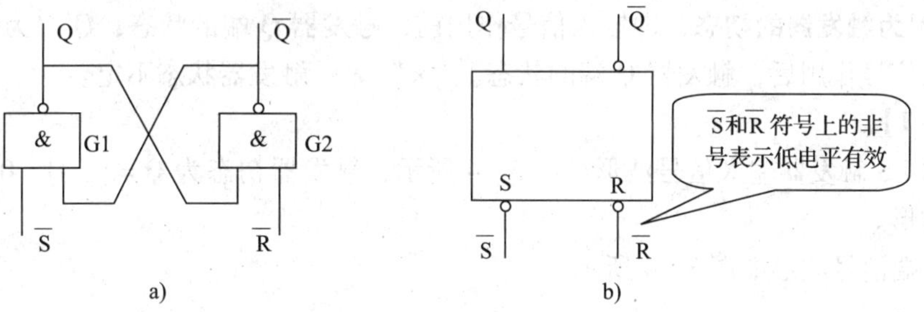

图 3－3　基本 RS 触发器

a）逻辑电路　b）逻辑符号

2. 逻辑功能

在正常工作情况下，基本 RS 触发器的两个输出端 Q 和 $\overline{Q}$ 的状态相反，通常规定 Q 端的状态为触发器的状态。Q＝1、$\overline{Q}$＝0，称为 1 态；Q＝0、$\overline{Q}$＝1，称为 0 态。

（1）$\overline{R}$＝1、$\overline{S}$＝1

若触发器原来处于 0 态，即 Q＝0、$\overline{Q}$＝1，此时门 G1 的两个输入端 $\overline{S}$、$\overline{Q}$ 均为 1，输出 Q＝0，Q＝0 送到门 G2 的输入端，使门 G2 的输出 $\overline{Q}$＝1，触发器保持 0 态不变。同理，若触发器原来处于 1 态，即 Q＝1、$\overline{Q}$＝0，此时门 G2 的两个输入端 $\overline{R}$、Q 均为 1，输出 $\overline{Q}$＝0，$\overline{Q}$＝0 送到门 G1 的输入端，使门 G1 的输出 Q＝1，触发器保持 1 态不变。

可见，触发器未输入低电平信号时，总是保持原来状态不变，这就是触发器的记忆功能。

（2）$\overline{S}=0$、$\overline{R}=1$

由于$\overline{S}=0$，门 G1 的输出 Q = 1，因此门 G2 的两个输入$\overline{R}$、Q 均为 1，则$\overline{Q}=0$，触发器被置为 1 态，故称$\overline{S}$端为**置 1 端或置位端**。

（3）$\overline{R}=0$、$\overline{S}=1$

由于$\overline{R}=0$，门 G2 的输出$\overline{Q}=1$，因此门 G1 的两个输入$\overline{S}$、$\overline{Q}$均为 1，则 Q = 0，触发器被置为 0 态，故称$\overline{R}$端为**置 0 端或复位端**。

（4）$\overline{R}=0$、$\overline{S}=0$

显然，在这种情况下，Q 和$\overline{Q}$被迫同时为 1，失去了原有的互补关系。当$\overline{R}$、$\overline{S}$的低电平触发信号同时消失后（即$\overline{R}$和$\overline{S}$同时变为 1），Q 和$\overline{Q}$的状态不能确定。因此，必须避免出现$\overline{R}$和$\overline{S}$同时为 0 的情况，否则会出现逻辑混乱。

基本 RS 触发器的逻辑功能可用表 3－1 所列的特性来表示。

表 3－1　　基本 RS 触发器的特性

输入		输出	功能说明
$\overline{R}$	$\overline{S}$	Q^{n+1}	
0	0	×	禁止
0	1	0	置 0
1	0	1	置 1
1	1	Q^n	保持

表中 **Q^n 为触发器的初态**，即输入信号作用前，触发器 Q 端的状态；**Q^{n+1} 为触发器的次态**，即输入信号作用后，触发器 Q 端的状态。“×” 表示触发器状态不定。

【例 3－1】

设基本 RS 触发器输入信号波形如图 3－4 所示，触发器初态为 Q = 1、$\overline{Q}=0$，试画出 Q 端的信号波形。

解： Q 端信号波形如图 3－4 所示。

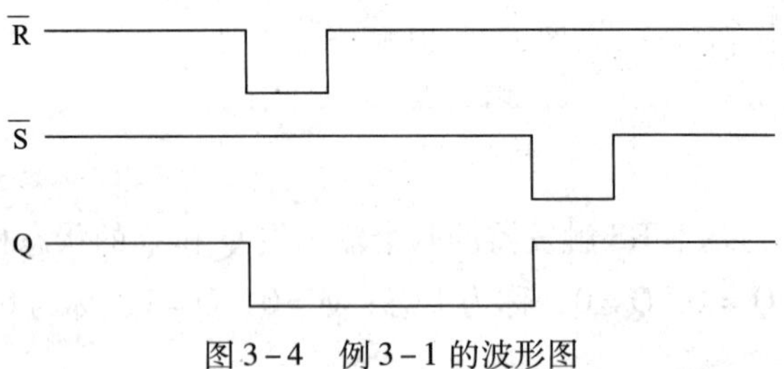

图 3－4　例 3－1 的波形图

利用基本 RS 触发器构成的消除波形抖动电路

数字系统中有时需要机械开关发送一个单脉冲信号，如用于校正数字钟的时间或作为控制信号等。由于开关接通或打开瞬间簧片与触点之间的抖动，会使输出波形产生“毛刺”，形成多个脉冲信号，如图 3－5 所示。这些“毛刺”虽然发生时间极短，但在数字系统中这是一种干扰信号，会导致校正出错或电路误动作，是必须避免的。

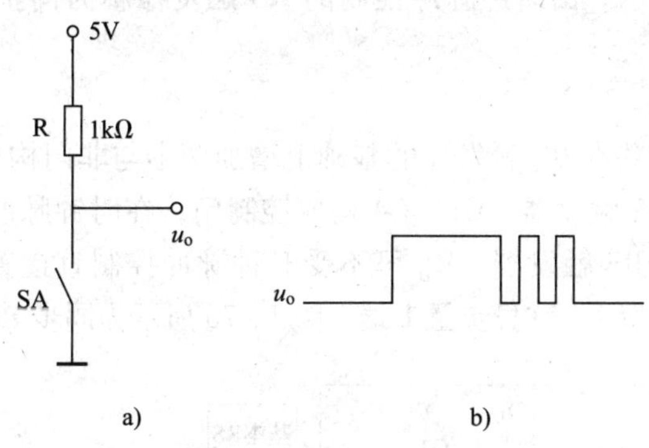

图 3－5　机械开关产生波形抖动

a）机械开关电路　b）输出波形

利用基本 RS 触发器的记忆功能，可以消除上述开关抖动所产生的影响，电路连接如图 3－6a 所示。

设开关 SA 原与①端接通，$\overline{R}=0$、$Q=0$。当开关由①端拨向②端时，$\overline{S}$ 由 1 变 0，在开关接通瞬间，簧片若有抖动，$\overline{S}$ 端电平会在 0、1 间连续跳动；但由于在 $\overline{S}$ 端第一次电平为 0 时，触发器已被置 1，即使以后 $\overline{S}$ 端电平发生变化，也不会再改变触发器的状态，触发器始终稳定在 1 态。当开关由②端拨向①端，$\overline{R}$ 端第一次电平为 0 时，就将触发器置 0，且一直稳定在 0 态。所以，由 Q 端输出就是一个无抖动的单脉冲信号，如图 3－6b 所示。

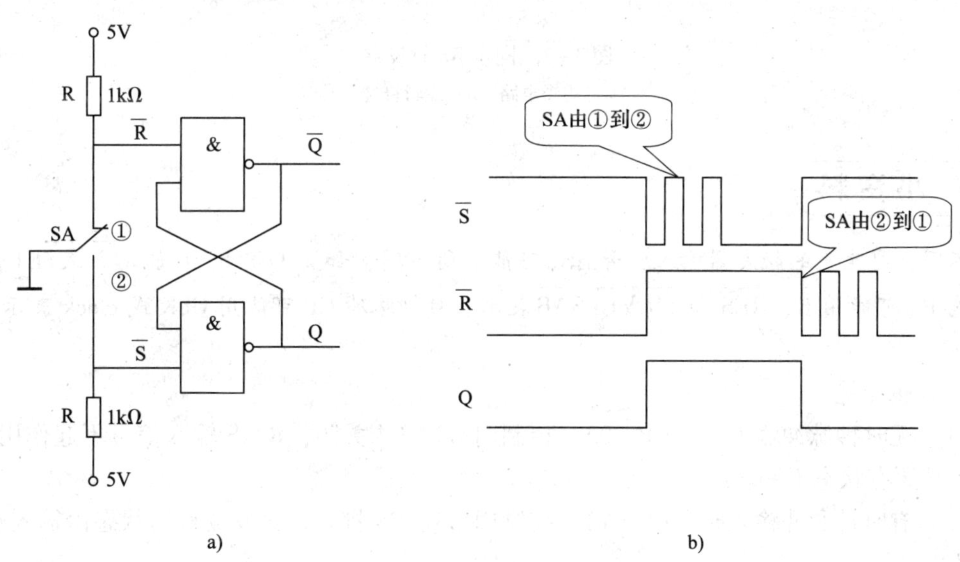

图 3－6　消除波形抖动电路

a）电路图　b）波形图

二、同步 RS 触发器

由于基本 RS 触发器的状态翻转是受输入信号直接控制的，因此其抗干扰能力较差，而在实际应用中，常常要求触发器在某控制脉冲到来时输入信号才起作用。这个控制脉冲称为**时钟脉冲**，通常用 CP 表示。**由时钟脉冲控制的 RS 触发器称为同步 RS 触发器，也称钟控 RS 触发器**。

1. 电路组成

同步 RS 触发器是在基本 RS 触发器的基础上增加两个与非门构成的，如图 3－7a 所示。其中 G1、G2 组成基本 RS 触发器，G3、G4 构成**控制门**，在时钟脉冲 CP 控制下，将输入端 S、R 的信号传送到基本 RS 触发器。$\overline{R}_D$ 可不受时钟脉冲控制直接置 0，称**异步置 0 端**；$\overline{S}_D$ 可不受时钟脉冲控制直接置 1，称**异步置 1 端**。图 3－7b 所示为同步 RS 触发器的逻辑符号。

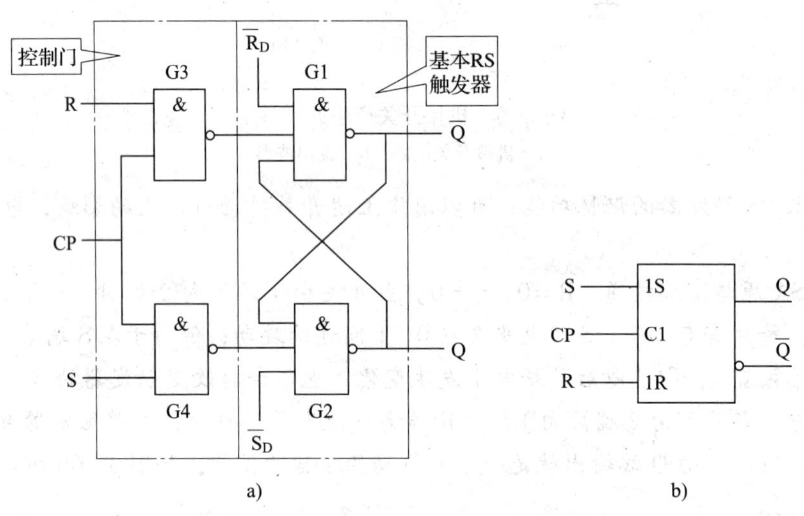

图 3－7　同步 RS 触发器

a）逻辑电路　b）逻辑符号

小资料

不同公司生产的触发器输入信号标记可能有所不同，如置 1 端 $\overline{S}_D$ 可能用 $\overline{S}$ 或 $\overline{SET}$ 表示；置 0 端 $\overline{R}_D$ 可能用 $\overline{R}$、$\overline{RES}$、$\overline{CLR}$ 或 $\overline{CLEAR}$ 表示。时钟脉冲 CP 可能用 CLK 或 clock 表示等。

2. 逻辑功能

（1）无时钟脉冲输入时（CP＝0），控制门 G3、G4 关闭，R、S 输入信号不起作用，触发器保持原有状态不变。

（2）有时钟脉冲输入时（CP＝1），控制门 G3、G4 打开，触发器输出状态由输入端 R、S 信号决定。

3. 特性表

同步 RS 触发器的特性表见表 3－2。

表 3-2　　同步 RS 触发器的特性表

时钟脉冲 CP	输入		输出	功能说明
	R	S	Q^{n+1}	
0	×	×	Q^n	保持
1	0	0	Q^n	保持
1	0	1	1	置1
1	1	0	0	置0
1	1	1	×	禁止

时钟脉冲只决定触发器状态转换的时刻，而触发器转换为何种状态要受触发器输入信号的控制。

【例 3-2】

设同步 RS 触发器输入信号波形及时钟脉冲波形如图 3-8 所示，Q 初态为 0，试画出 Q 端的信号波形。

解： Q 端信号波形如图 3-8 所示。

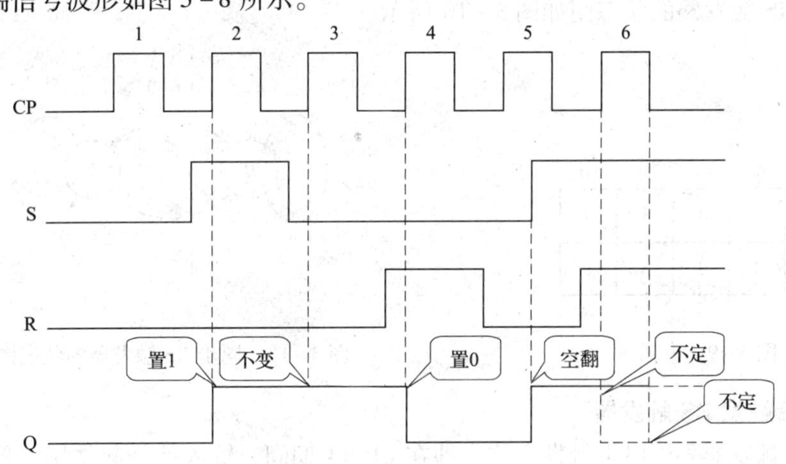

图 3-8　例 3-2 波形图

由图 3-8 所示同步 RS 触发器波形图可见，同步 RS 触发器只有在 CP=1 时，输入信号 R、S 才起作用（见图中 CP2、CP4），这种工作方式称为**电平触发**。其不足之处是在 CP=1 期间，若 R、S 发生变化，触发器的状态也有可能发生翻转，这一现象称为**空翻**（如图中 CP5）。此外，如果 R、S 同时为 1，则还会使触发器出现不确定的状态（如图中 CP6）。因此，同步 RS 触发器的应用受到一定限制。

4. 逻辑表达式和特性方程

由表 3-2 特性表可以写出 Q^{n+1} 的逻辑表达式为：

$$
\begin{aligned}
Q^{n+1} &= \overline{R}\,\overline{S}Q^n + \overline{R}SQ^n + \overline{R}S\overline{Q^n} = \overline{R}\,\overline{S}Q^n + \overline{R}SQ^n + \overline{R}S\overline{Q^n} + \overline{R}SQ^n \\
&= \overline{R}Q^n\,(\overline{S}+S)\ \ + \overline{R}S\,(\overline{Q^n}+Q^n) \\
&= \overline{R}Q^n + \overline{R}S
\end{aligned}
$$

由于 R =1、S =1 是不允许出现的，可以用逻辑式 RS =0 表示，上述逻辑表达式可以进一步简化为：

$$Q^{n+1}=\overline{R}Q^{n}+\overline{R}S+RS=\overline{R}Q^{n}+S\ (\overline{R}+R)$$
$$=S+\overline{R}Q^{n}$$

因此，同步 RS 触发器的逻辑表达式可表示为：

$$\begin{cases}Q^{n+1}=S+\overline{R}Q^{n}\\RS=0\end{cases}$$

上式也称为**特性方程**或**状态方程**，RS =0，称为同步 RS 触发器的**约束条件**，表示 R、S 不可同时为 1。

根据 Q^n、R、S 三个变量的 8 种取值，并遵守 RS =0 的约束条件，可画出图 3－9 所示的卡诺图。按卡诺图化简，可得到同样的上述结果。

5. 状态图

触发器的转换规律还可以用图形的方式来形象地表示，其图形称为状态转换图，简称状态图。同步 RS 触发器的状态图如图 3－10 所示。

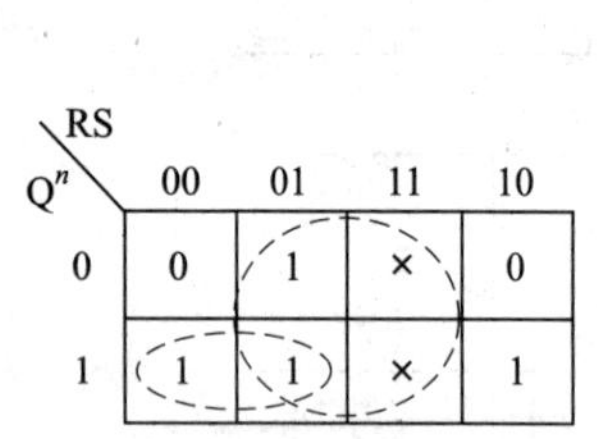

Q^n \ RS	00	01	11	10
0	0	1	×	0
1	1	1	×	1

图 3－9　卡诺图

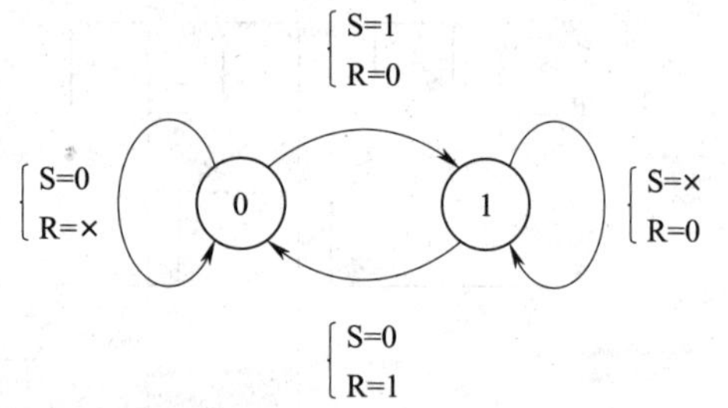

图 3－10　同步 RS 触发器的状态图

三、边沿触发 RS 触发器

同步 RS 触发器采用电平触发方式，即在 CP =1 期间，输入信号起作用。但如果有干扰脉冲在此期间窜入，也会使触发器发生翻转，导致逻辑错误。利用边沿触发器可以解决这一问题。

时钟脉冲信号如图 3－11 所示，一个时钟脉冲可以分为低电平、高电平两个时段，以及上升沿、下降沿两个脉冲跳变的时刻。

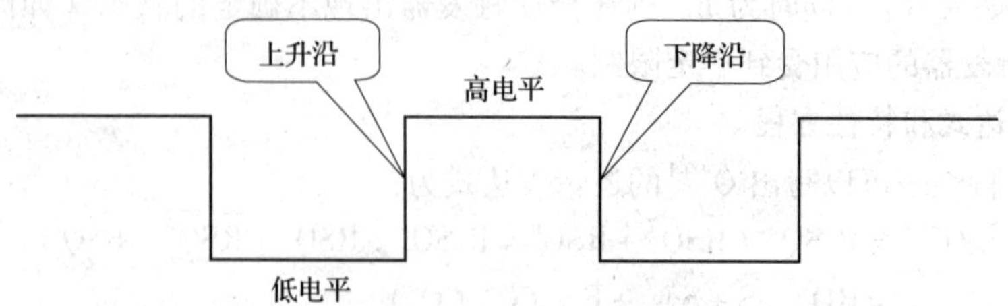

图 3－11　时钟脉冲信号

上升沿触发 RS 触发器只在时钟脉冲 CP 上升沿时刻根据输入信号翻转，如图 3－12 所示；下降沿触发 RS 触发器只在时钟脉冲 CP 下降沿时刻根据输入信号翻转，如图 3－13 所示，这样就可以有效地克服干扰信号引起的误翻转（空翻），从而保证一个 CP 周期内触发器只动作一次。

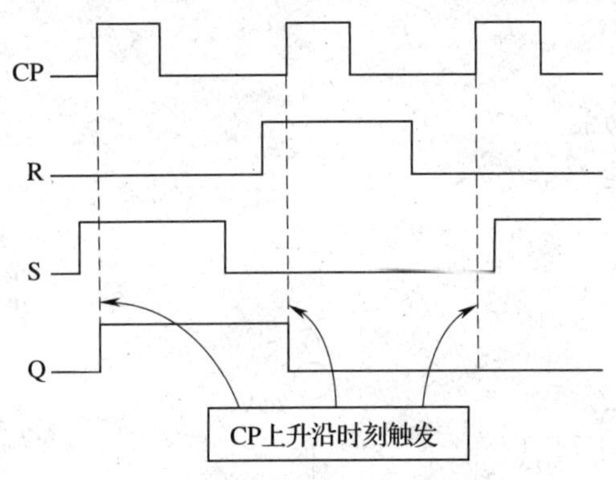

图 3－12　上升沿触发 RS 触发器波形

CP
R
S
Q
CP下降沿时刻触发

图 3－13　下降沿触发 RS 触发器波形

采用不同触发方式的 RS 触发器逻辑符号见表 3－3，符号中的小三角表示边沿触发，小三角外无圆圈表示上升沿触发，小三角外有圆圈表示下降沿触发。

表 3－3　　RS 触发器的逻辑符号

触发器类型	同步 RS 触发器	上升沿触发 RS 触发器	下降沿触发 RS 触发器
符号	S—1S, CP—C1, R—1R; 输出 Q, $\overline{Q}$	S—1S, CP—▷C1, R—1R; 输出 Q, $\overline{Q}$	S—1S, CP—○▷C1, R—1R; 输出 Q, $\overline{Q}$

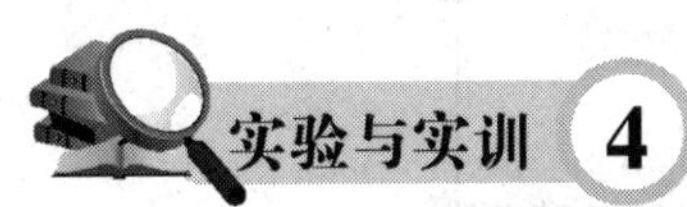

基本 RS 触发器的组成及功能测试

一、实训目的

1. 会用仿真软件测试基本 RS 触发器的逻辑功能。

2. 会用与非门构成基本 RS 触发器并测试其功能。

3. 熟悉集成基本 RS 触发器的功能和使用方法。

二、实训器材

1. 电子计算机（Multisim 软件）。

2. 数字电路实验箱。

3. 5 V 直流电源。

4. 逻辑电平开关。

5. 逻辑电平显示器。

6. 集成电路 74LS00、74LS279（CC4044）。

三、操作步骤

1. 用 Multisim 仿真软件测试基本 RS 触发器功能。

（1）用 Multisim 仿真软件搭建图 3－14 所示电路。

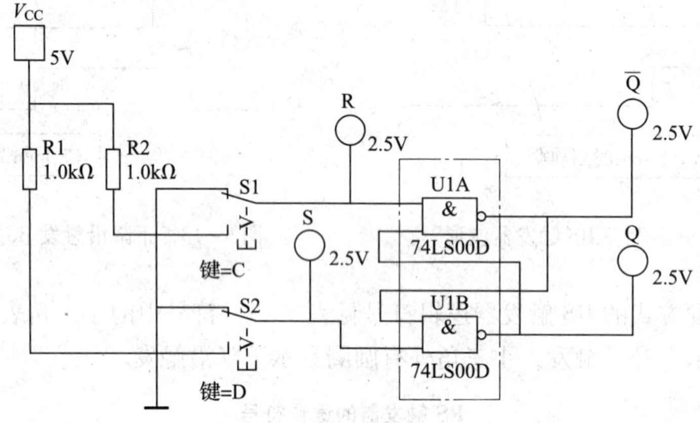

图 3－14　基本 RS 触发器功能测试电路

（2）通过图 3－13 中两个逻辑开关改变 R、S 的输入电平，单击仿真开关，观察输出状态的变化。实验现象如图 3－15 所示。

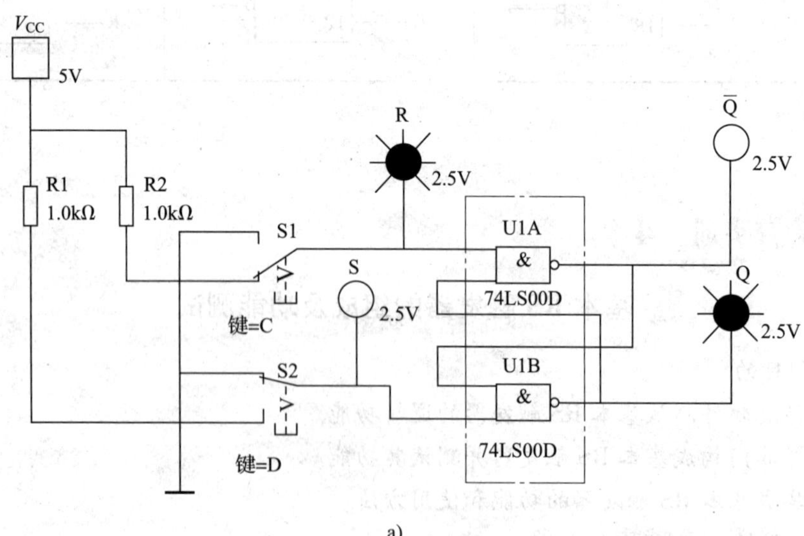

a)

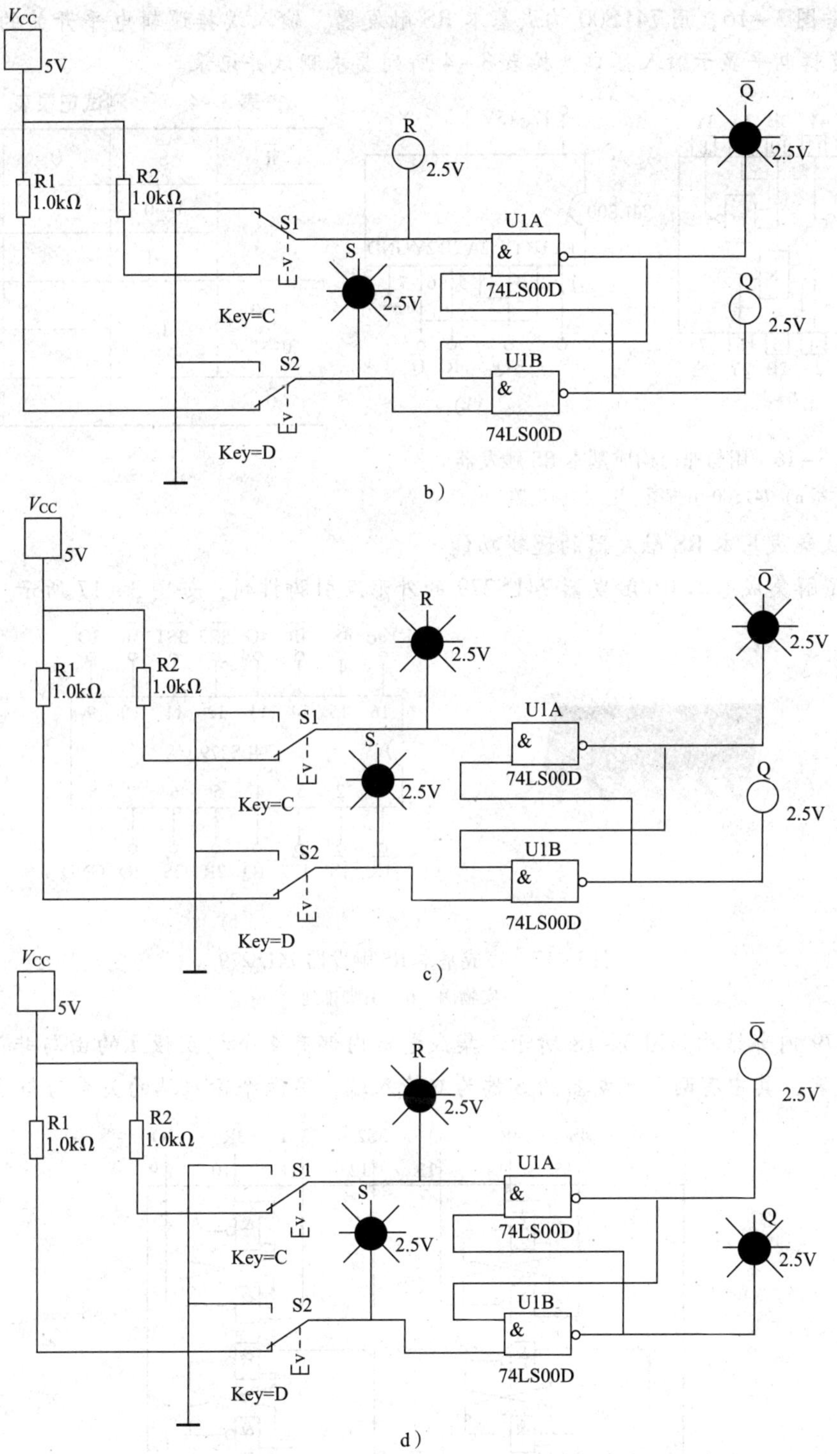

图 3－15　R、S 取不同电平时输出端状态

a）R＝1、S＝0、Q＝1　b）R＝0、S＝1、Q＝0

c）R＝S＝1、初始状态 Q＝0 不变　d）R＝S＝1、初始状态 Q＝1 不变

2. 参考图 3－16，用 74LS00 构成基本 RS 触发器，输入端接逻辑电平开关的输出插口，输出端接逻辑电平显示输入插口，按表 3－4 所列要求测试并记录。

表 3－4　测试记录表

$\overline{R}$	$\overline{S}$	Q	$\overline{Q}$
1	1→0		
	0→1		
1→0	1		
0→1			
0	0		

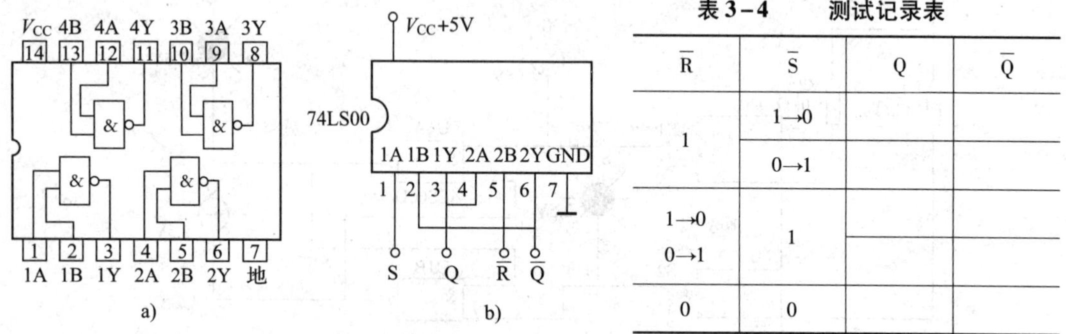

图 3－16　用与非门构成基本 RS 触发器

a）74LS00 引脚图　b）实验电路

3. 测试集成基本 RS 触发器的逻辑功能

（1）了解集成基本 RS 触发器 74LS279 的外形及引脚排列，如图 3－17 所示。

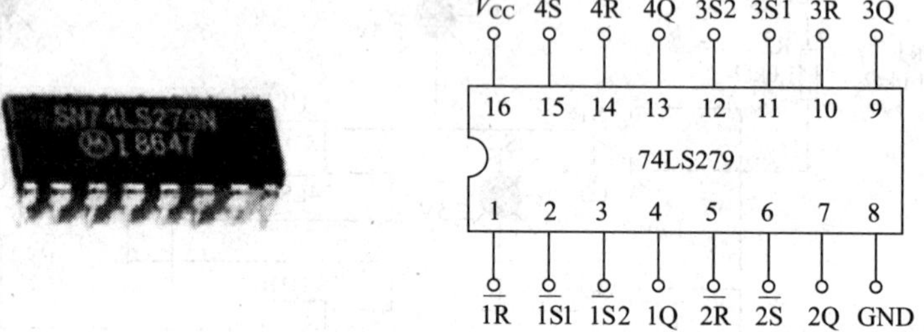

图 3－17　集成基本 RS 触发器 74LS279

a）实物图　b）引脚排列

74LS279 内部结构如图 3－18 所示。集成电路内部有 4 个相互独立的由与非门构成的基本 RS 触发器，其中有两个触发器的 $\overline{S}$ 端为双输入端，另两个输入端的关系为与逻辑关系。

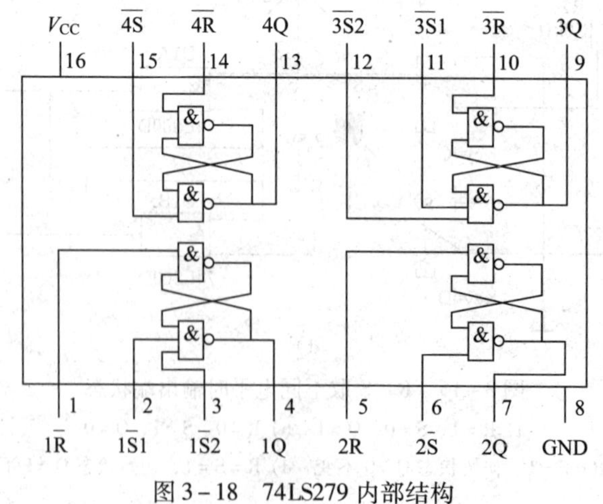

图 3－18　74LS279 内部结构

（2）参考图3－19所示，并对照表3－4所列，测试74LS279的逻辑功能。

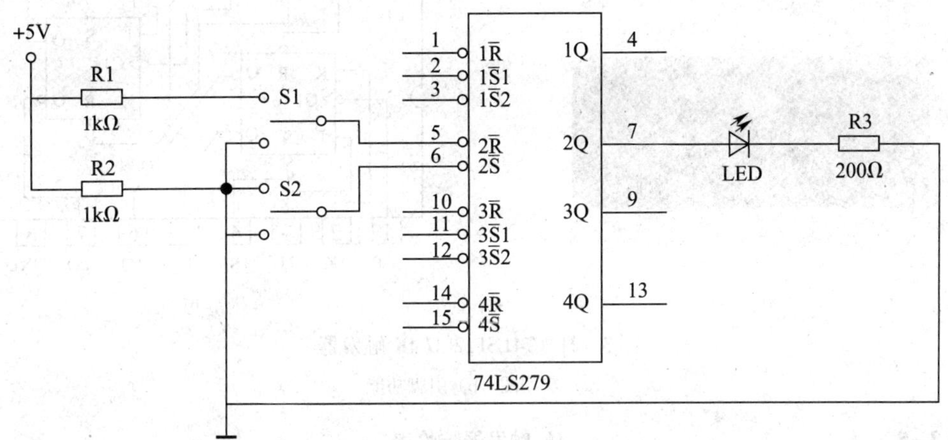

图3－19　74LS279测试电路

§3—2　JK触发器

RS触发器在R＝S＝1时会出现不确定的输出状态，即R、S之间存在着约束关系，为了克服RS触发器的缺陷，提高触发器的使用性能，在RS触发器的基础上又发展了几种不同逻辑功能的触发器，其中JK触发器是一种功能最全、实用性最强的触发器。

JK触发器的逻辑符号如图3－20所示。符号中J、K是决定触发器状态的信号输入端，又称激励端。CP是时钟脉冲的输入端。

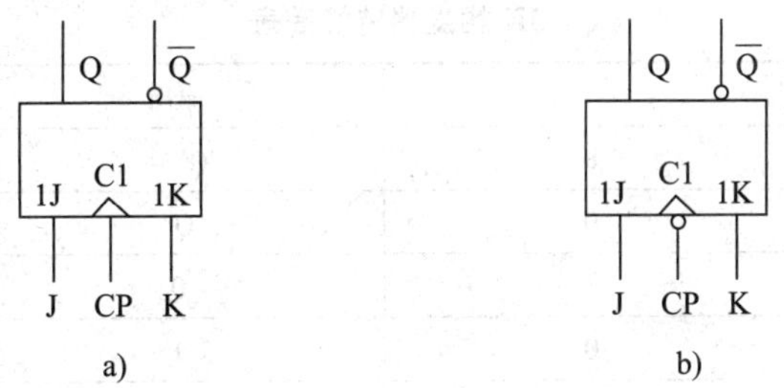

图3－20　JK触发器逻辑符号

a）上升沿触发　b）下降沿触发

74LS112是一种常用的触发器，其实物图和引脚排列如图3－21所示。由74LS112的引脚功能可以看出，其内部集成了两个JK触发器。

一、JK触发器的逻辑功能

JK触发器的特性表见表3－5，特性简表见表3－6。

a)

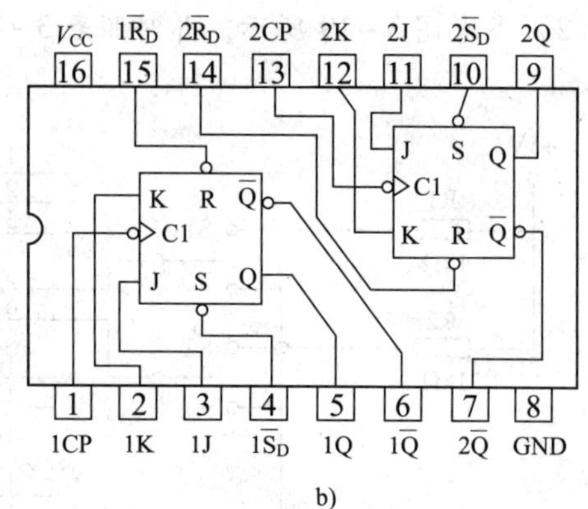

b)

图 3－21　74LS112 双 JK 触发器

a）实物图　b）引脚功能

表 3－5　　**JK 触发器特性表**

时钟脉冲 CP	输入 J	输入 K	输出 Q^n	输出 Q^{n+1}	功能说明
↓	0	0	0	0	保持
↓	0	0	1	1	
↓	0	1	0	0	置 0
↓	0	1	1	0	
↓	1	0	0	1	置 1
↓	1	0	1	1	
↓	1	1	0	1	翻转
↓	1	1	1	0	

表 3－6　　**JK 触发器特性简表**

输入 J	输入 K	输出 Q^{n+1}	功能说明
0	0	Q^n	保持
0	1	0	置 0
1	0	1	置 1
1	1	$\overline{Q^n}$	取反

特性表表 3－5 中的“↓”表示这是一种下降沿触发的 JK 触发器，当 CP 脉冲下降沿来到时：

1. 若 $J=0$、$K=0$，则 $Q^{n+1}=Q^n$，触发器保持原态不变。
2. 若 $J=0$、$K=1$，则 $Q^{n+1}=0$，触发器置 0。
3. 若 $J=1$、$K=0$，则 $Q^{n+1}=1$，触发器置 1。
4. 若 $J=1$、$K=1$，则 $Q^{n+1}=\overline{Q^n}$，触发器状态发生翻转，即**“取反”**。

JK 触发器不仅可以避免输出的不确定状态，而且除了保持、置 0、置 1 功能外，还增加了“取反”功能。

由 JK 触发器的特性可以写出其特性方程为：

$$\begin{aligned} Q^{n+1} &= \overline{J}\,\overline{K}Q^n + J\,\overline{K}\,\overline{Q^n} + J\,\overline{K}\,\overline{Q^n} + J\,\overline{K}Q^n \\ &= J\,\overline{Q^n} + \overline{K}Q^n \end{aligned}$$

JK 触发器的状态图如图 3－22 所示。

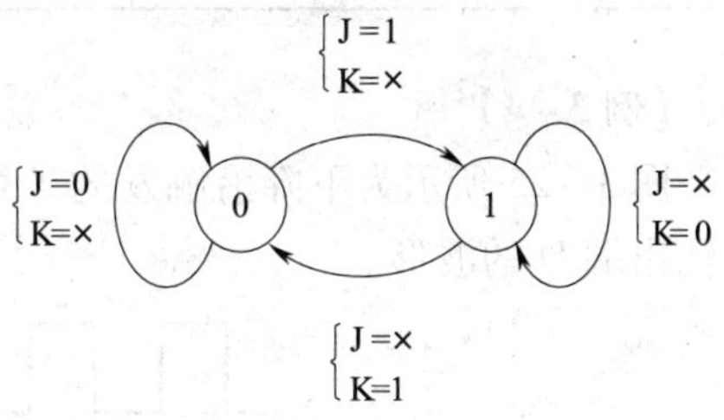

图 3－22　JK 触发器状态图

【例 3－3】

JK 触发器的逻辑符号及 CP、J、K 信号波形，如图 3－23 所示。设触发器初始状态为 1，试画出触发器输出端 Q 的波形。

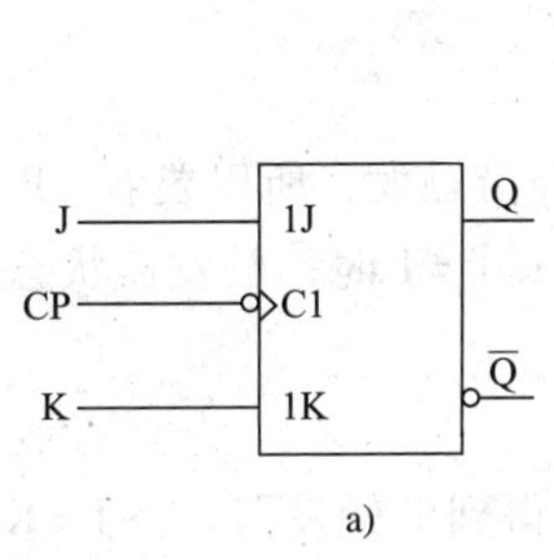

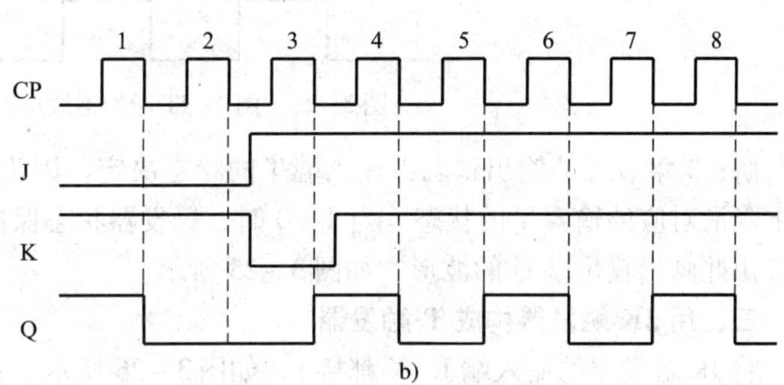

图 3－23　JK 触发器的逻辑符号及信号波形

a）逻辑符号　b）信号波形

解：由图 3－23a 可知，这是下降沿触发的 JK 触发器。根据 JK 触发器的逻辑功能，由 CP、J、K 波形可画出输出端 Q 的波形，如图 3－23b 所示。

由图 3－23 可以看出，在第 4～8 个 CP 脉冲作用期间，J、K 均为高电平，每输入一个脉冲，Q 端的状态就改变一次。这时 Q 端的方波频率为时钟频率的二分之一，称为**二分频**。

二、用 JK 触发器构成 T 触发器

将 JK 触发器的输入端 J、K 连接在一起，作为输入端 T，这就构成了 T 触发器，如图 3－24 所示。

显然，当 T＝0，即 J＝K＝0 时，即使有时钟脉冲的到来，触发器状态也保持不变；当 T＝1，即 J＝K＝1 时，每到来一个 CP 脉冲，触发器状态就改变一次。T 触发器也称**受控反转型触发器**。

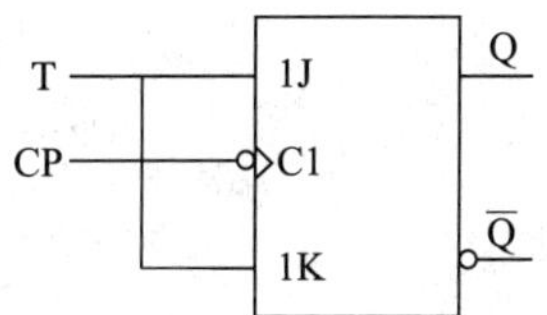

图 3－24　用 JK 触发器转换成 T 触发器

T 触发器的状态见表 3－7。

T 触发器的特性方程为：

$$Q^{n+1} = J\,\overline{Q^n} + KQ^n = T\,\overline{Q^n} + \overline{T}Q^n$$

表 3－7　　T 触发器状态

输入 T	输出 Q^{n+1}	功能说明
0	Q^n	保持
1	$\overline{Q^n}$	取反

【例 3－4】

图 3－25 所示为下降沿触发的 T 触发器的 CP 和 T 信号波形，设 Q 初始状态为 0，试画出输出端 Q 的波形。

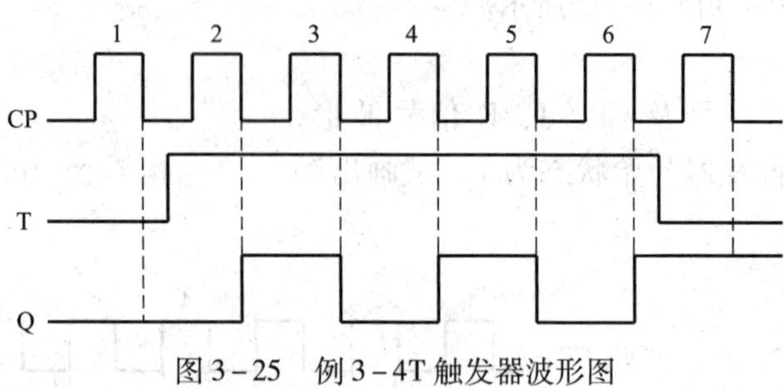

图 3－25　例 3－4T 触发器波形图

解： T 触发器的输出状态由输入端 T 的状态决定，因为是下降沿触发，所以要看 CP 脉冲下降沿对应的输入 T 的状态。当 T＝0 时，触发器状态保持不变；T＝1 时，触发器状态翻转，由此画出输出端 Q 的波形，如图 3－25 所示。

三、用 JK 触发器构成 T′触发器

将 JK 触发器的输入端 J、K 都接 1，如图 3－26 所示，就可以得到 T′触发器。将 J＝K＝1 代入 JK 触发器的特性方程，可得 T′触发器的特性方程为：

$$Q^{n+1}=1\ \overline{Q^n}+\bar{1}Q^n=\overline{Q^n}$$

在 T′触发器的 CP 端每来一个 CP 脉冲信号，触发器的状态就翻转一次，故称为**翻转触发器**，也称**计数型触发器**，其广泛应用于计数电路中。

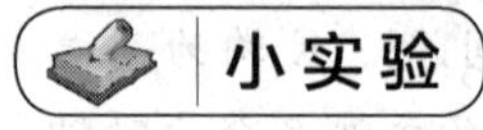

观察 T′触发器的工作波形

如图 3－26a 所示，将 JK 触发器的 J、K 两端连接在一起，接 1；在 CP 端输入 1 kHz 连续脉冲，用双踪示波器观测 CP、Q 端的波形，可测得波形如图 3－26b 所示。

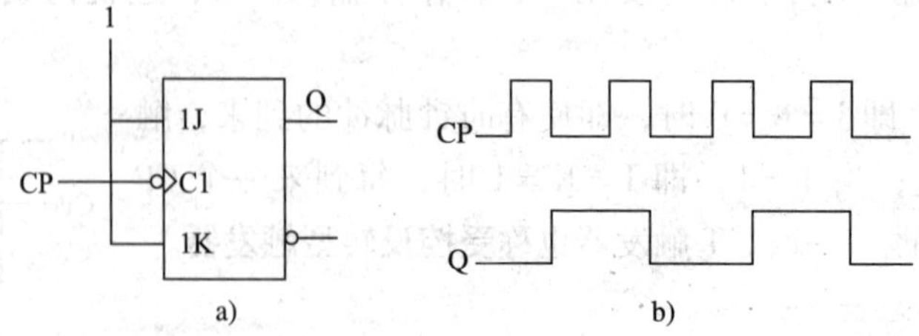

图 3－26

a）用 JK 触发器构成 T′触发器　b）波形图

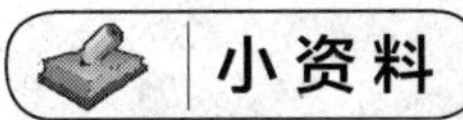

常用集成 JK 触发器

常用集成 JK 触发器的型号及其类型、触发方式、功能见表 3－8。

表 3－8　　常用集成 JK 触发器的型号及其类型、触发方式、功能

型号	类型	触发方式	功能说明
74LS73	TTL	下降沿	双 JK 触发器
74LS103	TTL	下降沿	双 JK 触发器
74LS112	TTL	下降沿	双 JK 触发器
CC4027	CMOS	上升沿	双 JK 触发器
CC4095	COMS	上升沿	三输入端 JK 触发器

多路控制照明电路

多路控制照明电路如图 3－27 所示，主要由 JK 触发器和基本 RS 触发器组成。图中 $S_1 \sim S_n$ 为不同位置的按钮开关，G1、G2 两个与非门组成基本 RS 触发器，其作用是消除机械开关的抖动，JK 触发器工作在计数状态。任意按动某一开关，*A* 点输出一个负脉冲，触发器状态就改变一次。当 Q＝1 时，三极管 VT 导通，继电器 KA 得电，触头吸合，EL 灯亮；当 Q＝0 时，灯不亮。

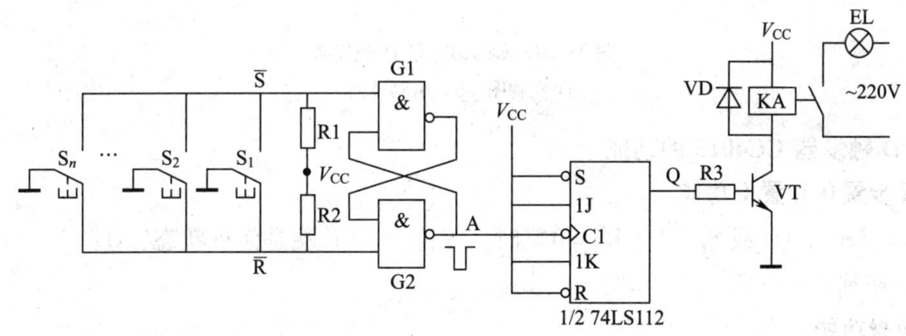

图 3－27　多路控制照明电路

§3—3 D触发器

D触发器也是常用的触发器品种之一，其具有结构简单、工作可靠、使用方便等特点，应用十分广泛。D触发器的逻辑符号如图3－28所示。

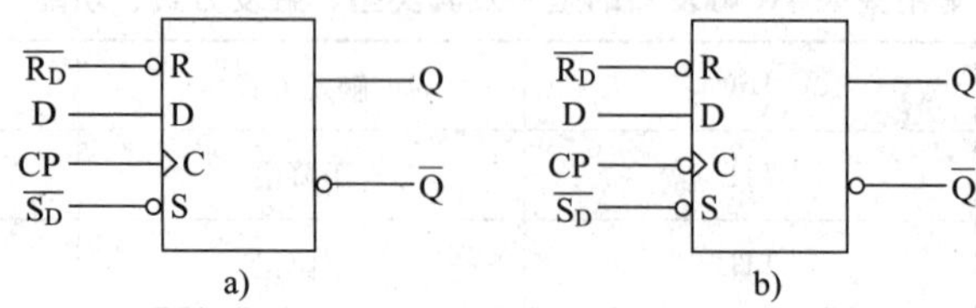

图3－28　D触发器的逻辑符号
a）上升沿触发　b）下降沿触发

本节以CC4013双D触发器为例，介绍其逻辑功能及应用特性。

CC4013为双上升沿D触发器，且每组都有独立的置位（置1）和复位（置0）功能。其实物图和引脚排列如图3－29所示。

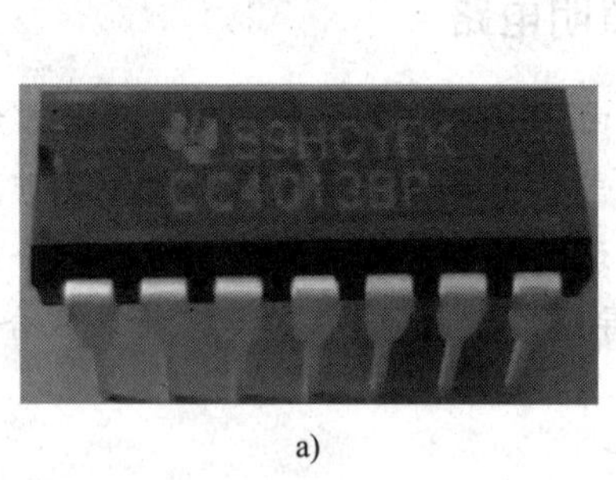

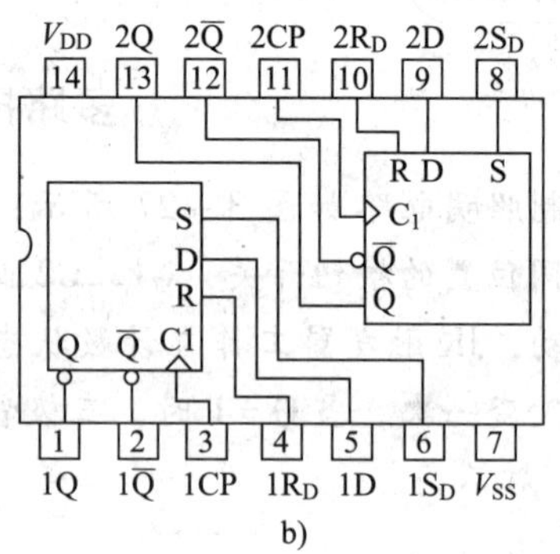

a)　b)

图3－29　CC4013双D触发器
a）实物图　b）引脚排列

一、D触发器CC4013的功能

1. 异步置0和置1功能

$R_D=1$（$S_D=0$）或$S_D=1$（$R_D=0$）时，无论D、CP端是何种状态，Q、$\overline{Q}$端的状态都如表3－9所列。

2. 逻辑功能

当$R_D=S_D=0$时，D、CP端的状态与Q、$\overline{Q}$端的状态关系见表3－10。

表 3-9　R_D、S_D的置 0、置 1 功能

输入				输出	功能说明
R_D	S_D	CP	D	Q^{n+1}	
1	0	×	×	0	异步置 0
0	1	×	×	1	异步置 1
1	1	×	×	不允许	

表 3-10　D 触发器的逻辑功能

输入				输出	功能说明
R_D	S_D	CP	D	Q^{n+1}	
0	0	↑	0	0	置 0
0	0	↑	1	1	置 1
0	0	↓	×	Q^n	保持（CP↓无效）

由表 3-10 可知，当 $R_D = S_D = 0$ 时，在时钟脉冲 CP 有效边沿作用下，D 触发器状态与 CP 作用之前输入端 D 的状态相同，其特性方程为：

$$Q^{n+1} = D$$

二、D 触发器和 JK 触发器的相互转换

在实际应用中，可以将已有的成品触发器转换为实际需要的实现另一种逻辑功能的触发器，这就是触发器的功能转换。

1. JK 触发器转换为 D 触发器

JK 触发器的特性方程为：

$$Q^{n+1} = J\overline{Q^n} + \overline{K}Q^n$$

D 触发器的特性方程为：

$$Q^{n+1} = D$$

要将 JK 触发器转换为 D 触发器，则要求两者的特性方程相等，即：

$$J\overline{Q^n} + \overline{K}Q^n = D = D(Q^n + \overline{Q^n})$$

当 $J = D$，$K = \overline{D}$ 时，上式即可成立。根据 J、K 与 D 的关系可得到 JK 触发器转换为 D 触发器的电路，如图 3-30 所示。

2. D 触发器转换为 JK 触发器

要将 D 触发器转换为 JK 触发器，则有：

$$D = J\overline{Q^n} + \overline{K}Q^n$$

D 触发器转换为 JK 触发器的电路，如图 3-31 所示。

3. D 触发器转换为 T′触发器

D 触发器转换为 T′触发器如图 3-32 所示，将 D 触发器的 $\overline{Q}$ 端与 D 端相连接，有 $D = \overline{Q^n}$，可以看出，触发器的次态是原来状态的取反，即每一次 CP 作用后触发器的状态都会翻

转，这样就构成了 T′触发器。

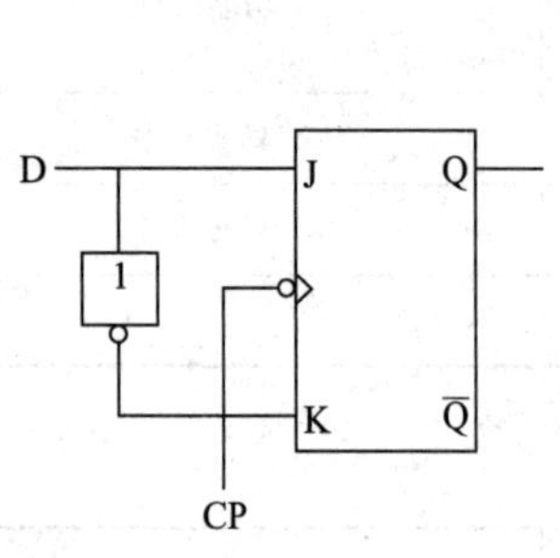

图 3－30　JK 触发器转换为 D 触发器

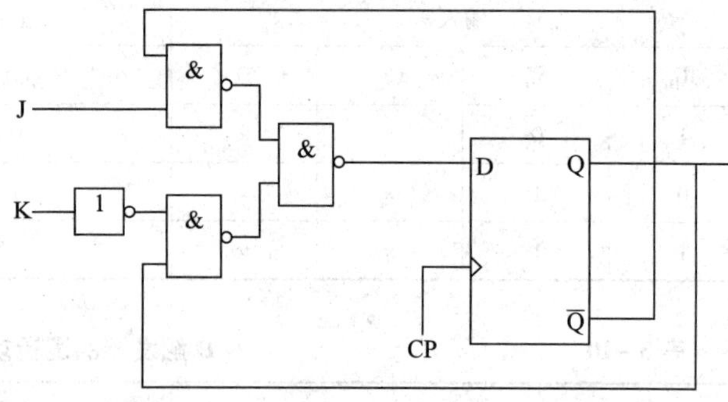

图 3－31　D 触发器转换为 JK 触发器

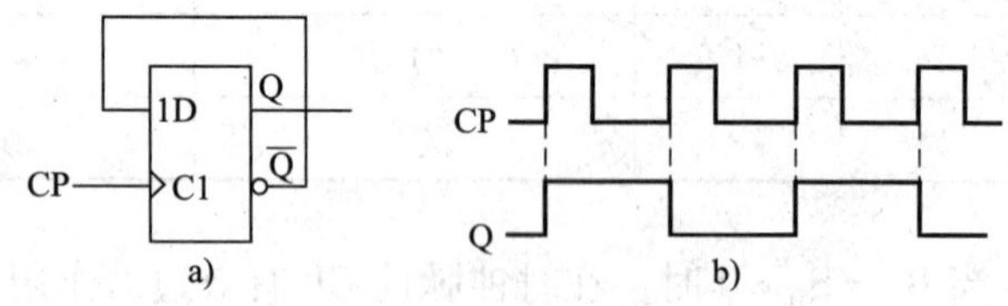

图 3－32　用 D 触发器构成 T′触发器

a）电路图　b）波形图

用 D 触发器构成触摸式灯光控制电路

本章开始曾介绍过触摸式灯开关，图 3－33 所示即为用 D 触发器构成的触摸式灯光控制电路。该电路中触发器 FF1 的 D 端接 5 V（逻辑“1”），金属片 M 接时钟脉冲 CP 端。触发器 FF2 的 D 端与本身的 $\overline{Q}$ 端相连接，构成 T′触发器，时钟脉冲 CP 端与 Q_1 相连接。

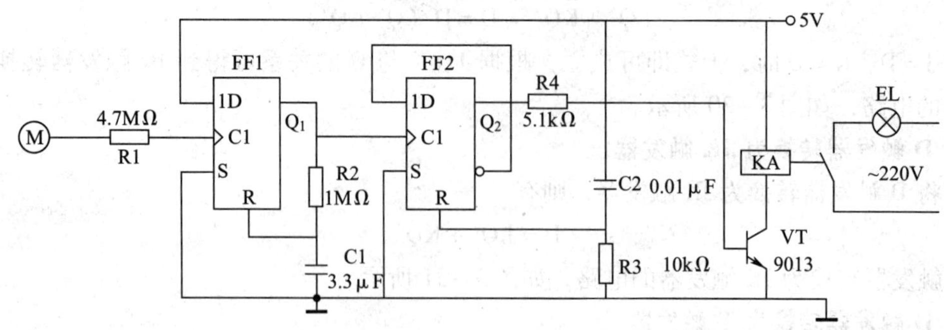

图 3－33　触摸式灯光控制电路

当用手触摸金属片M时，人体的杂波信号使触发器FF1的状态由0变1（上升沿），从而触发FF2，使Q_2状态改变。当Q_2由0变1时，则三极管VT导通，继电器KA得电，触点吸合，灯EL亮。

同时，Q_1的高电平经R2对C1充电，使C1的电位逐渐上升，当上升至FF1 R端的置0电平时，FF1自行复位，Q_1又变为0态，为下一次触摸作准备。由R2、C1组成的延时电路，延时时间为2.3 s。2.3 s后再次触摸金属片M，Q_1由0变1，FF2状态再次翻转，Q_2由1变0，三极管截止，继电器KA失电，触点断开，灯EL熄灭。

小资料

常用集成D触发器

常用集成D触发器的型号和类型见表3－11。

表3－11　　常用集成D触发器的型号和类型

型号	类型
74LS74	双上升沿D触发器（TTL）
74LS174	六上升沿D触发器（TTL）
74LS175	四上升沿D触发器（TTL）
74LS273	八上升沿D触发器（TTL）
CC4013	双上升沿D触发器（CMOS）
CC40174	六上升沿D触发器（CMOS）

§3—4　寄存器

如图3－34所示，使用计算器进行3＋5的运算，当通过按键输入数字3后，显示屏显示3，然后输入＋号，数字3仍然存在，输入5后，3便消失了，但前面输入的数字3信息并未消失，而是被“寄存器”存储起来了，以便做加法运算时使用。

图3－34　计算器做加法运算

在各种数字系统中，寄存器几乎无所不在，因为任何数字系统都必须把需要处理的数据先寄存起来，以便随时取用。

寄存器有数码寄存器和移位寄存器两种类型。

寄存器容量有限，一般无法存放大容量数据，而且寄存器一般只用于存放中间处理结果，这些数据随时变更，因此要求存取速度要快。

一、数码寄存器

数码寄存器是一种最简单的寄存器，它只具有接收数码和清除原有数码的功能。

图 3－35 所示为由 4 个 D 触发器组成的 4 位数码寄存器。在该电路中，控制脉冲 CP 直接加到各个触发器的 CP 端，$D_0 \sim D_3$ 为 4 位被存数码，分别接入各触发器的 D 端。当 CP 上升沿时，$Q_3^{n+1}Q_2^{n+1}Q_1^{n+1}Q_0^{n+1}=D_3D_2D_1D_0$。

由于该寄存器被存数码同时从各触发器的 D 端输入，又同时从各 Q 端输出，故又被称为**并行输入、并行输出（简称并入/并出）**数码寄存器。

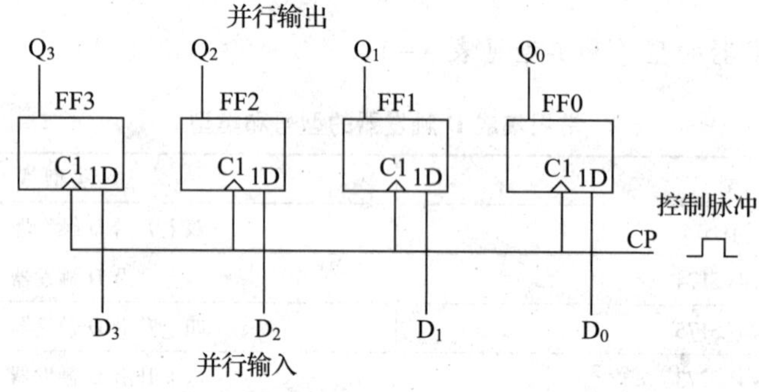

图 3－35　四位数码寄存器

二、移位寄存器

1. 单向移位寄存器

移位寄存器除了具有寄存数码的功能外，还具有数码移位的功能。单向移位寄存器可以实现存储数码的单向移位。

图 3－36 所示为四位右移寄存器，电路由 4 个 D 触发器构成。若四位二进制数码 $A_3A_2A_1A_0=1011$。高位在前，低位在后，依次从 A 端串行输入。设移位寄存器初始状态 $Q_3Q_2Q_1Q_0=0000$，在移位脉冲（即触发器时钟脉冲 CP）作用下，数码移动情况见表 3－12。

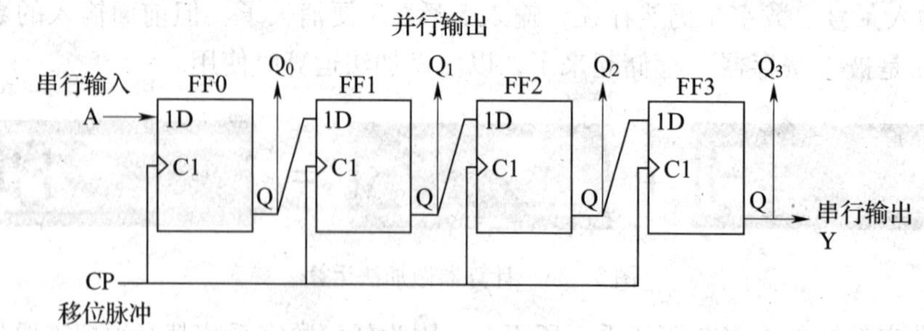

图 3－36　四位右移寄存器

图 3－37 所示为四位右移寄存器各触发器输出端的工作波形图。

表 3－12　　四位右移寄存器状态表

CP脉冲	被寄存数码 $A_3A_2A_1A_0$=1011	并行输出				串行输出	说明
		Q_0	Q_1	Q_2	Q_3	$Y=Q_3$	
0	0	0	0	0	0	0	
1	1	1	0	0	0	0	将被存数码1011从高位到低位依次送至FF0、FF1、FF2、FF3，经4次右移，将被存数码全部存入移位寄存器，$Q_3Q_2Q_1Q_0$=1011
2	0	0	1	0	0	0	
3	1	1	0	1	0	0	
4	1	1	1	0	1	1	

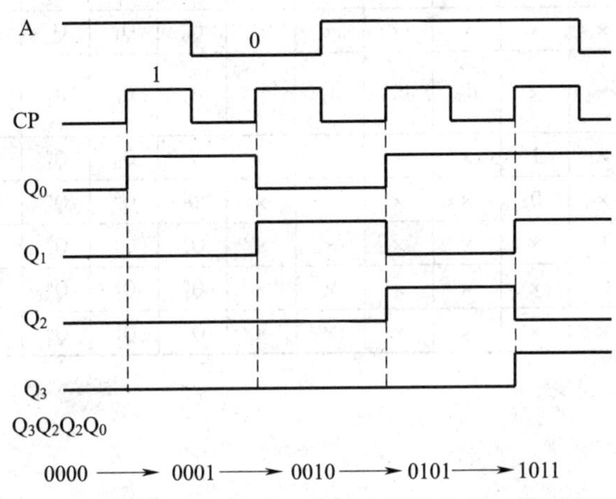

图 3－37　四位右移寄存器各触发器输出端工作波形图

2. 双向移位寄存器

从实用的角度出发，移位寄存器大多都设计成带移位控制端的双向移位寄存器，即在移位控制信号的作用下，电路既可以实现右移，又可以实现左移。

双向移位寄存器 74LS194 的实物图、引脚排列和逻辑符号，如图 3－38 所示。

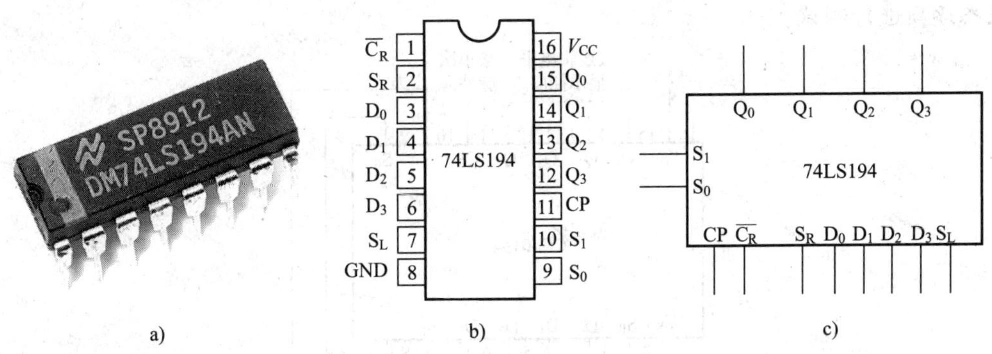

图 3－38　双向移位寄存器 74LS194

a）实物图　b）引脚排列　c）逻辑符号

在图 3－38c 中，D_0～D_3为并行输入端；Q_3～Q_0为并行输出端；S_R为右移串行输入端，S_L为左移串行输入端；$\overline{C}_R$ 为直接无条件清零端，低电平有效；CP 为时钟脉冲输入端，上升沿有效；S_1～S_0为操作模式控制端。

双向移位寄存器 74LS194 有 5 种不同操作模式，即并行送数寄存、右移（由 $Q_0 \rightarrow Q_3$）、左移（由 $Q_3 \rightarrow Q_0$）、保持及清零。

双向移位寄存器 74LS194 的逻辑功能见表 3－13。

表 3－13　　双向移位寄存器 74LS194 的逻辑功能表

输入										输出				功能说明
清零	控制		时钟	串行输入		并行输入								
$\overline{C}_R$	S_1	S_0	CP	S_L	S_R	D_0	D_1	D_2	D_3	Q_0	Q_1	Q_2	Q_3	
0	×	×	×	×	×	×	×	×	×	0	0	0	0	异步置 0
1	×	×	0	×	×	×	×	×	×	Q_0	Q_1	Q_2	Q_3	保持
1	1	1	↑	×	×	d_0	d_1	d_2	d_3	d_0	d_1	d_2	d_3	并行送数 S_R、S_L 输入均无效
1	0	1	↑	×	1	×	×	×	×	1	Q_0^n	Q_1^n	Q_2^n	右移
1	0	1	↑	×	0	×	×	×	×	0	Q_0^n	Q_1^n	Q_2^n	
1	1	0	↑	1	×	×	×	×	×	Q_1^n	Q_2^n	Q_3^n	1	左移
1	1	0	↑	0	×	×	×	×	×	Q_1^n	Q_2^n	Q_3^n	0	
1	0	0	×	×	×	×	×	×	×	Q_0^n	Q_1^n	Q_2^n	Q_3^n	保持

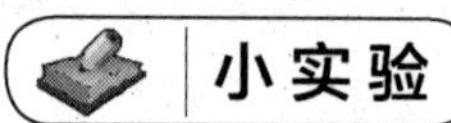

观察四位双向移位寄存器 CC40194 的逻辑功能

CC40194 与 74LS194 的逻辑功能相同。

按图 3－39 所示接线，$\overline{C}_R$、S_1、S_0、S_L、S_R、D_0、D_1、D_2、D_3 分别接逻辑开关的输出插口；Q_0、Q_1、Q_2、Q_3 接逻辑电平显示输入插口；CP 端接单次脉冲源。按表 3－14 所列输入状态逐项进行测试。

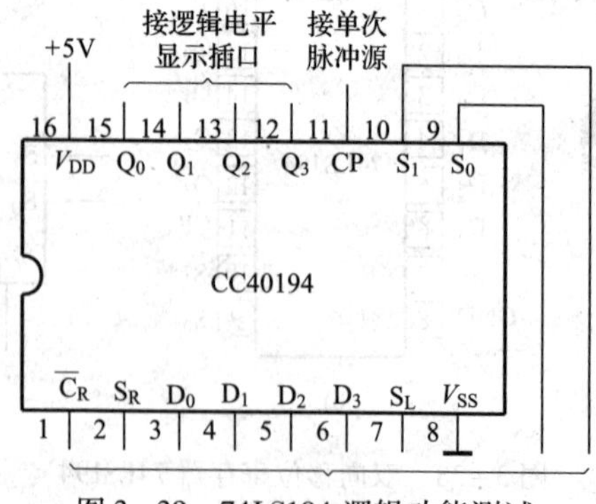

图 3－39　74LS194 逻辑功能测试

（1）清除

令 $\overline{C}_R=0$，其他输入均为任意态，这时寄存器输出 Q_0、Q_1、Q_2、Q_3 应均为 0。清除后，置 $\overline{C}_R=1$。

（2）送数

令 $\overline{C}_R=S_1=S_0=1$，送入任意四位二进制数，如 $D_0D_1D_2D_3=abcd$，加上 CP 脉冲，观察 CP=0、CP 由 0→1 及 CP 由 1→0 三种情况下寄存器输出状态的变化，同时观察寄存器输出状态变化是否发生在 CP 脉冲的上升沿。

（3）右移

清零后，令 $\overline{C}_R=1$、$S_1=0$、$S_0=1$，由右移输入端 S_R 送入二进制数码 0100，由 CP 端连续加 4 个脉冲，观察输出情况，并记入表 3-14 中。

（4）左移

先清零或预置，再令 $\overline{C}_R=1$、$S_1=1$、$S_0=0$，由左移输入端 S_L 送入二进制数码如 1111，连续加 4 个 CP 脉冲，观察输出端情况，并记入表 3-14 中。

（5）保持

寄存器预置任意四位二进制数码 abcd，令 $\overline{C}_R=1$、$S_1=S_0=0$，加 CP 脉冲，观察寄存器输出状态，并记录在表 3-14 中。

表 3-14　　四位双向移位寄存器实验记录表

清除	模式		时钟	串行		输入	输出	功能总结
$\overline{C}_R$	S_1	S_0	CP	S_L	S_R	D_0 D_1 D_2 D_3	Q_0 Q_1 Q_2 Q_3	
0	×	×	×	×	×	× × × ×		
1	1	1	↑	×	×	a b c d		
1	0	1	↑	×	0	× × × ×		
1	0	1	↑	×	1	× × × ×		
1	0	1	↑	×	0	× × × ×		
1	0	1	↑	×	0	× × × ×		
1	1	0	↑	1	×	× × × ×		
1	1	0	↑	1	×	× × × ×		
1	1	0	↑	1	×	× × × ×		
1	1	0	↑	1	×	× × × ×		
1	0	0	↑	×	×	× × × ×		

小资料

移位寄存器的输入、输出方式见表 3-15。

表 3-15　移位寄存器的输入、输出方式

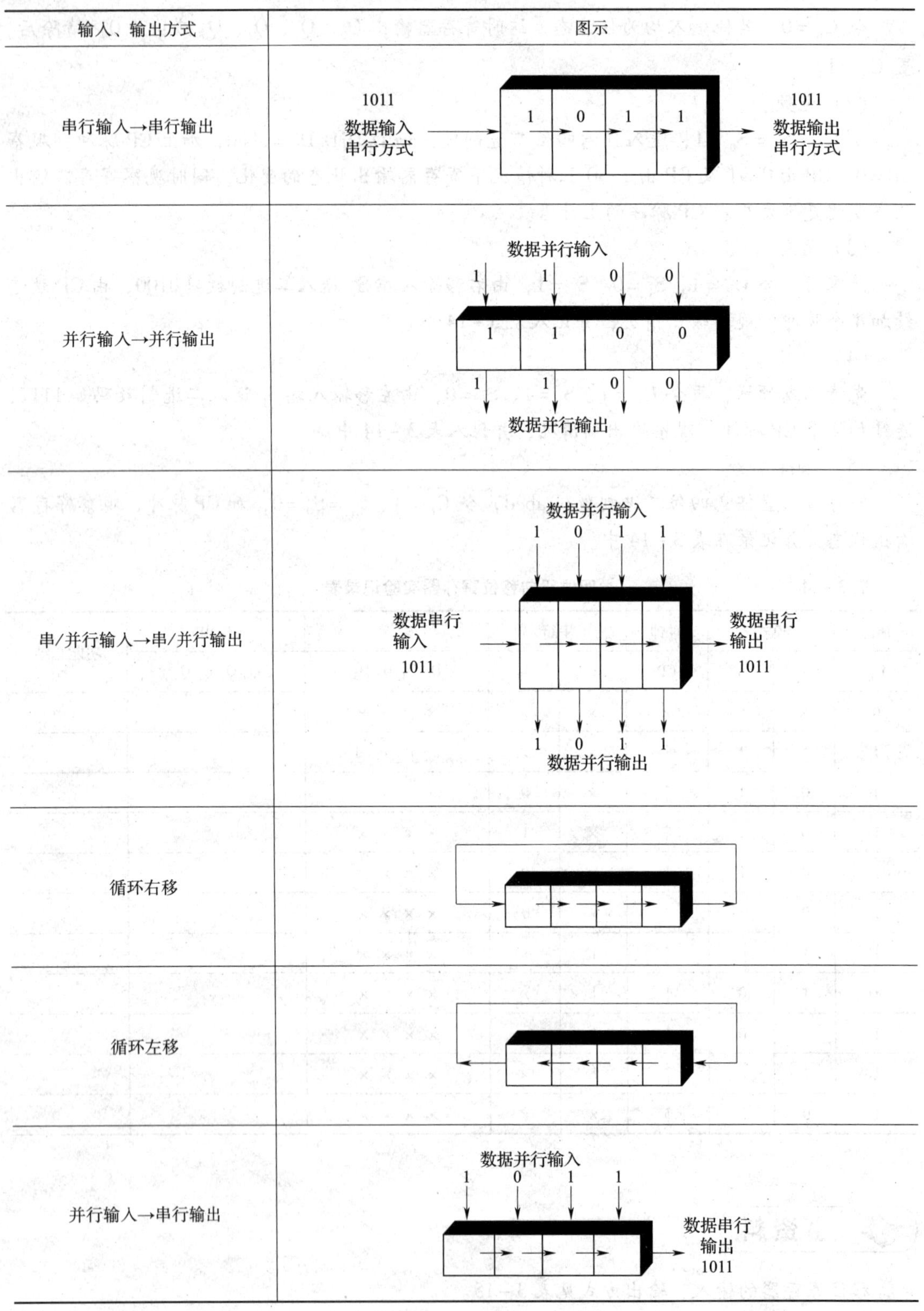

输入、输出方式	图示
串行输入→串行输出	1011 数据输入 串行方式；1 0 1 1；1011 数据输出 串行方式
并行输入→并行输出	数据并行输入 1 1 0 0；1 1 0 0；1 1 0 0 数据并行输出
串/并行输入→串/并行输出	数据并行输入 1 0 1 1；数据串行输入 1011；数据串行输出 1011；1 0 1 1 数据并行输出
循环右移	
循环左移	
并行输入→串行输出	数据并行输入 1 0 1 1；数据串行输出 1011

续表

输入、输出方式	图示
并行输入→循环右移	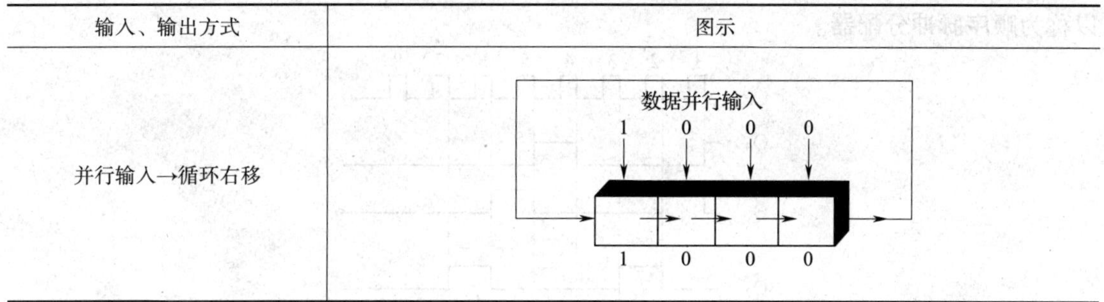

常用的 74LS 系列移位寄存器的输入、输出和移位方式见表 3-16。

表 3-16　　常用 74LS 系列移位寄存器的输入、输出和移位方式

型号	位数	输入方式	输出方式	移位方式
74LS91	8	串行	串行	右移
74LS96	5	串、并行	串、并行	右移
74LS195	4	串、并行	串、并行	右移
74LS198	8	串、并行	串、并行	双向移位

三、移位寄存器的应用

移位寄存器应用很广，可做同步并行移位寄存，也可串行左移、右移；可把串行数据转换为并行数据，也可把并行数据转换为串行数据。

移位寄存器还可用于算术运算，将数码高移（右移）一位相当于乘以 2，低移（左移）一位相当于除以 2。例如 $[0101]_B = [5]_D$，高移一位后为 $[1010]_B = [10]_D$，相当于乘以 2，即 $5\times2=10$。

顺序脉冲分配器是移位寄存器的典型应用之一。如图 3-40 所示，将移位寄存器输出端 Q_3 与右移串行输入端 S_R 相连接，就可以进行循环移位。

若初始状态设置为 $Q_0Q_1Q_2Q_3=1000$，则在时钟脉冲作用下，$Q_0Q_1Q_2Q_3$ 将依次变为 0100→0010→0001→……见表 3-17。

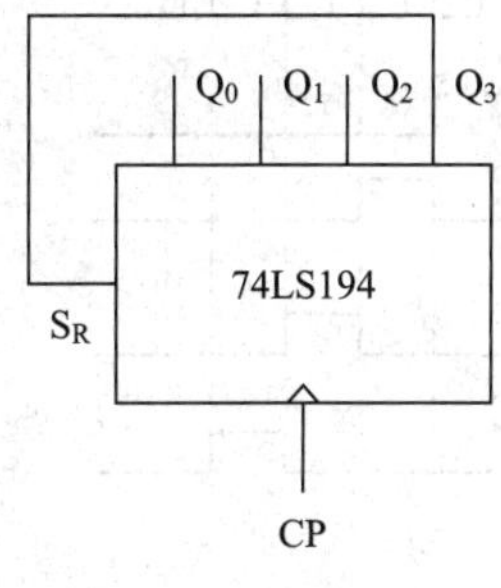

图 3-40　74LS194 构成顺序脉冲分配器

表 3-17　顺序脉冲分配器状态表

CP	Q_0	Q_1	Q_2	Q_3
0	1	0	0	0
1	0	1	0	0
2	0	0	1	0
3	0	0	0	1

由图 3-41 所示波形可知，该电路可由各个输出端输出在时间上有先后顺序的脉冲，所以称为**顺序脉冲分配器**。

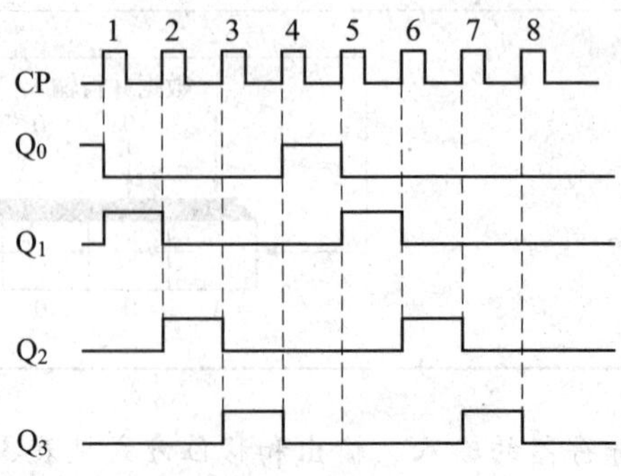

图 3-41　顺序脉冲分配器波形图

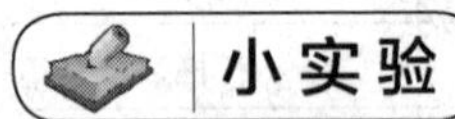

用移位寄存器 74LS194 构成循环彩灯控制电路

按图 3-42a 所示电路图进行接线，即可构成循环彩灯控制电路（Q_0 ~ Q_3 可直接与实验箱电平显示输入插孔相连接）。图 3-42b、c 所示分别为该电路的状态图和波形图。通过实验，对电路的工作状态和波形进行验证。

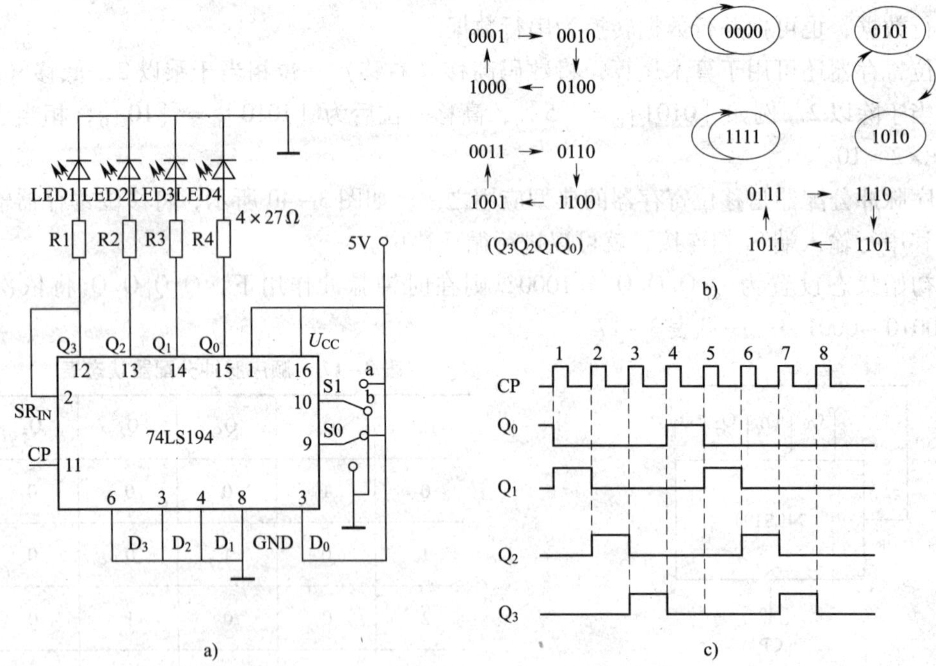

图 3-42　用 74LS194 构成循环彩灯控制电路

a）电路图　b）状态图　c）主循环波形图

想一想

如果要改变发光彩灯的循环方向，应如何接线？

§3—5 计　数　器

广义地讲，计数器就是能够实现计数功能的器件，例如水表、电表、里程表、温度计、点钞机等都可看作是计数器，如图 3－43 所示。

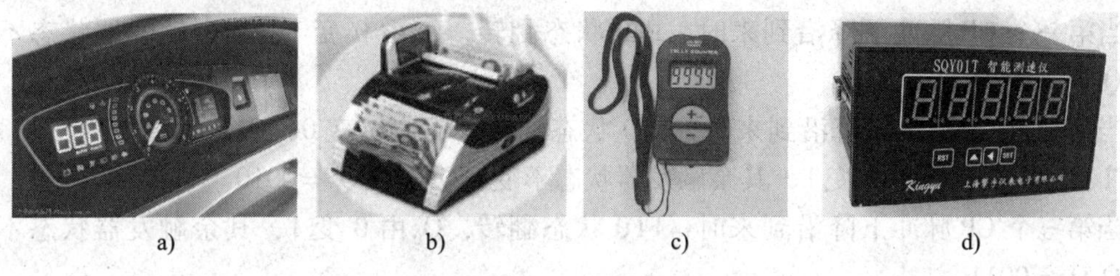

a)　b)　c)　d)

图 3－43　计数器的应用
a）里程表　b）点钞机　c）可逆计数器　d）智能测速仪

在数字系统中，把用来统计和存储输入 CP 脉冲个数的电路称为**计数器**。计数器不仅用于计数，也可用于定时、分频等，是数字仪表、程序控制、计算机等众多数字设备不可缺少的组成部分。

按计数进位数制不同，计数器可分为二进制计数器、十进制计数器；按计数的增减趋势不同，计数器可分为加法计数器、减法计数器和可逆计数器；按计数器中触发器的翻转是否同步，计数器可分为同步计数器和异步计数器。

一、二进制计数器

在时钟脉冲作用下，各触发器的状态翻转按二进制数码规律计数的逻辑电路称为**二进制计数器**。

1. 异步加法计数器

每输入一个脉冲，就进行一次加 1 运算的计数器称为**加法计数器**，也称**递增计数器**。

图 3－44 所示为用 4 只 JK 触发器构成的四位二进制异步加法计数器，它的连接特点是，每一个触发器的 J、K 端都接 1，成为 T′触发器，再将低位触发器的 Q 端与高一位的 C1 端相连接。最低位触发器 FF0 直接受输入计数脉冲控制，其他触发器则分别受较低位触发器 Q 端输出的负跳变信号控制，因此各个应翻转的触发器状态更新有先有后，故称**异步计数器**，也称**串行计数器**。

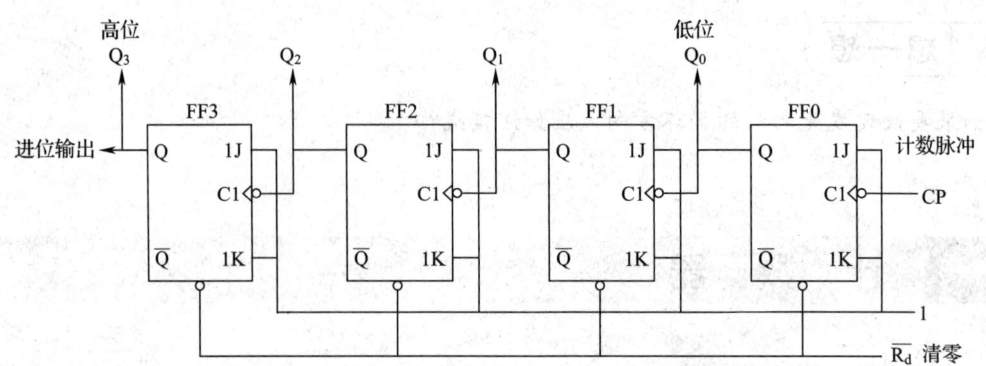

图 3-44　用 JK 触发器构成的四位二进制异步加法计数器

计数器工作前先清零，即计数器初始状态为 $Q_3Q_2Q_1Q_0 = 0000$。

当第一个 CP 脉冲下降沿到来时，FF0 状态翻转，Q_0 由 0 变 1，其余触发器状态不变，$Q_3Q_2Q_1Q_0 = 0001$。

当第二个 CP 脉冲下降沿到来时，FF0 状态翻转，Q_0 由 1 变 0，Q_0 产生的下降沿信号加到 FF1 的 CP 端，Q_1 由 0 变 1，其余触发器状态不变，$Q_3Q_2Q_1Q_0 = 0010$。

当第三个 CP 脉冲下降沿到来时，FF0 状态翻转，Q_0 由 0 变 1，其余触发器状态不变，$Q_3Q_2Q_1Q_0 = 0011$。

依次类推，当第 15 个 CP 脉冲下降沿到来时，$Q_3Q_2Q_1Q_0 = 1111$。

当第 16 个 CP 脉冲下降沿到来时，$Q_3Q_2Q_1Q_0 = 0000$，计数器开始新的计数周期。

输入脉冲数与对应的四位二进制数见表 3-18。

由表 3-18 可画出计数器的状态图和波形图，分别如图 3-45 和图 3-46 所示。

表 3-18　　四位二进制异步加法计数器状态表

计数脉冲 CP	Q_3	Q_2	Q_1	Q_0	计数脉冲 CP	Q_3	Q_2	Q_1	Q_0
0	0	0	0	0	9	1	0	0	1
1	0	0	0	1	10	1	0	1	0
2	0	0	1	0	11	1	0	1	1
3	0	0	1	1	12	1	1	0	0
4	0	1	0	0	13	1	1	0	1
5	0	1	0	1	14	1	1	1	0
6	0	1	1	0	15	1	1	1	1
7	0	1	1	1	16	0	0	0	0
8	1	0	0	0					

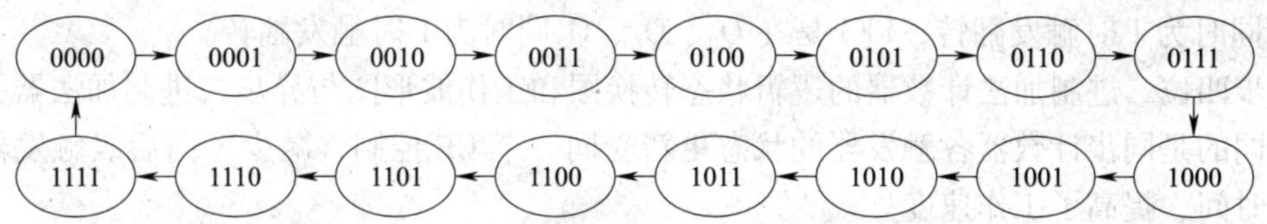

图 3-45　四位二进制加法计数器状态图

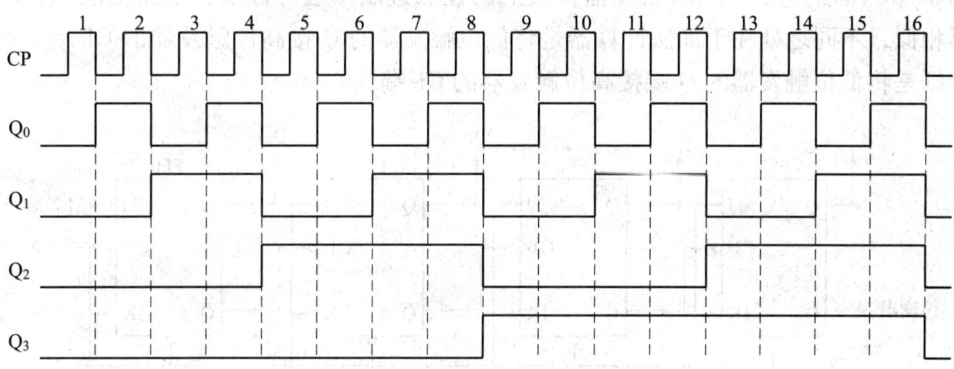

图 3-46　四位二进制加法计数器波形图

2. 同步加法计数器

为了提高计数速度，将计数脉冲输入端与多个触发器的 C1 端相连，在计数脉冲的作用下，所有应翻转的触发器可以同时动作，这种结构的计数器称为**同步计数器**，也称**并行计数器**。

图 3-47 所示是由 4 个 JK 触发器和 2 个与门组成的四位二进制同步加法计数器。由图可知，各个触发器的输入信号为：

$$J_0 = K_0 = 1$$

$$J_1 = K_1 = Q_0$$

$$J_2 = K_2 = Q_0 Q_1$$

$$J_3 = K_3 = Q_0 Q_1 Q_2$$

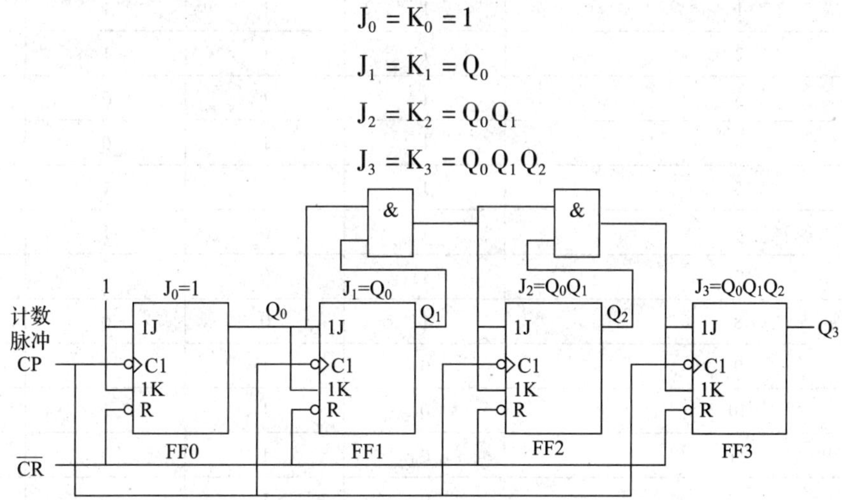

图 3-47　用 4 个 JK 触发器和 2 个与门组成的四位二进制同步加法计数器

各个触发器的状态转换规律如下：

FF0 每输入一个计数脉冲，状态就翻转一次，FF1 是在 $Q_0 = 1$ 时触发翻转，FF2 是在

Q_0、Q_1同时为1时触发翻转，FF3是在Q_0、Q_1、Q_2同时为1时触发翻转。

同步四位二进制加法计数器的逻辑状态转换图和工作波形图与异步二进制加法器完全相同；不同的是同步计数器各触发器的状态更新受同一个CP控制，减少了前后级触发器之间的传输时间，提高了工作速度。

3. 异步减法计数器

图3-48所示为用4个JK触发器构成的四位二进制减法计数器，电路接法与异步加法计数器相似，不同之处在于加法计算器是将低位触发器的Q接高位触发器的C1端，而减法计数器则是将低位触发器的$\overline{Q}$端接高位触发器的C1端。

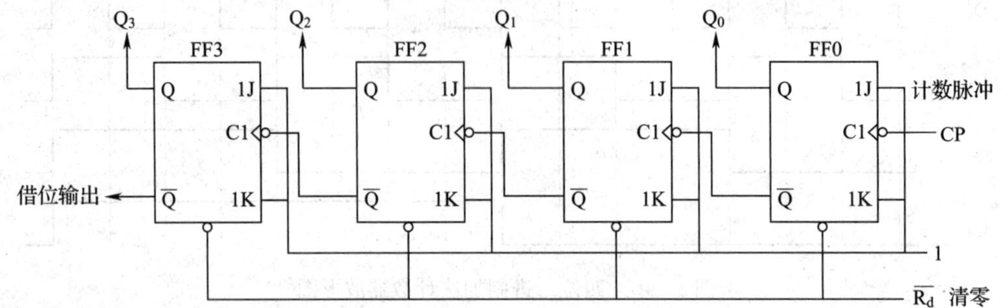

图3-48 用4个JK触发器构成的四位二进制异步减法计数器

四位二进制减法计数器的状态表见表3-19。

表3-19　四位二进制减法计数器状态表

输入脉冲个数	Q_3	Q_2	Q_1	Q_0
0	0	0	0	0
1	1	1	1	1
2	1	1	1	0
3	1	1	0	1
4	1	1	0	0
5	1	0	1	1
6	1	0	1	0
7	1	0	0	1
8	1	0	0	0
9	0	1	1	1
10	0	1	1	0
11	0	1	0	1
12	0	1	0	0
13	0	0	1	1
14	0	0	1	0
15	0	0	0	1

续表

输入脉冲个数	Q_3	Q_2	Q_1	Q_0
16	0	0	0	0
17	1	1	1	1

在同步计数器中，各触发器的时钟端都接到同一时钟脉冲源，在时钟脉冲源 CP 作用下各触发器同时翻转；而在异步计数器中，各触发器的时钟端不是接到同一时钟脉冲源，因此各触发器不在同一时刻翻转。

异步计数器的电路结构比同步计数器相对简单，但运算速度较慢，而且容易产生误码。例如，异步计数器在由状态 0111 转码为 1000 时，其过程是 0111→0110→0100→0000→1000，需要经过 4 个触发器的翻转、延时才能达到，而同步计数器则在同一时刻即可由 0111 转换为 1000。

二、十进制计数器

十进制是人们熟悉和习惯使用的计数方式，所以十进制计数器的应用十分广泛。十进制有 0 ~ 9 十个数码，最常用的 8421BCD 码是取四位二进制编码表示 16 个状态。前 10 个状态 0000 ~ 1001 表示 0 ~ 9 十个数码，其余 6 种状态为无效状态。当计数器级数到第 9 个脉冲后，若再来一个脉冲，计数器的状态必须由 1001 变到 0000，完成一个循环变化。

十进制加法计数器的状态图，如图 3 - 49 所示。

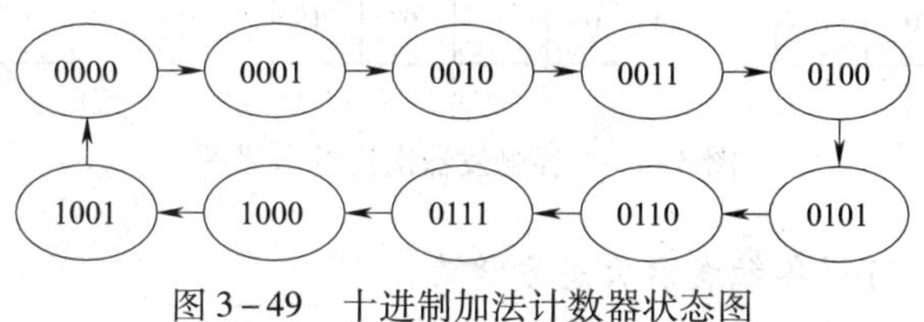

图 3 - 49　十进制加法计数器状态图

知识拓展

时序逻辑电路设计举例

时序逻辑电路的设计比组合逻辑电路复杂，下面以 3 位二进制同步加法计数器为例，对时序逻辑电路的基本设计方法作一简要介绍。

1. 画出状态图，如图 3 - 50 所示。

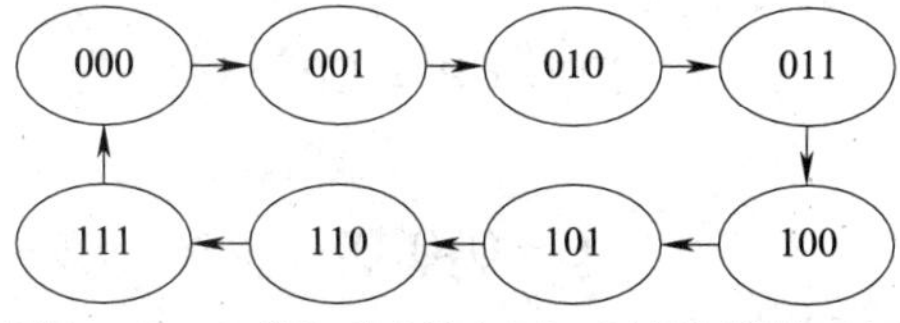

图 3 - 50　3 位二进制同步加法计数器状态图

2. 列出状态表，见表 3－20。

表 3－20　　3 位二进制同步加法计数器状态表

计数脉冲	现态			次态			进位
CP	Q_2^n	Q_1^n	Q_0^n	Q_2^{n+1}	Q_1^{n+1}	Q_0^{n+1}	C
1	0	0	0	0	0	1	0
2	0	0	1	0	1	0	0
3	0	1	0	0	1	1	0
4	0	1	1	1	0	0	0
5	1	0	0	1	0	1	0
6	1	0	1	1	1	0	0
7	1	1	0	1	1	1	0
8	1	1	1	0	0	0	1

3. 求次态方程、激励方程、时钟方程和输出方程

根据状态表画出各个触发器次态的卡诺图，进而求得各个方程。各次态卡诺图如图 3－51 所示。

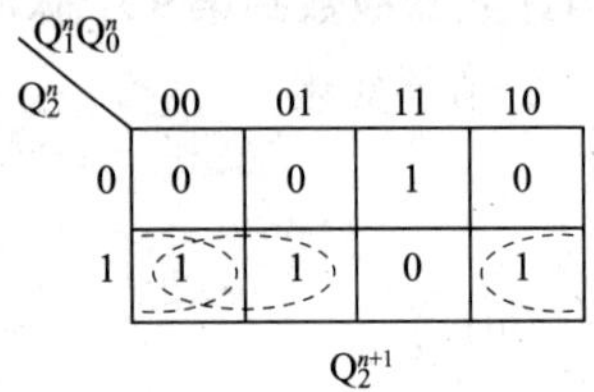

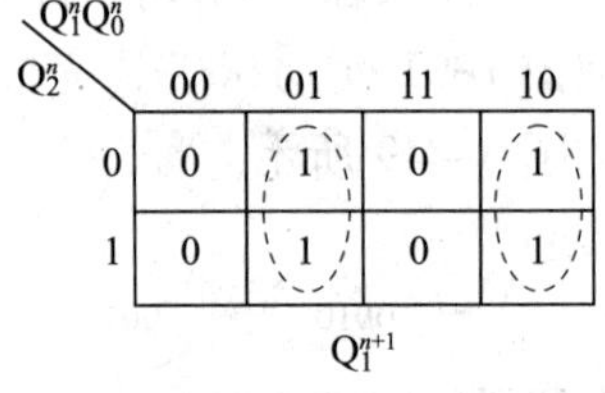

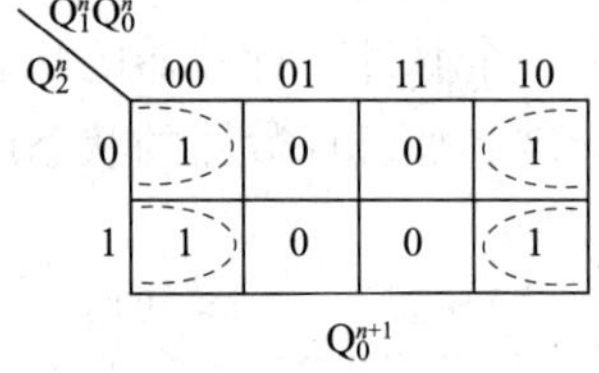

图 3－51　各触发器次态的卡诺图

根据卡诺图化简，可得各触发器次态方程为：

$$\begin{cases} Q_2^{n+1} = \overline{Q_2^n}Q_1^nQ_0^n + Q_2^n\overline{Q_1^nQ_0^n} \\ Q_1^{n+1} = \overline{Q_1^n}Q_0^n + Q_1^n\overline{Q_0^n} \\ Q_0^{n+1} = \overline{Q_0^n} \end{cases}$$

将 JK 触发器的特性方程 $Q_n^{+1} = J\overline{Q}^n + \overline{K}Q^n$，与各次态方程进行比较，可得激励方程为：

$$\begin{cases} J_2 = K_2 = Q_1^nQ_0^n \\ J_1 = K_1 = Q_0^n \\ J_0 = K_0 = 1 \end{cases}$$

因为是同步电路，所以时钟方程为：

$$CP_0 = CP_1 = CP_2$$

输出（进位）方程为：

$$C = Q_2^nQ_1^nQ_0^n$$

4. 画出电路图，如图 3－52 所示。

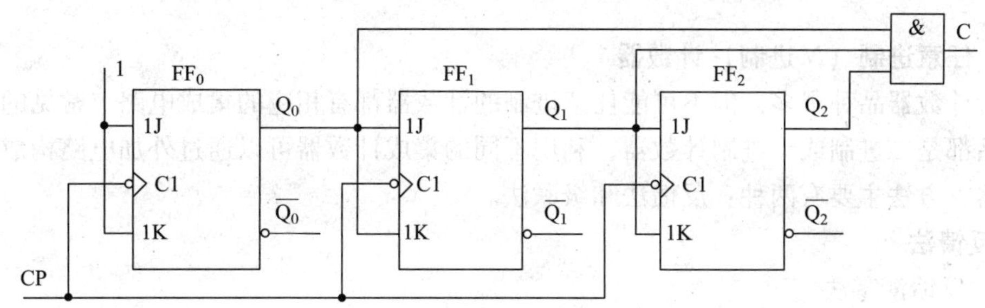

图 3－52　3 位二进制同步加法计数器电路图

5. 检查自启动能力

在有些时序电路中，可能会出现无效状态。例如，在七进制加法计数器中，111 即为无效状态。将其代入次态方程，若求得次态为 100，说明该电路具备自启动能力，其状态图如图 3－53 所示。

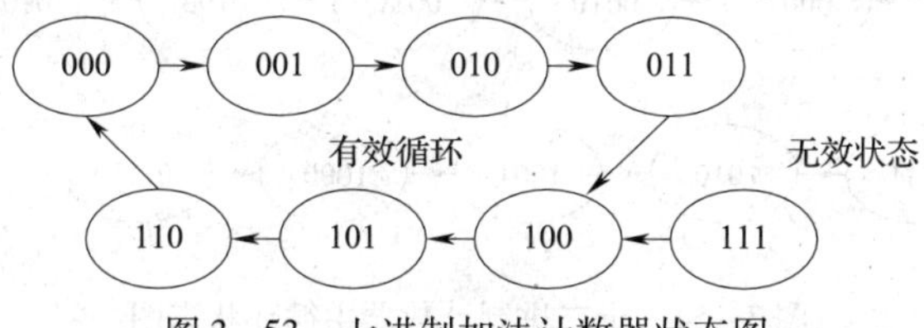

图 3－53　七进制加法计数器状态图

若电路无自启动能力，则要对电路中的逻辑设计进行修改，将无效状态强制纳入有效循环。

小资料

目前集成计数器的品种很多，功能完善，实际应用中一般不再需要用触发器自行搭接，而是普遍应用集成计数器。常用的集成计数器的型号和功能见表 3－21。

表 3－21　常用集成计数器的型号和功能

类型	型号	名称	功能
TTL	74LS161	四位二进制同步计数器	异步清零可预置
	74LS163	四位二进制同步计数器	同步清零
	74LS290	二—五—十进制异步计数器	
	74LS162	四位十进制同步计数器	同步清零
	74LS192	四位十进制同步可逆计数器	
	74LS160	四位十进制同步计数器	异步清零
CMOS	CC4017	十进制计数/时序脉冲分配/分频器	
	CC40192	十进制同步可逆计数器	
	CC4518	双十进制同步计数器	有清除、时钟允许
	CC4060	十四位二进制串行计数/分频/振荡器	

三、任意进制（*N* 进制）计数器

尽管计数器品种很多，但不可能任意进制的计数器都有相应的集成电路。常见的集成计数器产品都是二进制或十进制计数器，利用不同的集成计数器可以通过外加电路构成任意进制计数器，方法主要有两种：反馈法和级联法。

1. 反馈法

（1）反馈清零法

反馈清零法适用于有清零输入端的集成计数器。

【例 3-5】

试用四位二进制同步计数器 74LS163 构成一个十二进制计数器，其主循环状态图如图 3-54 所示。

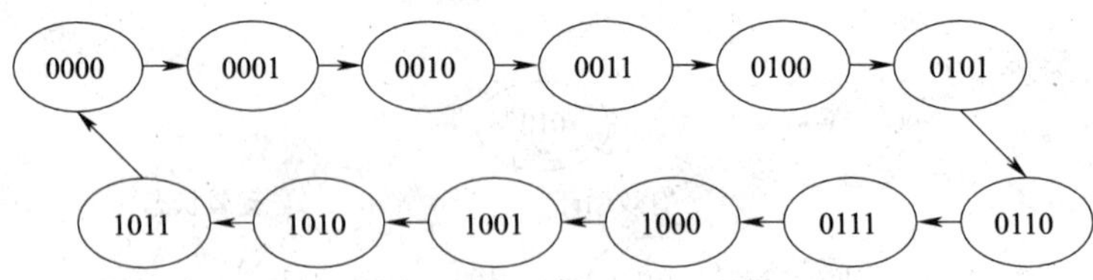

图 3-54　十二进制计数器主循环状态图

解： 四位二进制计数器有 16 个状态，十二进制计数器只需 12 个状态，因此必须设法跳过 4 个状态。利用 74LS163 的同步清零功能，当第 12 个脉冲作用（$Q_3Q_2Q_1Q_0=1011$）时，强行使计数器返回 0000 状态，重新开始新的计数周期，由于 74LS163 的同步置 0 信号为低电平有效，所以使特性方程为：

$$\overline{CR}=\overline{Q_3Q_1Q_0}$$

即可满足十二进制计数器要求。其电路连接如图 3-55 所示。

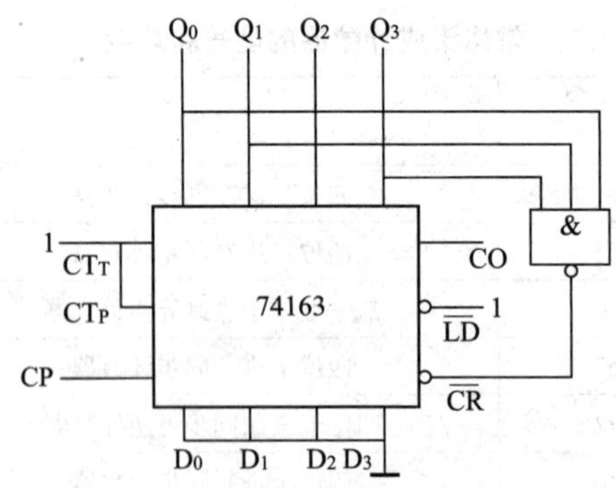

图 3-55　二进制→十二进制计数器电路

除同步置 0 端 $\overline{CR}$ 接 $\overline{Q_3Q_1Q_0}$ 外，为保证 $\overline{CR}=1$ 时计数器能正常计数，$\overline{LD}$、CT_P、CT_T 等控制端均应接高电平 1。

如何用 74LS163 构成一个八进制计数器？

（2）反馈置数法

反馈置数法适用于有预置数功能的集成计数器，可方便实现非零起始的计数循环。例如，将图 3－55 所示电路中与非门输出端改接到同步置数$\overline{LD}$端归 0，如图 3－56 所示，同样能实现十二进制计数。

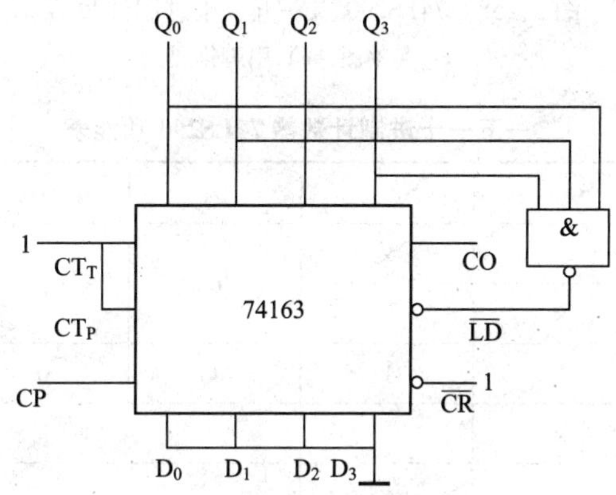

图 3－56　同步置数$\overline{LD}$端归 0

实际上，反馈置数法可在 74LS163 计数循环状态（0000～1111）中的任何一个状态下进行。例如，可将 $Q_3Q_2Q_1Q_0=1110$ 状态的信号加到$\overline{LD}$端，把预置数输入端设为 0011 状态，计数值则为 0011～1110 状态，如图 3－57 所示。

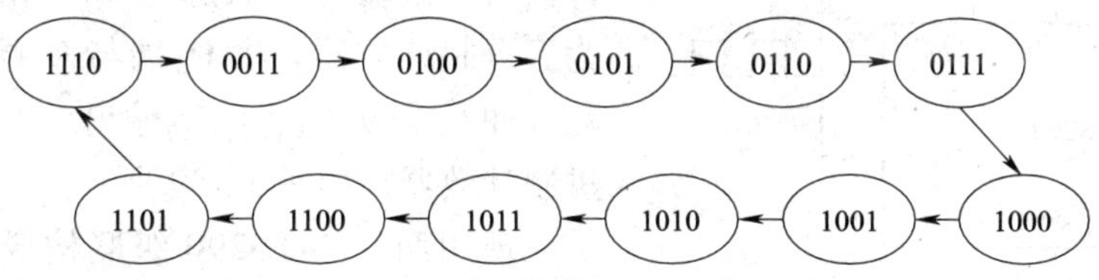

图 3－57　循环状态图

2. 级联法

为了得到计数容量较大的计数器，可以将两个以上的计数器串联起来。

【例 3－6】

用 74LS290 构成二十四进制计数器。

解： 74LS290 为二—五—十进制计数器，其实物图和引脚排列如图 3－58 所示，功能表见表 3－22。

a)

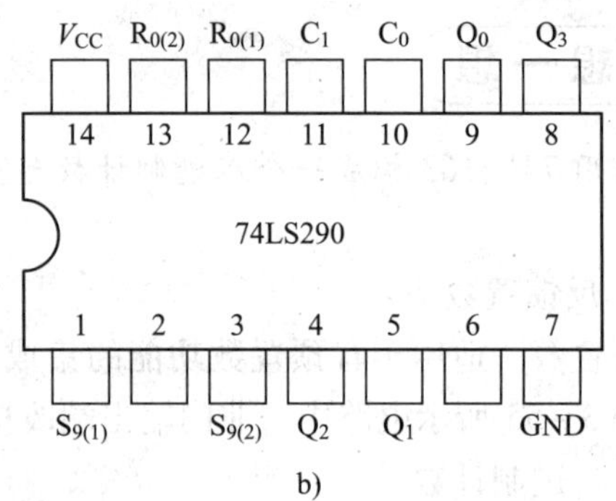

b)

图 3-58　74LS290 二—五—十进制计数器

a）实物图　b）引脚排列

表 3-22　　二—五—十进制计数器 74LS290 功能表

$R_{0(1)}$	$R_{0(2)}$	$S_{9(1)}$	$S_{9(2)}$	Q_3	Q_2	Q_1	Q_0
1	1	0	×	0	0	0	0
		×	0				
×	×	1	1	1	0	0	1
×	0	×		计数			
0	×		×	计数			
	×	×		计数			
×			×	计数			

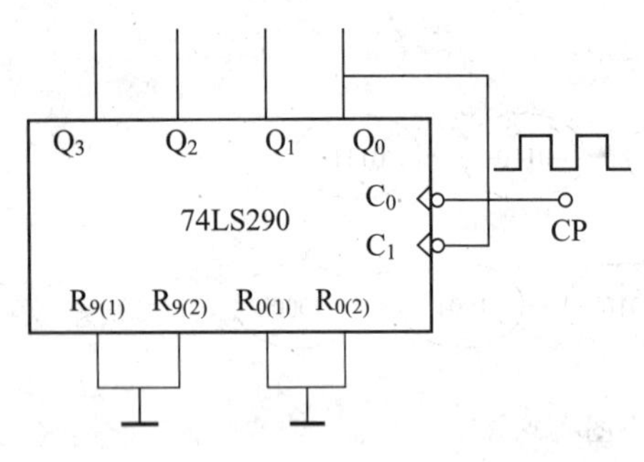

图 3-59　十进制计数器

只输入计数脉冲 C_0，由 Q_0 输出，为二进制计数器。只输入计数脉冲 C_1，由 $Q_3Q_2Q_1$ 输出，为五进制计数器。将 Q_0 端与 C_1 端连接，输入计数脉冲 C_0，从 $Q_3Q_2Q_1Q_0$ 输出，可构成 8421 码十进制计数器，如图 3-59 所示。

现用两片 74LS290 级联构成二十四进制计数器，如图 3-60 所示。个位计数器 Q_3 充当进位使用，当 $Q_3Q_2Q_1Q_0$ 由 1001 计数到 0000 时，Q_3 由 1 变 0，形成下降沿，称为有效进位脉冲。再利用 74LS290 的异步清零功能，将个位的 Q_2 和十位的 Q_1 分别接至两个芯片的 $R_{0(1)}$ 和 $R_{0(2)}$ 端，在第 24 个计数脉冲作用后，计数器输出为 0010 0100 状态，十位的 Q_1 与个位的 Q_2 同时为 1，使计数器立即返回 0000 0000 状态。这样就构成了二十四进制计数器。

二十四进制计数器是数字时钟里必不可少的组成部分，可用来累计小时数。

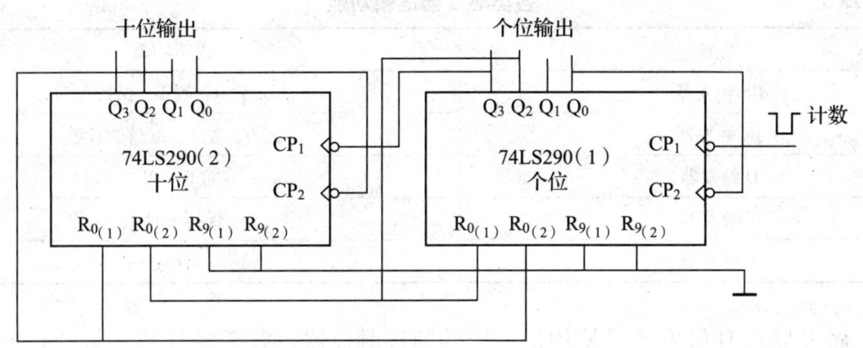

图 3-60　74LS290 构成的二十四进制计数器

想一想

图 3-61 所示为用六进制和十进制计数器级联而成的六十进制计数器，用于数字时钟的分、秒进位。试分析其计数原理。

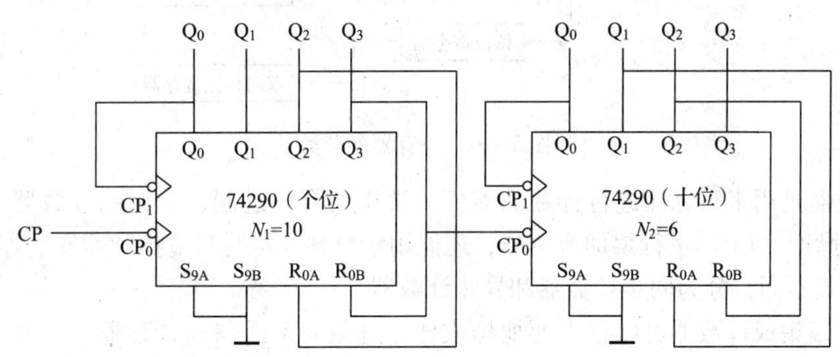

图 3-61　六十进制异步加法计数器

本章小结

1. 时序逻辑电路是由逻辑门电路和具有记忆功能的触发器构成的，它的任一时刻的输出不仅与当时的输入信号有关，还与原来的状态有关。

2. 触发器是构成时序电路的基本逻辑单元，它有 0 和 1 两种稳定状态，所以每个触发器可记忆一位二进制数码。

3. 基本 RS 触发器是构成各种触发器的基础，它不受时钟 CP 控制；同步 RS 触发器则受时钟脉冲 CP 控制。基本 RS 触发器和同步 RS 触发器都存在约束条件。

4. 各类触发器逻辑功能见表 3-23。

表 3-23　　各类触发器逻辑功能

类型	逻辑功能
RS 触发器	置 0、置 1、保持
JK 触发器	置 0、置 1、保持、计数
D 触发器	置 0、置 1
T 触发器	保持、计数
T′触发器	计数

5. JK 触发器和 D 触发器是使用最广泛的两种触发器，若需要其他功能的触发器，可以用这两种触发器转换后得到。

6. 寄存器是用来存储数码和信息的器件，其分类如图 3-62 所示。利用寄存器可以实现数据的串行/并行转换、数值的运算及数据处理等。

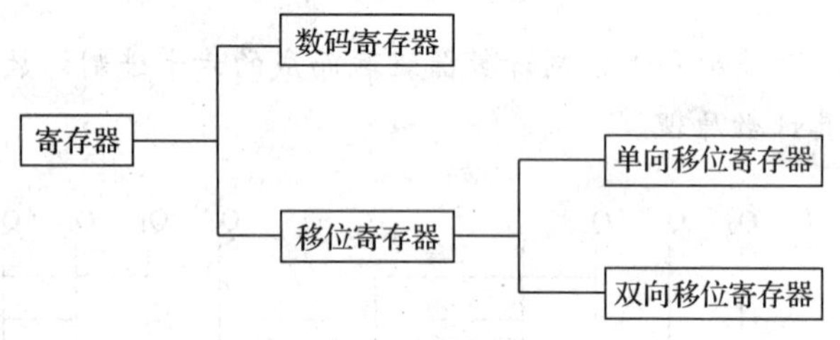

图 3-62　寄存器的分类

7. 计数器是用来对脉冲进行计数的器件，常用的有二进制、十进制计数器。计数器不仅能对时钟脉冲（CP）进行累加或累减，还能用于分频、定时和节拍脉冲发生等。按 CP 脉冲的工作方式不同，分为同步计数器和异步计数器。

8. 中规模集成计数器可以很方便地构成任意进制（*N* 进制）计数器，可通过反馈归零法或反馈预置法来实现。在需要扩大计数长度（容量）时，将多片集成计数器有效级联即可实现。

第四章 脉冲波形的产生与变换

学习目标

1. 了解脉冲波形的特点和主要参数。

2. 熟悉555时基电路的逻辑功能，会用555时基电路构成多谐振荡器、单稳态触发器和施密特触发器。

3. 了解集成单稳态触发器、集成施密特触发器的功能和使用方法。

4. 会用门电路构成多谐振荡器和石英晶体振荡器。

矩形波是数字系统中的主要工作波形，是脉冲信号的一种。所谓**脉冲信号是指短暂时间内幅度发生突变的电压或电流**。除矩形波外，常用的还有锯齿波、三角波、积分波、微分波、梯形波等，它们也都是脉冲信号，如图4-1所示。

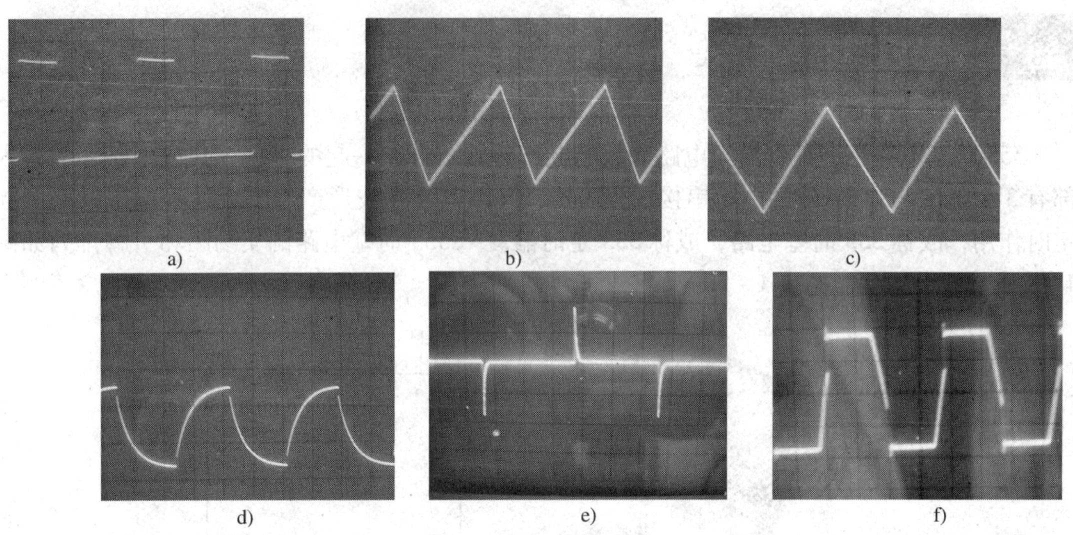

图4-1　常见的脉冲波形

a）矩形波　b）锯齿波　c）三角波　d）积分波　e）微分波　f）梯形波

为了对矩形波做出定量描述，通常采用如图4-2所示的几个主要参数。

脉冲幅度 U_m表示脉冲电压的最大值。

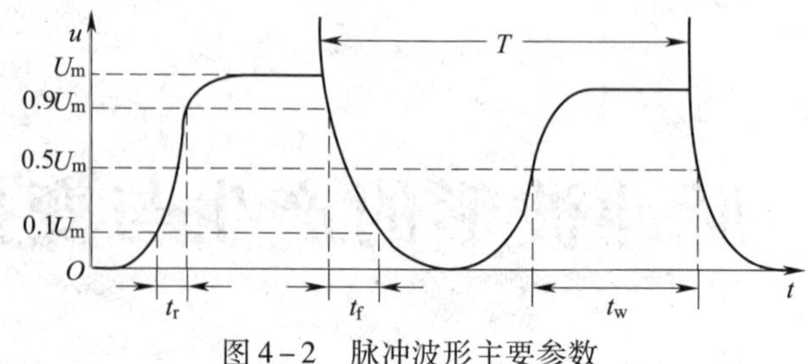

图 4－2　脉冲波形主要参数

脉冲周期 T 表示周期性变化的脉冲序列中，两个相邻脉冲之间的时间间隔。

脉冲宽度 t_w 表示脉冲波形从上升到 0.5 U_m 开始继续上升再下降到 0.5 U_m 处的时间间隔。

上升时间 t_r 表示脉冲前延从 0.1 U_m 上升到 0.9 U_m 所需要的时间。其值越小，表示脉冲上升越快，波形质量越好。

下降时间 t_f 表示脉冲后延从 0.90 U_m 下降到 0.1 U_m 所需要的时间。其值越小，表示脉冲下降越快，波形质量越好。

占空比 $D = t_w / T$ 表示在一个脉冲周期内，脉冲宽度所占比例。

虽然各种脉冲波形的形状不同，但是表征其特性的主要参数是一致的。

矩形脉冲可以由脉冲发生器直接产生，也可以由其他非矩形波经过整形、变换而来。利用 555 时基电路，外接适当的阻容元件，可以构成多种脉冲信号电路；利用基本门电路也可以构成脉冲信号电路。此外，还有多种集成脉冲发生器，使用更为方便。

§4—1　555时基电路

555 时基电路是一种将模拟电路和数字电路巧妙结合在一起的中规模集成电路，因其内部有 3 个阻值均为 5 kΩ 的电阻串接成分压器，又因其常在波形产生与变换等应用电路中起定时作用，故称 **555 时基电路**，或称 **555 定时器**。NE555 时基电路的实物图和引脚排列如图 4－3 所示，引脚功能见表 4－1。

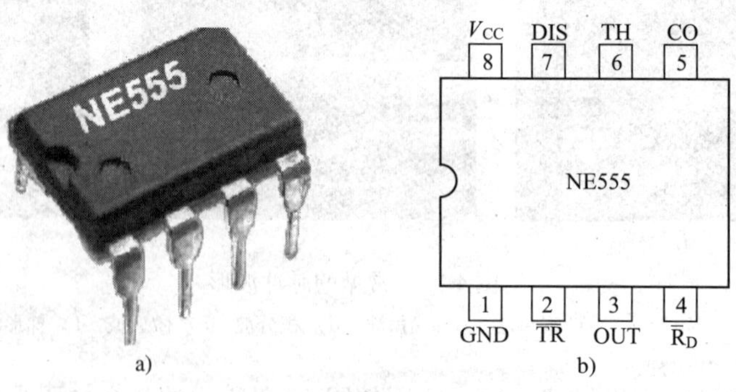

图 4－3　555 时基电路外形及引脚排列

a）实物图　b）引脚排列

表 4-1　　555 时基电路的引脚功能

引脚序号	代号	功能
1	GND	接地端
2	$\overline{TR}$	低电平触发端
3	OUT	输出端
4	$\overline{R}_D$	直接复位端
5	CO	控制电压端
6	TH	高电平触发端
7	DIS	放电端
8	V_{CC}	电源端

一、电路组成

555 时基电路的内部结构如图 4-4 所示。由图可见，555 时基电路主要由以下几部分组成：

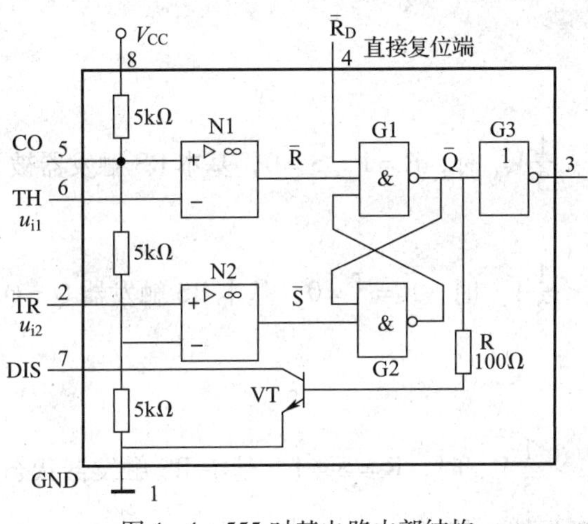

图 4-4　555 时基电路内部结构

1. 电阻分压器

由 3 个 5 kΩ 的电阻串联而成，可为两个电压比较器提供基准电压。当 5 脚悬空时，比较器 N1 的基准电压为 $\frac{2}{3}V_{CC}$，比较器 N2 的基准电压为 $\frac{1}{3}V_{CC}$。如果在 5 脚外接控制电压，则可改变两个比较器的基准电压。当 5 脚不需要接控制电压时，通常接 0.01 μF 电容器再接地，以抑制干扰，起到稳定电阻分压比的作用。

2. 电压比较器

两个电压比较器由集成运算放大器构成。6 脚为高电平触发端，即比较器 N1 的反相输入端，当 $u_{i1} > \frac{2}{3}V_{CC}$ 时，比较器 N1 输出低电平，否则输出高电平。2 脚为低电平触发端，即比较器 N2 的同相输入端，当 $u_{i2} < \frac{1}{3}V_{CC}$ 时，比较器 N2 输出低电平，否则输出高电平。

3. 基本 RS 触发器

基本 RS 触发器由两个与非门构成。它的状态由两个比较器的输出控制，根据基本 RS

触发器的工作原理，就可以决定触发器的输出状态。

4 脚为直接复位端，当 $\overline{R}_D=0$ 时，输出为0。正常工作时应使 $\overline{R}_D$ 为高电平，可与 V_{CC} 相连接。

4. 放电管

放电管 VT 是集电极开路三极管，当输出为 0 时，VT 导通；当输出为 1 时，VT 截止。

5. 缓冲器

缓冲器由反相器构成，用于提高电路的带负载能力。

二、逻辑功能

1. 直接复位功能

只要 $\overline{R}_D$ 端加低电平，输出即为0，实现直接复位。

2. 复位功能

当6 脚 $u_{i1}>\frac{2}{3}V_{CC}$、2 脚 $u_{i2}>\frac{1}{3}V_{CC}$ 时，$\overline{R}=0$，$\overline{S}=1$，基本 RS 触发器被置0，输出为0，实现复位功能。

3. 置位功能

当 $u_{i1}<\frac{2}{3}V_{CC}$、$u_{i2}<\frac{1}{3}V_{CC}$ 时，$\overline{R}=1$，$\overline{S}=0$，基本 RS 触发器被置1，输出为1，实现置位功能。

若 $u_{i1}>\frac{2}{3}V_{CC}$、$u_{i2}<\frac{1}{3}V_{CC}$ 时，$\overline{R}=\overline{S}=0$，基本 RS 触发器 $Q=\overline{Q}=1$，输出为1，实现置位功能。

4. 保持功能

当 $u_{i1}<\frac{2}{3}V_{CC}$、$u_{i2}>\frac{1}{3}V_{CC}$ 时，$\overline{R}=\overline{S}=1$，基本 RS 触发器状态保持不变，放电管和输出状态也保持不变，实现保持功能。

由以上分析可知，555 时基电路可实现**直接复位、复位、置位、保持** 4 种功能。其控制端的**优先控制顺序**为：直接复位端 $\overline{R}_D$、低电平触发端 $\overline{TR}$、高电平触发端 TH。555 时基电路的逻辑功能表见表 4-2。

表 4-2　555 时基电路的逻辑功能表

输入			比较器输出	输出		功能
直接复位端 $\overline{R}_D$ 4 脚	高电平触发端 TH 6 脚	低电平触发端 $\overline{TR}$ 2 脚	$\overline{R}$　$\overline{S}$	输出端 3 脚	放电端 7 脚	
0	×	×	×　×	0	导通	直接复位
1	$>\frac{2}{3}V_{CC}$	$>\frac{1}{3}V_{CC}$	0　1	0	导通	复位
1	$<\frac{2}{3}V_{CC}$	$>\frac{1}{3}V_{CC}$	1　1	不变	不变	保持
1	$<\frac{2}{3}V_{CC}$	$<\frac{1}{3}V_{CC}$	1　0	1	截止	置位
1	$>\frac{2}{3}V_{CC}$	$<\frac{1}{3}V_{CC}$	0　0	1	截止	置位

无论高电平触发端 u_{i1} 为何值，只要满足低电平触发端 $u_{i2} < \frac{1}{3}V_{CC}$，即可实现置位功能。

三、器件类型

555 时基电路有 TTL 型和 CMOS 型两类。

TTL 型单时基电路国产型号有 5G555、FX555 等，国外型号有 NE555、SE555、MC555 等。CMOS 型单时基电路国产型号有 CC555、CH555T、A555 等。

555 双时基电路是在同一块芯片上制作有两个 555 时基电路。TTL 型双时基电路的型号一般是后三位用数字 556 表示，如 SE556、RC556 等；CMOS 型双时基电路的型号一般是后四位用数字 7556 表示，如 CC7556、ICM7556 等，双时基电路的实物图和引脚排列，如图 4-5 所示。

a)

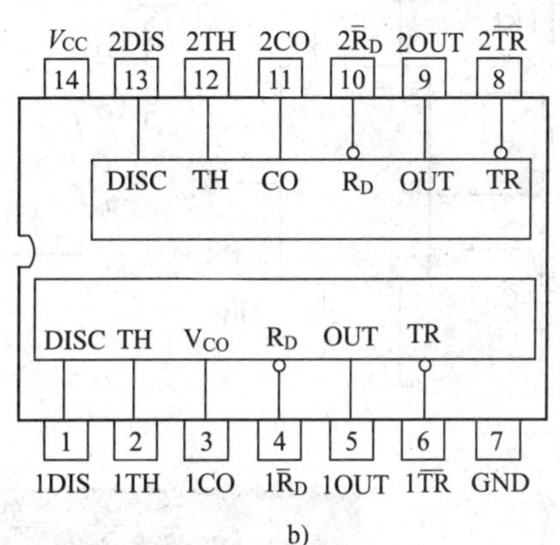

b)

图 4-5 双时基电路实物图和引脚排列

a）实物图 b）引脚排列

不同公司生产的 TTL 和 CMOS 两种类型的 555 时基电路一般其内部结构、引脚排列、逻辑功能等都是基本相同的，只是由于内部所用三极管不同，两种类型的 555 时基电路的工作电压和工作电流会有所区别，其比较见表 4-3。

表 4-3　TTL 和 CMOS 时基电路的比较

项目	TTL	CMOS
单 555 型号最后几位数码	555	7555
双 555 型号最后几位数码	556	7556
优点	带负载能力强	低功耗、高输入阻抗
电源电压范围/V	5 ~ 16	3 ~ 18
最大输出电流/mA	200	4

§4—2 多谐振荡器

多谐振荡器是一种常用的脉冲波形发生器，在接通电源后，它不需要外加信号就能产生一定频率和幅度的矩形波。因该矩形波中含有多种谐波成分，故称**多谐振荡器**。它是一种**无稳态**电路，只有两个**暂稳态**，电路在通电后就在这两个暂稳态之间来回转换。

一、用 555 时基电路构成的多谐振荡器

1. 电路组成

该多谐振荡器的电路如图 4－6 所示。图中 R1、R2、C 为外接**定时元件**。两个触发端 2 脚$\overline{\mathrm{TR}}$和 6 脚 TH 连接在一起，取电容电压为触发信号。C′为旁路电容，防止干扰信号。

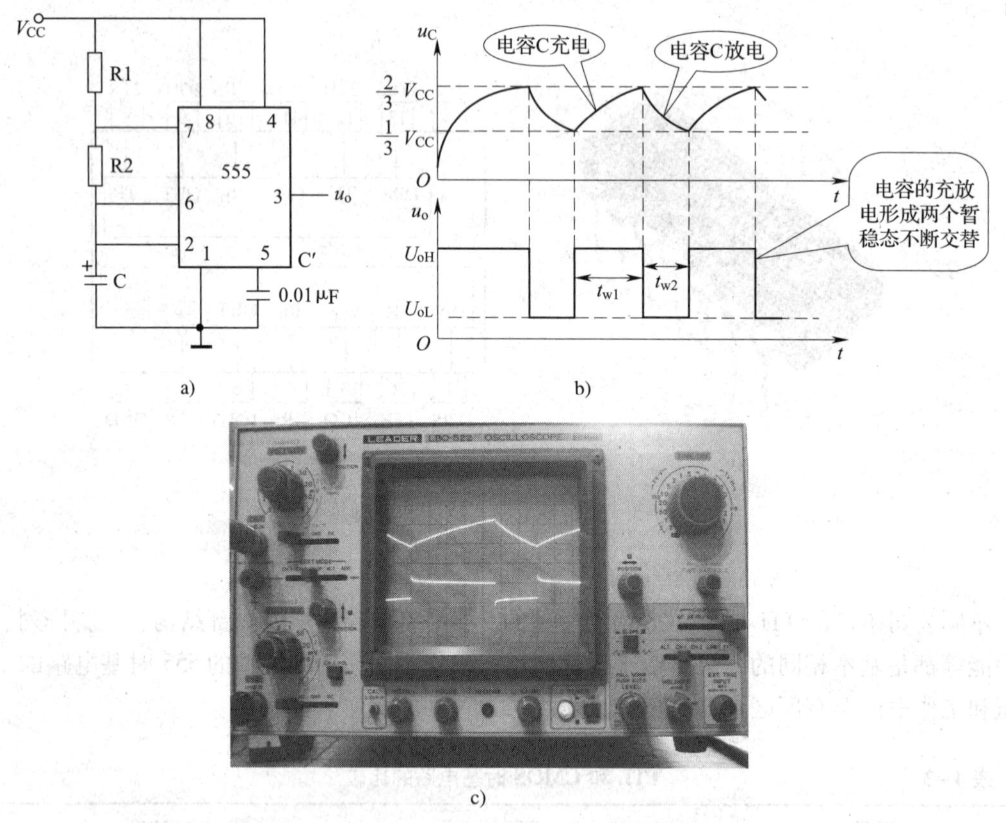

图 4－6 用 555 时基电路构成的多谐振荡器

a）电路图 b）工作波形 c）实测波形

2. 工作过程

刚接通电源瞬间，电容 C 两端电压 $u_C=0$，因为 $u_C<\frac{1}{3}V_{CC}$，所以 555 时基电路实现置位功能，输出 u_o 为高电平，内部放电管截止。

V_{CC}通过 R1、R2 对电容 C 充电，使 u_C 按指数规律上升。当 u_C 上升到 $\frac{2}{3}V_{CC}$ 时，电路状态翻转，输出低电平，电容 C 通过内部放电管放电，u_C 随之下降；当下降到 $\frac{1}{3}V_{CC}$ 时，电路又实现置位功能。如此反复循环，输出矩形脉冲，其工作波形如图 4-6b 所示。

3. 振荡周期

当电容 C 充电时，电路处于**第一暂稳态**，持续时间为 t_{w1}；电容 C 放电时，电路处于**第二暂稳态**，持续时间为 t_{w2}；电路一旦起振后，电压 u_C 便总在 $\left(\frac{1}{3} \sim \frac{2}{3}\right)V_{CC}$之间变化，由理论推导持续时间可得：

$$t_{w1}=0.7\ (R_1+R_2)\ C$$

$$t_{w2}=0.7R_2C$$

该电路振荡周期的大小为：

$$T=t_{w1}+t_{w2}=0.7\ (R_1+R_2)\ C+0.7R_2C=0.7\ (R_1+2R_2)\ C$$

显然，改变 R_1、R_2 和 C，即可改变振荡频率。也可在电压控制端 5 脚外接电压，通过改变触发电平，从而改变振荡频率。

二、占空比可调的多谐振荡器

占空比是指脉冲宽度与脉冲周期之比，在图 4-6 所示电路中，设占空比为 D，则有：

$$D=\frac{t_{w1}}{t_{w1}+t_{w2}}=\frac{R_1+R_2}{R_1+2R_2}$$

显然，该电路输出的脉冲波形不仅难以对称，而且占空比 D 也无法调节。在实际应用电路中常常需要调节占空比，将图 4-6 所示电路稍加改动，就可以得到占空比可调的多谐振荡器，如图 4-7 所示。

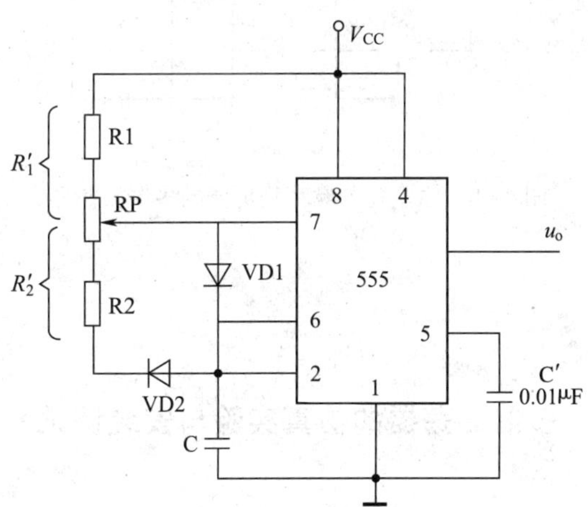

图 4-7　占空比可调的振荡器

该电路利用二极管的单向导电性，把电容 C 的充放电回路隔离开来，同时还增加了一个电位器 RP。运用与上面相同的分析方法，可得持续时间为：

$$t_{w1}=0.7R_1'C$$

$$t_{w2} = 0.7R_2'C$$

占空比为：

$$D = \frac{t_{w1}}{t_{w1} + t_{w2}} = \frac{R_1'}{R_1' + R_2'}$$

只要调节电位器 RP，即可方便地调节占空比 D。例如，当 $R_1' = R_2'$时，$D = 0.5$，输出脉冲就是对称的矩形波。

三、占空比与频率均可调的多谐振荡器

该多谐振荡器的电路，如图 4－8 所示。C1 充电电流路径为 V_{CC}→R1→VD1→RP2→RP1→C1→GND；放电电流路径为 C1→RP1→RP2→VD2→R2→VT 放电管。取 $R_1 = R_2$，RP2 调至中心点，则充放电时间基本相等，占空比约为 50%；此时再调节 RP1，仅改变频率，占空比不变。如果 RP2 偏离中心点，再调节 RP1，不仅改变频率，而且对占空比也有影响。因此，当接通电源后，应首先调节 RP1 使频率达到规定值，再调节 RP2，以获得需要的占空比。这时调节 RP2 仅改变占空比，对频率无影响。

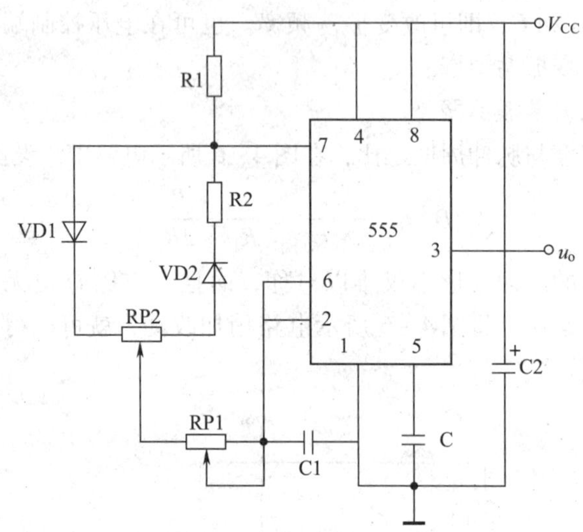

图 4－8　占空比与频率均可调的多谐振荡器

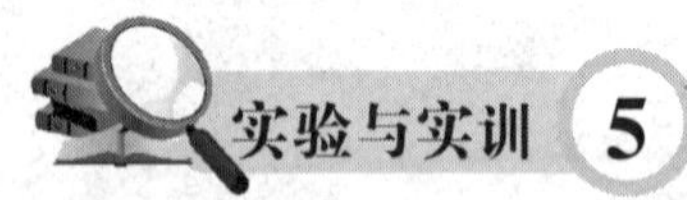

多谐振荡器的仿真实验与安装调试

一、实训目的

1. 会应用 Multisim 软件进行多谐振荡器仿真实验。

2. 掌握使用 555 时基电路构成多谐振荡器的方法。

二、实训器材

1. 安装有 Multisim 仿真软件的计算机。

2. 双踪示波器。
3. 数字频率计。
4. 5 V 直流电源。
5. 实验元器件型号、规格的明细表见表 4-4。

表 4-4　　元器件明细表

代号	名称	规格	代号	名称	规格
R1、R2	电阻器	2×4.7 kΩ	C2	电容器	10 μF
RP1、RP2	电位器	2×100 kΩ	VD1、VD2	二极管	2×1N4001
C0	电容器	0.01 μF	U	时基电路	NE555
C1	电容器	0.1 μF		插座	8 脚

三、实训内容

1. 仿真实验

(1) 用 Multisim 软件搭接图 4-9 所示的多谐振荡器电路。

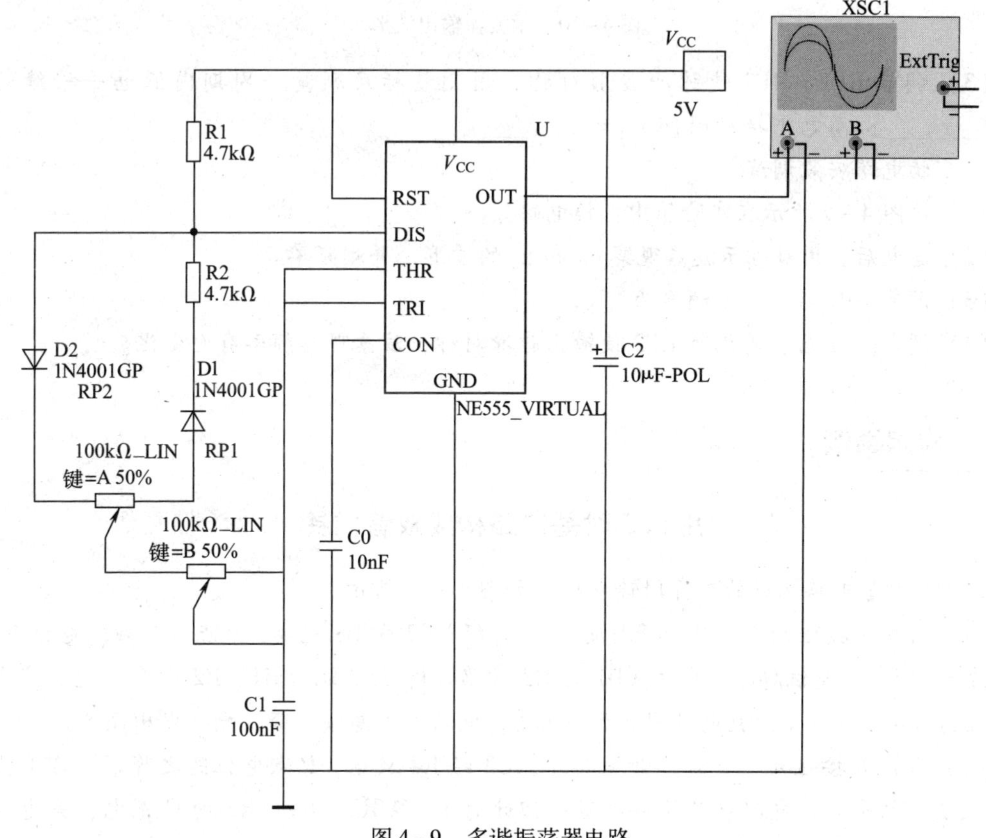

图 4-9　多谐振荡器电路

(2) 按下仿真开关，观察示波器显示的输出波形，其页面如图 4-10 所示。

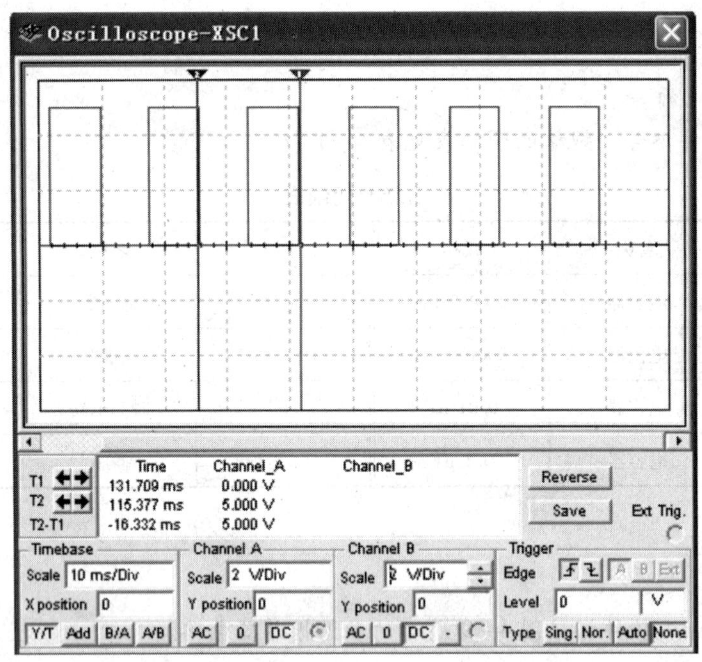

图 4－10　示波器输出波形

（3）调节 RP1、RP2 使脉冲波形对称，用测量标尺测量一周期内低电平持续时间 t_{w1} = ________；高电平持续时间 t_{w2} = ________。

2. 实物电路安装调试

（1）按图 4－9 所示在实验箱中搭接电路。

（2）通电后，用双踪示波器观察 u_C 和 u_o 的波形，并测频率。

（3）调定 RP1 后，测定频率为________。

（4）调定 RP1 后，再调节 RP2 使输出脉冲对称，注意观察频率有无变化。

用 555 时基电路构成双音门铃

用 555 时基电路构成的双音门铃电路，如图 4－11 所示。

（1）当按下按钮开关 S 时，开关闭合，V_{CC} 经 VD2 向 C3 充电，P 点（4 脚）电位升高，并迅速升至 V_{CC}，复位解除。由于 VD1 将 R3 旁路，V_{CC} 经 VD1、R1、R2 向 C 充电，充电时间常数为 $(R_1+R_2)C$，放电时间常数为 R_2C，电路产生高频振荡，喇叭发出高音。

（2）当松开按钮开关 S 时，开关断开，C3 经 R4 放电，P 点电位随之降低，在 P 点电位降至复位电平前，电路继续维持振荡。但此时 V_{CC} 经 R3、R1、R2 向 C 充电，充电时间常数增加为 $(R_3+R_1+R_2)C$，放电时间常数仍为 R_2C，电路产生低频振荡，喇叭发出低音。

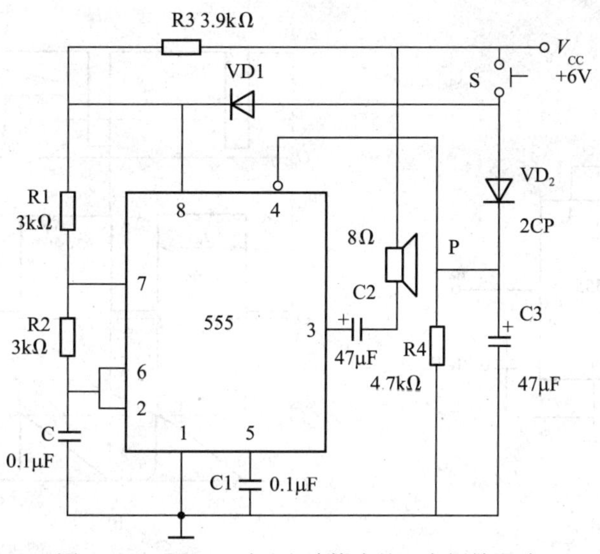

图 4－11　用 555 时基电路构成的双音门铃电路

（3）当电容器 C3 持续放电，使 P 点电位降至 555 的复位电平以下时，电路停止振荡，喇叭停止发音。

§4—3　单稳态触发器

许多建筑物楼梯过道的照明灯都采用触摸式延时开关，当用手触摸开关时，照明灯点亮，持续一段时间后灯自动熄灭，利用单稳态触发器可以实现这一控制功能。

单稳态触发器是指有一个稳态和一个暂稳态的波形变换电路。该电路在外加触发电路的作用下，能够产生一定宽度和幅度的矩形脉冲信号，但这只是一个暂时的稳定状态，经过一段时间又能自动返回稳态。

一、用 555 时基电路构成单稳态触发器

1. 电路组成

该单稳态触发器的电路如图 4－12a 所示，图中 R、C 为定时元件，输出触发信号加在 2 脚 $\overline{\mathrm{TR}}$。

2. 工作过程

（1）稳态

无触发信号时，相当于 2 脚 $\overline{\mathrm{TR}}$ 输入高电平。当接通电源后，V_{CC}通过 R 向 C 充电，当电容电压上升到 $u_C \geqslant \frac{1}{3}V_{CC}$ 时，电路输出低电平，内部放电管（三极管）饱和导通，使 $u_o \approx 0$，输出保持低电平不变，电路处于稳态。

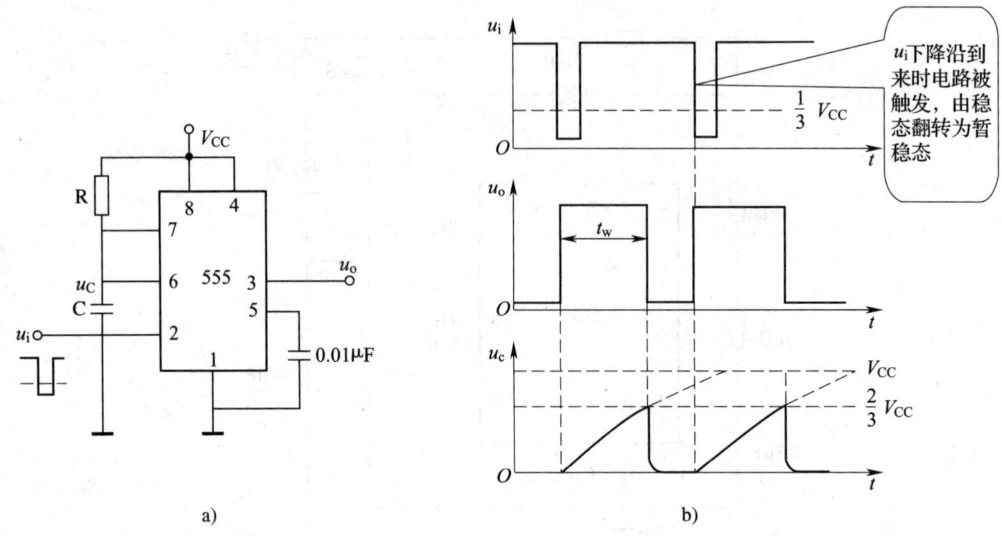

图 4-12　555 时基电路构成的单稳态电路

a）电路图　b）工作波形图

（2）触发进入暂稳态

当输入触发脉冲 u_i 下降沿到来时，由于 $u_i < \frac{1}{3}V_{CC}$，电路状态翻转，输出高电平，内部放电管截止，电路处于暂稳态。

（3）自动返回稳态

在暂稳态期间，V_{CC}通过 R 对电容 C 充电。但电容电压上升到 $u_C \geqslant \frac{2}{3}V_{CC}$ 时，电路又自动返回到触发前的稳态。

该电路的工作波形如图 4-12b 所示。由理论推导可得输出脉冲宽度为：

$$t_w \approx 1.1RC$$

上式说明，单稳态触发器的输出脉冲宽度 t_w 仅取决于定时元件 R、C 的取值，与电压大小和输入触发脉冲宽度无关。

调节 R、C 的取值，即可调节 t_w。如果利用 5 脚 CO 端外接控制电压，则可改变单稳态电路的翻转电平，从而改变 t_w。

为了保证单稳态电路正常工作，外加触发脉冲的幅度应低于$\frac{1}{3}V_{CC}$，脉冲宽度应小于输出脉冲宽度 t_w。

想一想

如果单稳态触发器被触发翻转到暂稳态之后，触发信号一直保持低电平不变，则电路输出将处于何种状态？

二、集成单稳态触发器

集成单稳态触发器有 TTL 和 CMOS 两种类型，按其触发方式不同，可分为**不可重复触发型**和**可重复触发型**两种。两种单稳态触发器的比较见表 4-5。

表 4-5　　两种单稳态触发器的比较

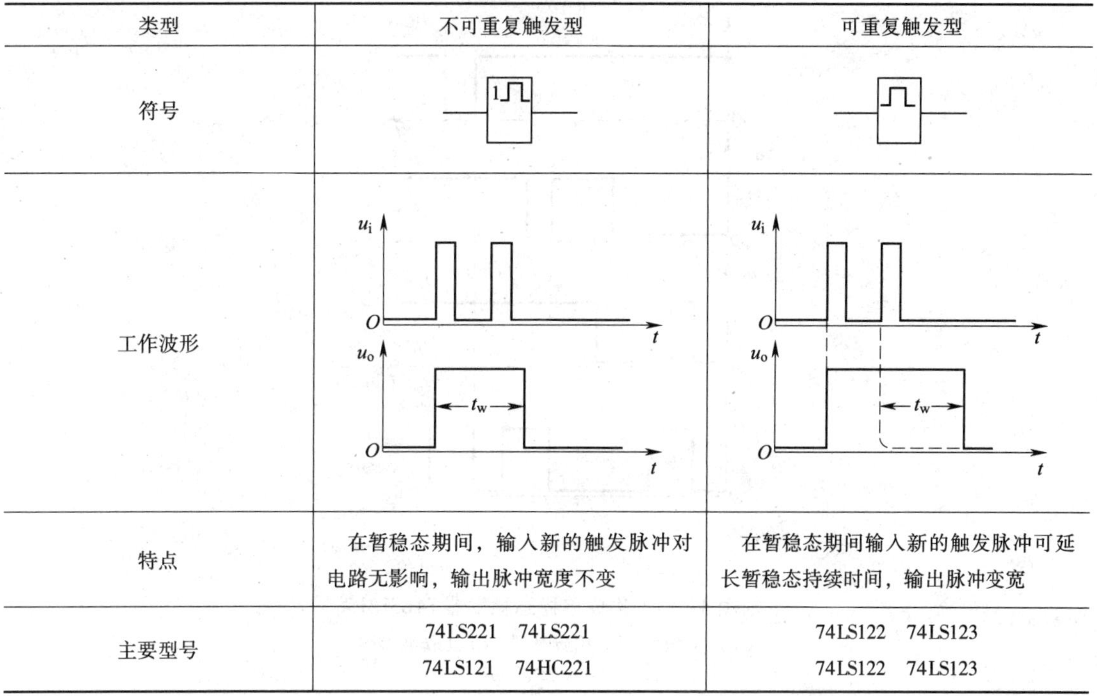

类型	不可重复触发型	可重复触发型
符号	1	
工作波形	u_i, O, t, u_o, O, t, t_W	u_i, O, t, u_o, O, t, t_W
特点	在暂稳态期间，输入新的触发脉冲对电路无影响，输出脉冲宽度不变	在暂稳态期间输入新的触发脉冲可延长暂稳态持续时间，输出脉冲变宽
主要型号	74LS221　74LS221 74LS121　74HC221	74LS122　74LS123 74LS122　74LS123

例如，不可重复触发型 TTL 单稳态触发器 74LS121，其实物图、引脚排列和工作波形图如图 4-13 所示。

74LS121 有下降沿触发和上升沿触发两种触发方式，3 脚 A_1 和 4 脚 A_2 是两个下降沿有效的输入端；5 脚 B 是上升沿有效的信号输入端。6 脚 Q 和 1 脚 $\overline{Q}$ 是两个状态互补的输出端。11 脚 R_{ext}/C_{ext}、10 脚 C_{ext} 是外接定时电阻和定时电容的连接端。外接定时电阻 R_{ext} 可在 1.4～40 kΩ 之间选择，一端接 14 脚 V_{CC}，另一端接 11 脚。外接定时电容可在 10 pF～10 μF 之间选择，一端接 11 脚，另一端接 11 脚。若 C 是电解电容器，应将其正极接 10 脚，负极接 11 脚。74LS121 内部设置有一个 2 kΩ 定时电阻，9 脚 R_{int} 为其引出端，使用时只需将 9 脚和 14 脚相连接即可，不用时应将 9 脚悬空。

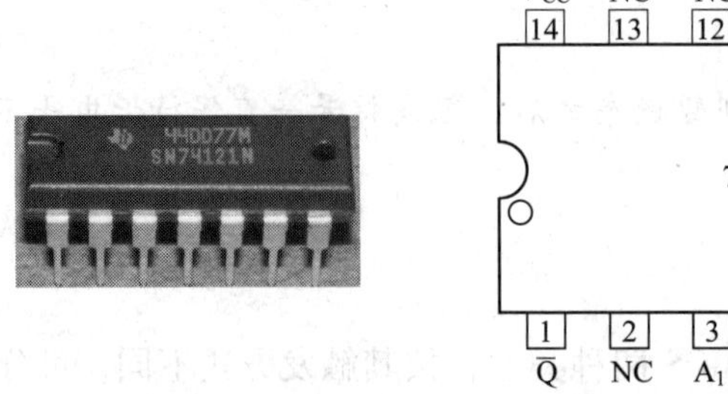

a)　　　　b)

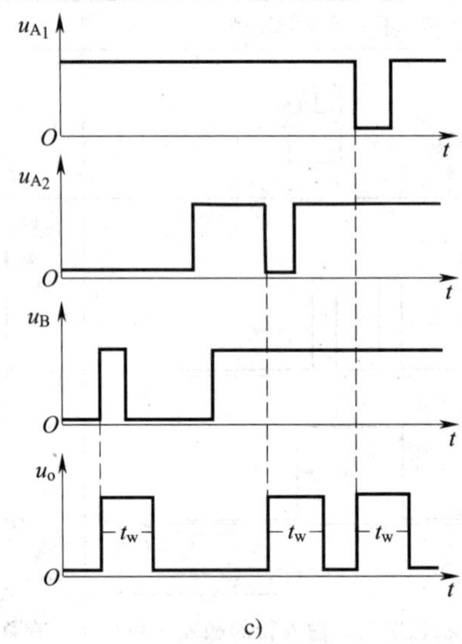

c)

图 4－13　集成单稳态触发器 74LS121

a）实物图　b）引脚排列　c）工作波形图

74LS121 的逻辑功能见表 4－6。

表 4－6　　　　74LS121 的逻辑功能

输入			输出		说明
A_1	A_2	B	Q	$\overline{Q}$	
0	×	1	0	1	稳态
×	0	1	0	1	
×	×	0	0	1	
1	1	×	0	1	

续表

输入			输出		说明
A_1	A_2	B	Q	$\bar{Q}$	
1	↓	1			下降沿触发
↓	1	1			
↓	↓	1			
0	×	↑			上升沿触发
×	0	↑			

74LS121 外接元件的方法如图 4－14 所示。图 4－14a 为使用外部电阻 R_{ext} 且电路为下降沿触发连接方式；图 4－14b 为使用内部电阻 R_{int} 且电路为上升沿触发连接方式。

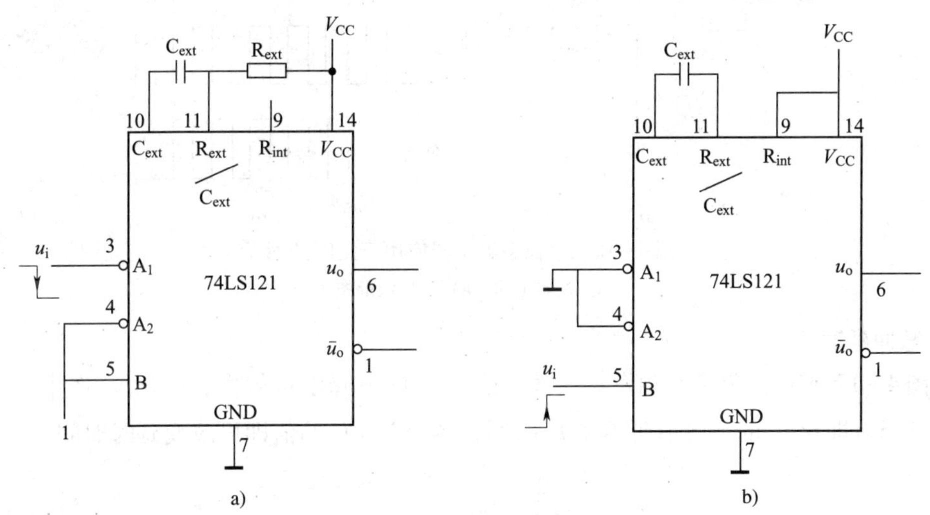

图 4－14　集成单稳态触发器 74LS121 外部元件连接方法

a）使用外部电阻，下降沿触发　b）使用内部电阻，上升沿触发

三、单稳态触发器的应用

单稳态触发器的应用主要有脉冲整形、定时选通和脉冲延时。

1. 脉冲整形

将一列不规则的或因受干扰而变形的脉冲信号加到单稳态触发器的触发输入端，在电路输出端可以得到一组规则的矩形脉冲，如图 4－15 所示。脉冲信号经整形后用于计数电路，可消除杂波干扰，减少计数错误。

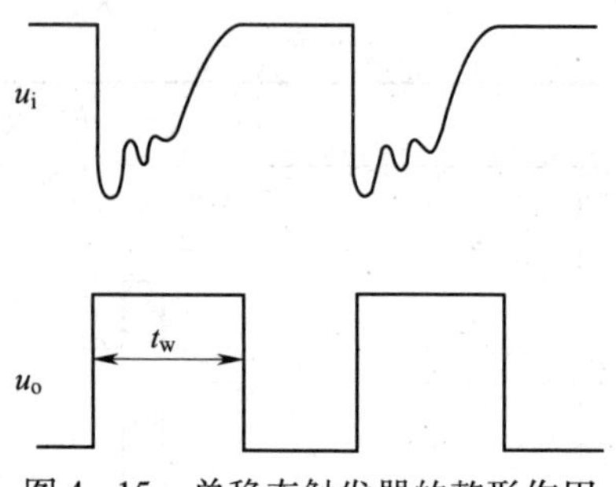

图 4-15　单稳态触发器的整形作用

2. 定时选通

由于单稳态触发器可输出脉宽可调的矩形脉冲，因此可以利用它来做定时电路。例如，在图 4-16 所示电路中，只有在单稳态触发器 u_A 为高电平期间 u_B 才能被选通，这时输出 $u_o = u_B$；而当 u_A 为低电平期间，与门 G2 关闭，u_B 无法通过。与门 G2 开通的时间以及在这段时间内所能通过的脉冲个数完全由单稳态触发器的输出脉宽 t_w 决定。

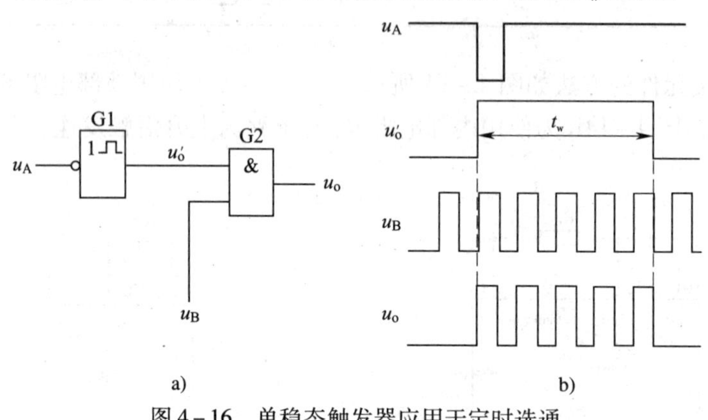

图 4-16　单稳态触发器应用于定时选通

a）逻辑电路　b）工作波形图

3. 脉冲延时

如图 4-17 所示，单稳态触发器在输入信号 u_i 的下降沿被触发，输出 u_o 产生一个正脉冲，其下降沿即比 u_i 的下降沿延迟了 t_w 时间，调节 R、C 的值即可改变延时时间。

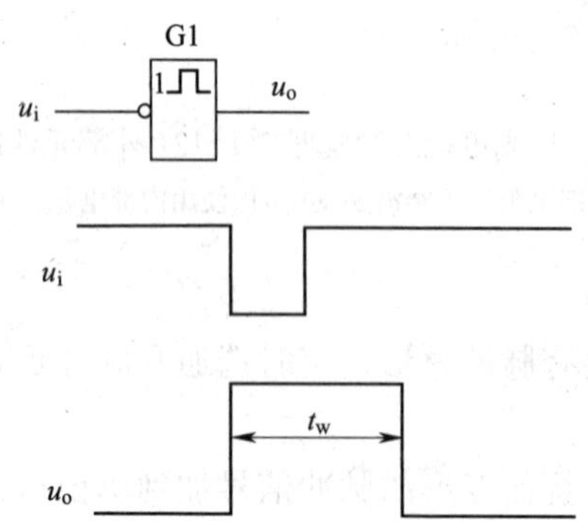

图 4-17　单稳态触发器的脉冲延时作用

练一练

单稳态触发器的定时作用可用于自动熄灭照明灯、控制数码相机的延时自动拍照等。图 4－18 所示为某定时照明电路图。试简述其工作原理，并估算定时时间的调节范围。

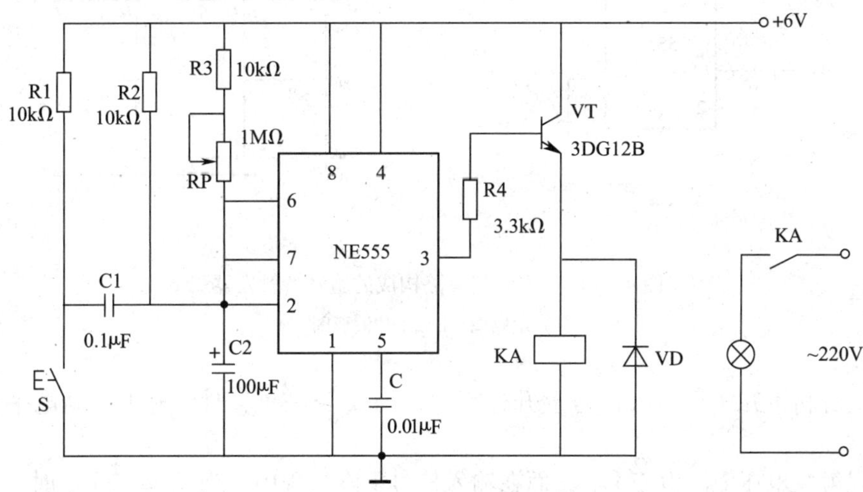

图 4－18　某定时照明电路图

§4—4　施密特触发器

施密特触发器是一种靠输入触发信号维持的双稳态触发器。该电路具有两个稳态，当输入触发信号升高至上限触发电压 U_{T+} 时，电路由第一暂稳态翻转到第二暂稳态；当输入触发信号降低至下限触发电压 U_{T-} 时，电路就由第二稳态返回第一稳态。

一、用 555 时基电路构成施密特触发器

把 555 时基电路的 2 脚 $\overline{TR}$ 和 6 脚 TH 相连作为触发信号输入端，即可构成施密特触发器，如图 4－19a 所示。当 u_i 为三角波时，施密特电路的工作波形如图 4－19b 所示。

1. 当 $u_i < \frac{1}{3}V_{CC}$ 时，输出为高电平，当 $\frac{1}{3}V_{CC} < u_i < \frac{2}{3}V_{CC}$ 时，输出状态保持不变，仍为高电平。

2. 当 $u_i \geqslant \frac{2}{3}V_{CC}$ 时（即 t_1时刻），电路翻转，输出为低电平，电路处于第二稳态；u_i 上升到峰值后开始下降，当 $u_i > \frac{1}{3}V_{CC}$ 时，电路仍然保持该稳态。

3. 当输入信号下降到 $u_i \leqslant \frac{1}{3}V_{CC}$ 时（即 t_2时刻），电路再次翻转，输出高电平，电路就

由第二稳态返回第一稳态。

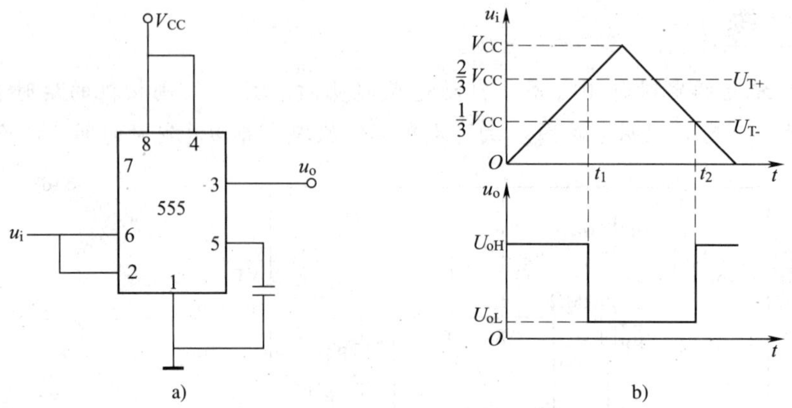

图 4－19　555 时基电路构成的施密特触发器

a）电路图　b）工作波形图

由以上分析可知，在输入信号上升过程中，当 $u_i \geqslant \frac{2}{3}V_{CC}$ 时，输出由高电平变为低电平，即上限触发电压 U_{T+} 为 $\frac{2}{3}V_{CC}$；而在输入信号下降过程中，当 $u_i \leqslant \frac{1}{3}V_{CC}$ 时，输出由低电平变为高电平，即下限触发电压 U_{T-} 为 $\frac{1}{3}V_{CC}$。这两个触发电压是不相等的，两者之间称为**回差电压**，也称**滞回电压**，其值为：

$$\Delta U_T = U_{T+} - U_{T-} = \frac{2}{3}V_{CC} - \frac{1}{3}V_{CC} = \frac{1}{3}V_{CC}$$

若在 5 脚 CO 端外接直流电压，则可改变回差电压的大小。设外加电压为 U_S，则有：

$$\Delta U_T = U_{T+} - U_{T-} = U_S - \frac{1}{2}U_S = \frac{1}{2}U_S$$

施密特触发器的电压传输特性和逻辑符号，如图 4－20 所示。

显然，施密特触发器的回差特性意味着输入电压在回差电压 ΔU_T 范围内变化对输出无影响，因此可有效抑制输入端噪声电压所引起的误触发，提高电路的抗干扰能力。

二、集成施密特触发器

集成施密特触发器主要有 TTL 和 CMOS 两类，按其功能又可分为施密特与非门和施密特反相器。

图 4－21 所示为施密特与非门 74LS132 的引脚排列。其逻辑功能与普通与非门相似，差别在于开启电平和关闭电平不相同。

图 4－22 所示为 CMOS 六施密特反相器 CC40106 引脚排列，其逻辑功能与普通反相器相似，差别在于施密特反相器的高、低触发电平不相同。用施密特触发器构成的反相器即使输入信号变化缓慢，电路仍然能输出很好的矩形波，而且带负载能力较强。CC40106 主要参数见表 4－7。

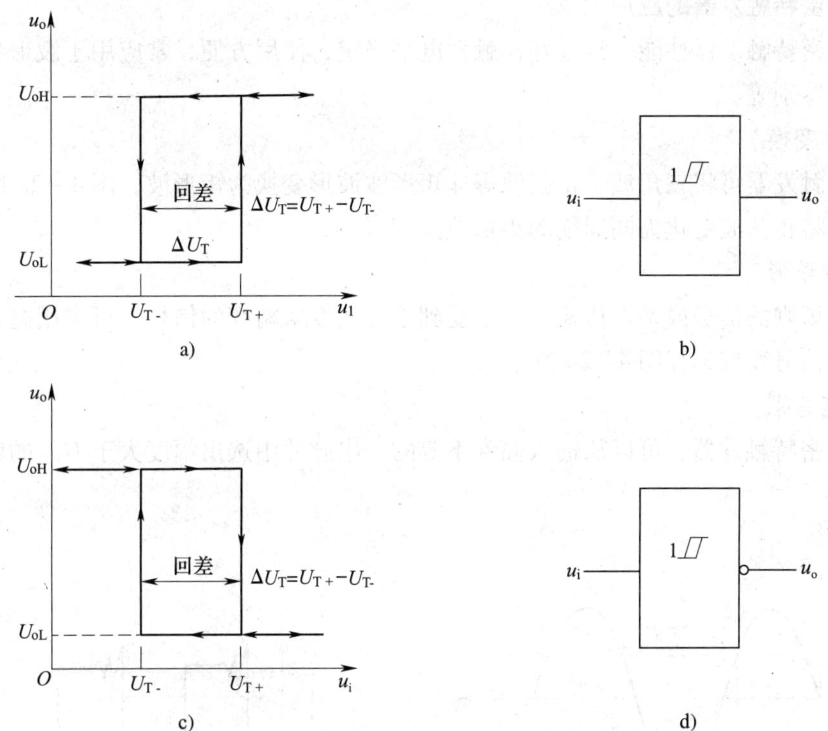

图 4-20　施密特触发器的回差特性和逻辑符号

a）同相输出的回差特性　b）同相输出的逻辑符号　c）反相输出的回差特性　d）反相输出的逻辑符号

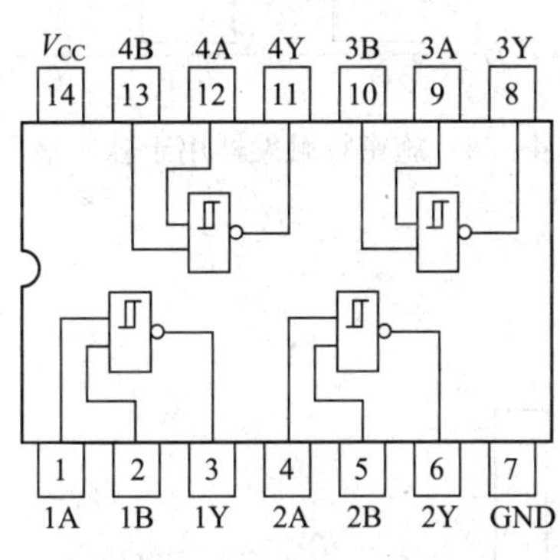

图 4-21　74LS132 引脚排列

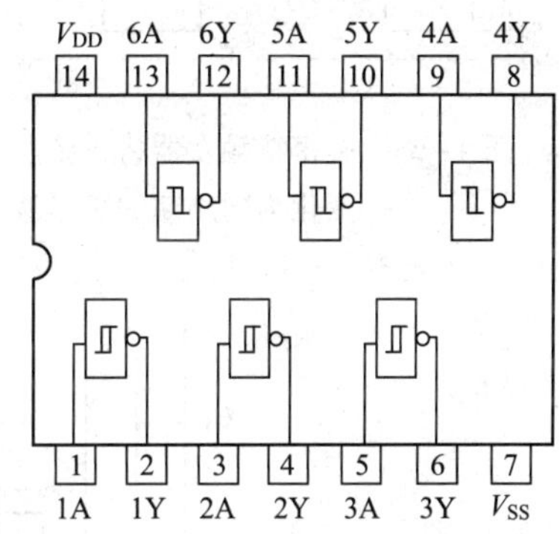

图 4-22　CC40106 引脚排列

表 4-7　　CC40106 主要参数

电源/V	上限触发电压 U_{T+} /V	下限触发电压 U_{T-} /V	回差电压 ΔU_T /V
5	2.2 ~ 3.6	0.9 ~ 2.8	0 ~ 1.6
10	4.6 ~ 7.1	2.5 ~ 5.2	1.2 ~ 3.4
15	7.8 ~ 10.8	4 ~ 7.4	1.6 ~ 5

三、施密特触发器的应用

集成施密特触发器性能一致性好，触发电平稳定，使用方便，常应用于波形变换、脉冲整形、幅度鉴别等。

1. 波形变换

施密特触发器可将三角波、正弦波等非矩形波波形变换为矩形波，图 4－23 所示为用施密特触发器将正弦波变化为同周期的矩形波。

2. 脉冲整形

对于不规则的信号或是在传输过程中受到干扰而发生畸变的信号，可应用施密特触发器来整形，使信号变好，如图 4－24 所示。

3. 幅度鉴别

利用施密特触发器，可以从输入幅度不等的一串脉冲中选出幅度大于 U_{T+} 的脉冲，如图 4－25 所示。

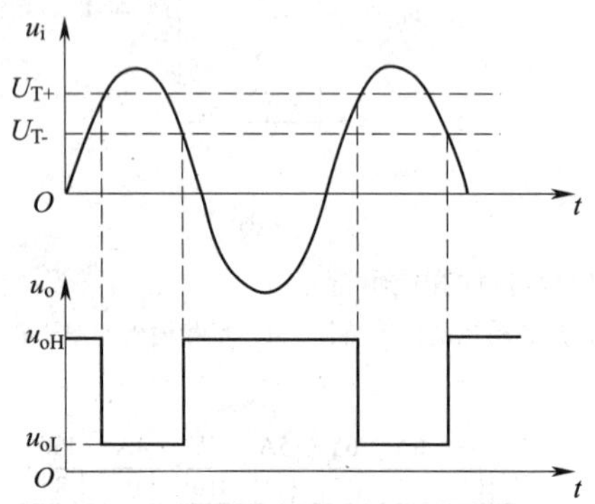

图 4－23 施密特触发器将正弦波变化为同周期的矩形波

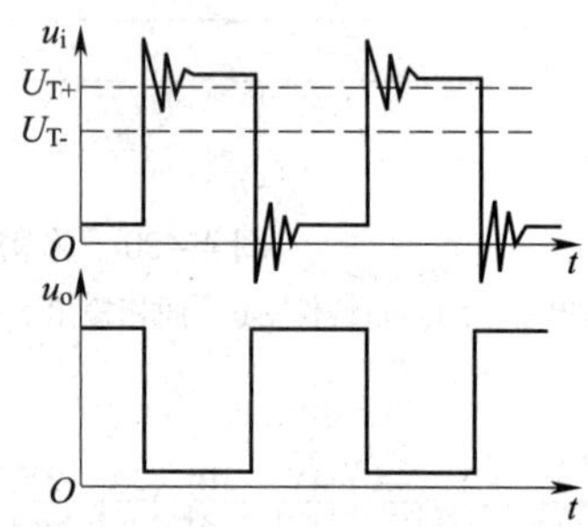

图 4－24 施密特触发器用于脉冲整形

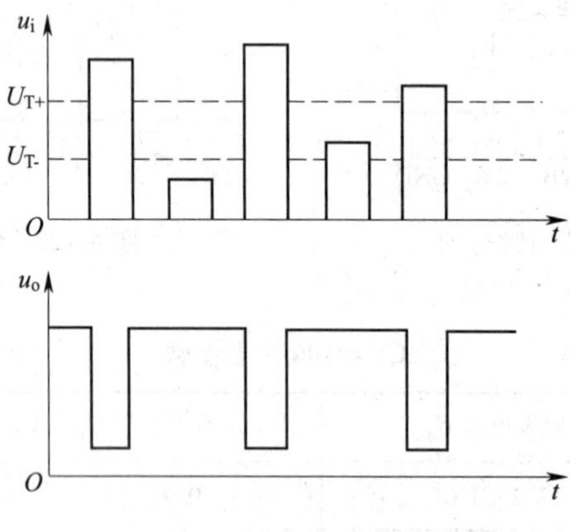

图 4－25 脉冲幅度鉴别

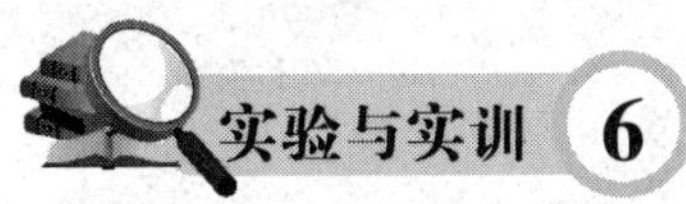

用555时基电路构成施密特触发器

一、实训目的

1. 熟悉施密特触发器的电路特点和逻辑功能。

2. 会用555时基电路构成施密特触发器。

3. 会用示波器观测施密特触发器的电压传输特性。

二、实训电路

施密特触发器的电路如图4-26所示。

输入信号 u_s 为正弦波，二极管VD和电阻R构成半波整流电路。输入信号正半周通过二极管VD同时加到555时基电路的2、6脚，得到半波整流波形 u_i。当 u_i 上升到 $\frac{2}{3}V_{CC}$ 时，u_o 从高电平翻转到低电平；当 u_i 下降到 $\frac{1}{3}V_{CC}$ 时，u_o 又从低电平翻转为高电平。该电路的波形变换如图4-27所示，图4-28所示为示波器实测波形。

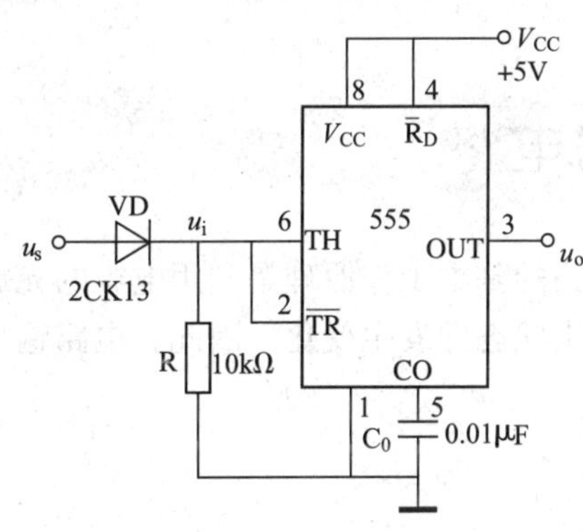

图4-26　施密特触发器电路图

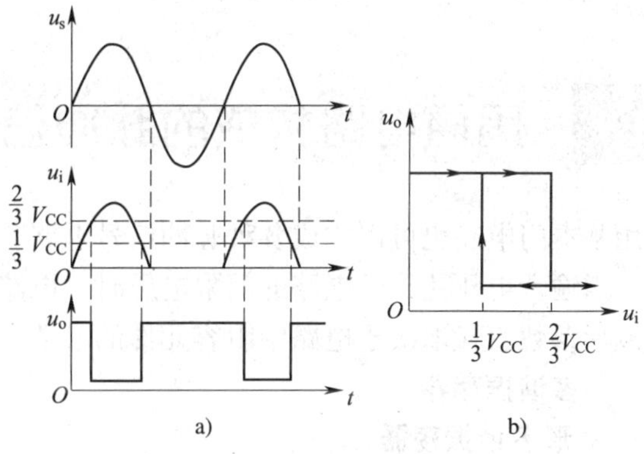

图4-27　波形变换图和电压传输特性

a）波形变换　b）电压传输特性

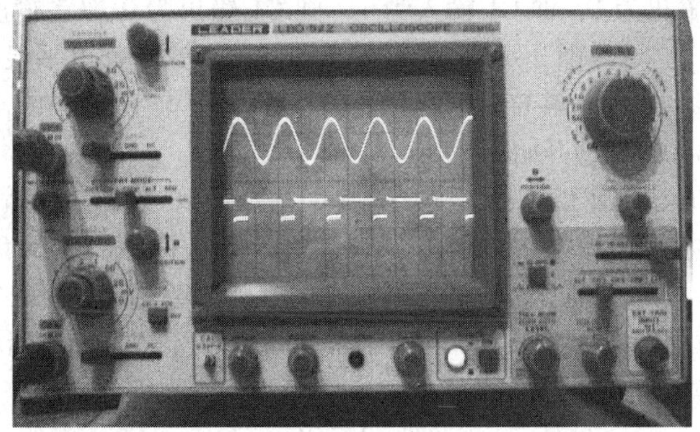

图4-28　示波器实测波形

三、实训器材

1. 直流电源。

2. 音频信号源。

3. 双踪示波器。

4. 实验元器件的型号和规格见表 4－8。

表 4－8　　元器件明细表

代号	名称	规格	代号	名称	规格
U	时基电路	NE555	VD	二极管	2CK13
R	电阻器	10 kΩ		插座	8 脚
C_0	电容器	0.01 μF			

四、实训内容

1. 按图 4－26 所示连接实验电路。

2. 接通电源，输入 1 kHz 交流信号，并逐渐加大信号幅度，用示波器观测输入、输出信号波形。

3. 用示波器观测电压传输特性，并画出电压传输特性曲线。

4. 计算回差电压 ΔU_T 值为________V，实测值为________V。

§4—5 用门电路构成的脉冲信号电路

用基本门电路也可以构成各种脉冲信号电路。电路的基本工作原理是利用电容的充放电特性，当输入电压达到门电路的门限电压时，电路输出状态即发生变化。因此，电路输出的脉冲波形参数直接取决于电路中阻容元件的参数。

一、多谐振荡器

1. 环形多谐振荡器

环形多谐振荡器的电路如图 4－29a 所示。它由三级反相器首尾相连而成，故称**环形振荡器**。图中 R 和 C 组成延时环节，R1 为限流电阻。

设通电瞬间 G3 输出为 1，即 G1 输入为 1，则 G1 输出为 0，G2 输出为 1。由于电容 C 电压不能突变，故 u_{i3} 必定跟随 u_{i2}（即 u_{o1}）发生负跳变。这个低电平保持 G3 输出为 1，电路处于第一暂稳态。u_{o2} 通过电阻 R 对电容 C 充电，使 u_{i3} 逐渐上升，在 t_1 时刻，G3 由 1 变 0。第一暂稳态结束，第二暂稳态开始。

G3 输出由 1 变 0，即 G1 输入由 1 变 0，则 G1 输出由 0 变 1，G2 输出由 1 变 0。同样，由于电容电压不能突变，u_{i3} 跟随 u_{i2} 发生正跳变。这个高电平保持 G3 为 0。u_{o1}（u_{i2}）对电容 C 进行反充电（即 C 放电），使 u_{i3} 逐渐下降，在 t_2 时刻，G3 由 0 变 1，第二个暂稳态结束，电路又返回第一个暂稳态。如此反复循环，输出矩形脉冲，其工作波形如图 4－29b 所示。经理论推导，可得其振荡周期为：

$$T = 2.2RC$$

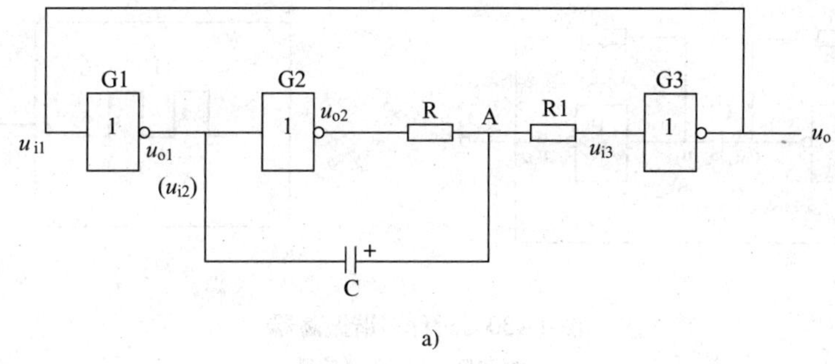

a)

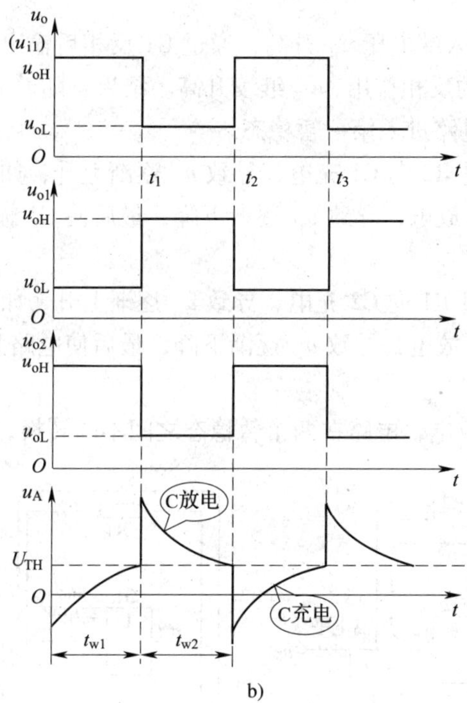

b)

图 4－29　RC 环形多谐振荡器

a）电路图　b）工作波形图

2. RC 耦合多谐振荡器

RC 耦合多谐振荡器的电路如图 4－30 所示。图中非门 G1、G2 连接成阻容耦合正反馈电路。电路中 R 的阻值要恰好使非门内的三极管工作于放大区，对于 TTL 电路，一般取 0.7～2 kΩ。

接通电源后，由于非门 G1、G2 存在差异，设 G2 输出电压 u_{o2} 高于 G2 输出电压 u_{o1}，从而引起下列正反馈过程：

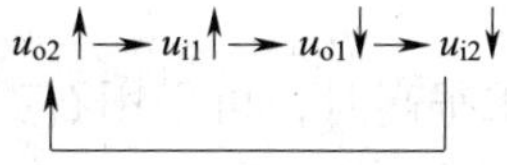

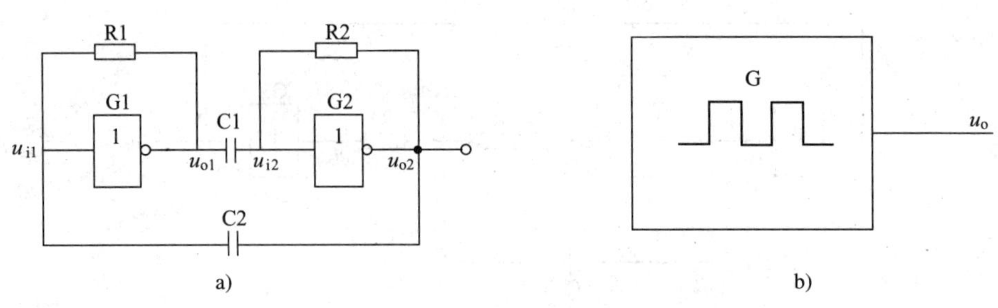

图 4-30 对称多谐振荡器

a）电路图 b）逻辑符号

u_{o2} 通过 C2 的耦合使输入端电压 u_{i1} 升高，通过 G1 反相后输出电压 u_{o1} 下降，u_{o1} 经电容 C1 耦合使 u_{i2} 降低，经 G2 的反相作用，u_{o2} 继续升高。结果是随着 u_{o2} 进一步升高，G1 输出低电平，G2 输出高电平，电路进入第一暂稳态。

G2 输出高电平时，通过 R2 向 C1 充电，导致 u_{i2} 逐渐上升，如图 4-31a 所示。G1 输出低电平时，电容 C2 通过 R1 放电，导致 u_{i1} 逐渐下降，最后使 G1 输出高电平，G2 输出低电平，电路进入第二暂稳态。

G1 输出高电平时，通过 R1 向 C2 充电，导致 u_{i1} 逐渐上升，如图 4-31b 所示；G2 输出低电平时，电容 C1 通过 R2 放电，导致 u_{i2} 逐渐下降，最后使电路又从第二暂稳态返回第一暂稳态。

此后，C1、C2 不断充放电，电路在两个暂稳态之间不断转换，形成矩形脉冲输出。

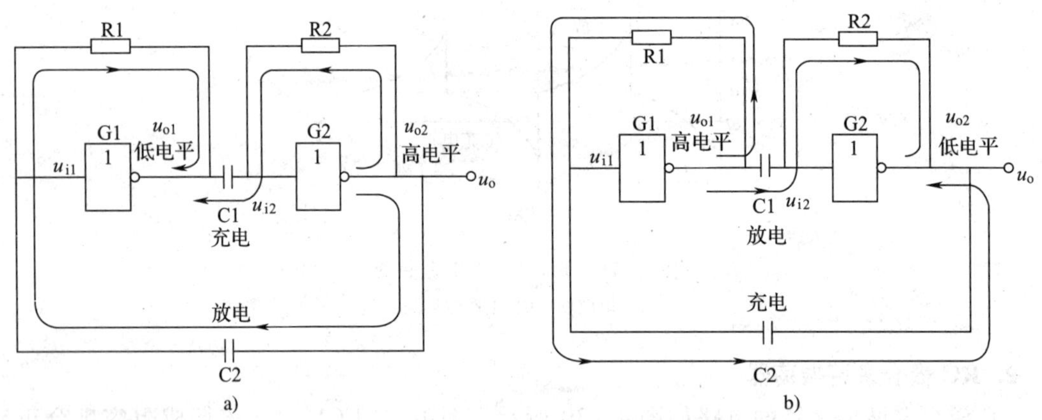

图 4-31 多谐振荡器电容的充放电

a）C1 充电、C2 放电 b）C1 放电、C2 充电

图 4-32 所示为 RC 耦合电路多谐振荡器的工作波形。输出矩形脉冲的周期由电容充、放电的时间常数决定，当 $R_1=R_2=R$、$C_1=C_2=C$ 时，振荡周期为 $T\approx1.4RC$。

3. 石英晶体多谐振荡器

当对多谐振荡器频率稳定性要求很高时，可采用石英晶体与门电路构成多谐振荡器。石英晶体的实物图、结构和图形符号如图 4-33 所示，其等效电路和频率特性如图 4-34 所示。

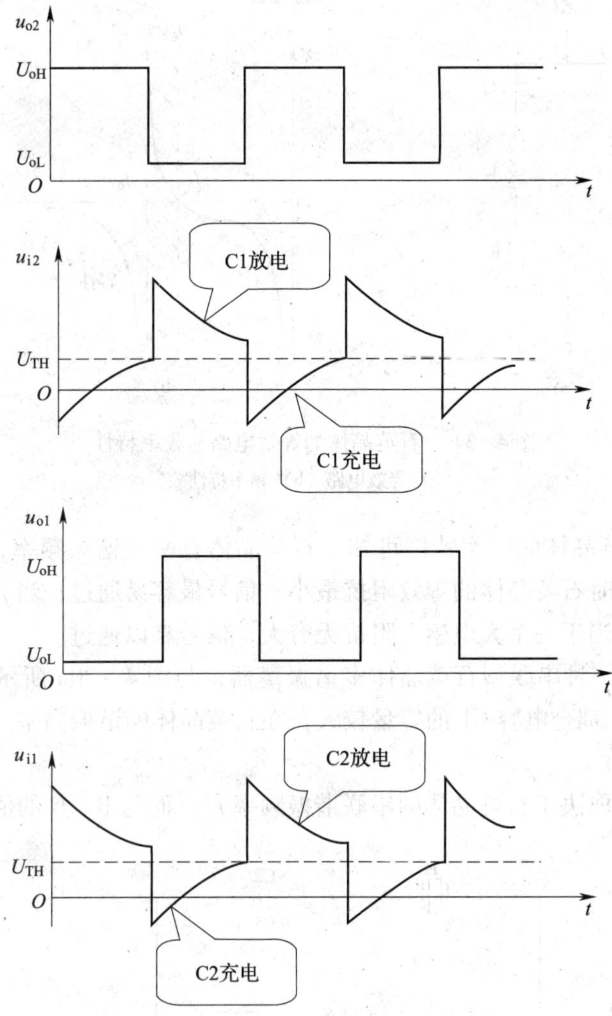

图 4－32　RC 耦合对称多谐振荡器工作波形

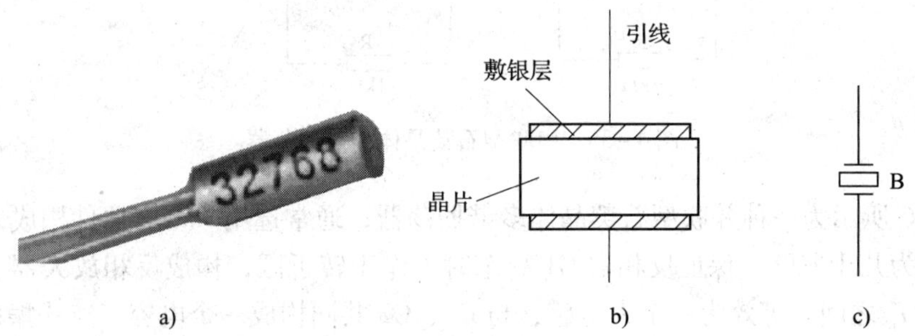

图 4－33　石英晶体多谐振荡器图形

a）实物图　b）结构　c）符号

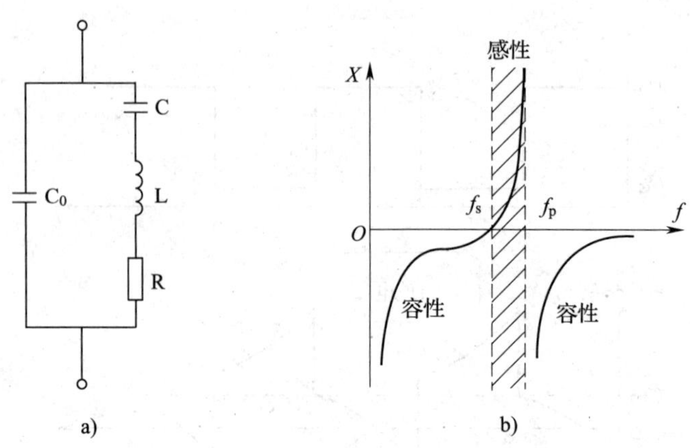

图 4－34　石英晶体的等效电路和频率特性

a）等效电路　b）频率特性

由图 4－34b 石英晶体的频率特性可知，石英晶体有两个谐振频率，当信号频率 $f=f_s$ 时，为串联谐振，此时石英晶体的等效阻抗最小，信号最容易通过；当 $f=f_p$ 时，为并联谐振，此时石英晶体相当于一个大电感，阻抗无穷大，信号难以通过。

图 4－35 所示为一种串联型石英晶体多谐振荡器，与图 4－30a 所示电路相比，只是用石英晶体取代了 C2。耦合电容 C1 的容量较大，在石英晶体的谐振频率 f_s 下，其阻抗可以忽略不计，可视为短路。

电路的谐振频率取决于石英晶体的串联谐振频率 f_s，而与 R、C 的值无关。

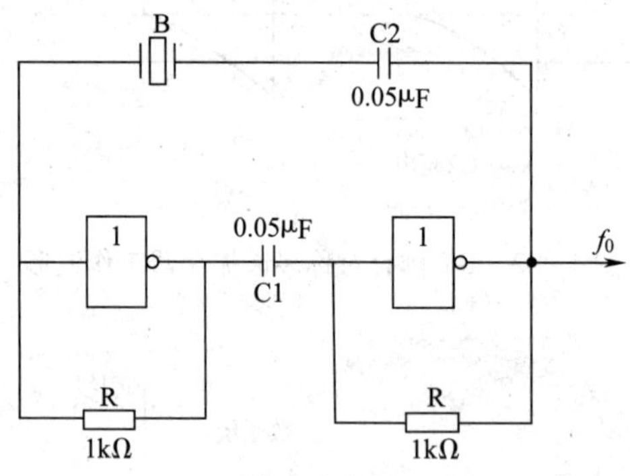

图 4－35　串联型石英晶体多谐振荡器

图 4－36 所示为一种并联型石英晶体多谐振荡器，通常选用 CMOS 器件构成，R_F 是反馈电阻，取值为几十兆欧，保证反相器 G1 静态时工作于转折区，构成反相放大器。石英晶体工作于 $f_s \sim f_p$ 之间，等效为一个大电感，与 C1、C2 共同构成一个电容三点式振荡电路。反相器 G2 起放大、整形和隔离缓冲作用。R 起稳定振荡作用，通常取几至几百千欧。C1 是频率微调电容器，C2 用于稳定频率校正。该振荡电路常用于电子钟表或为计算机提供时钟信号。

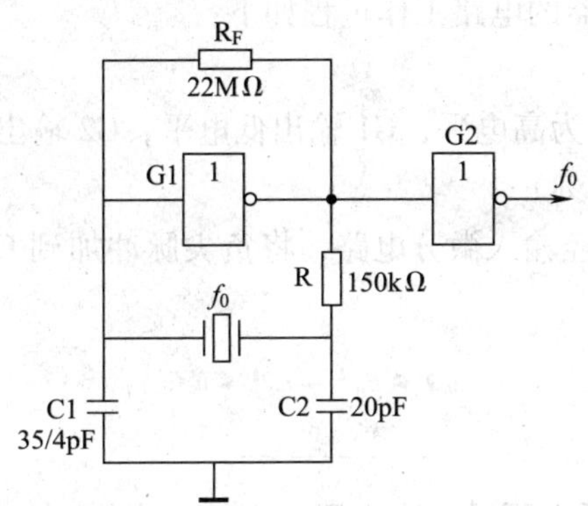

图 4-36　并联型石英晶体多谐振荡器

二、单稳态触发器

1. 微分型单稳态触发器

图 4-37a 所示为用与非门构成的 TTL 微分型单稳态触发器。图中 G1 和 G2 之间采用 RC 微分电路耦合，故称**微分型单稳态触发器**，电路采用负脉冲触发。R1、C1 构成输入端微分隔直电路。如果输入脉冲宽度较小，则输入端可省去该微分电路。电路工作波形如图 4-37b 所示。

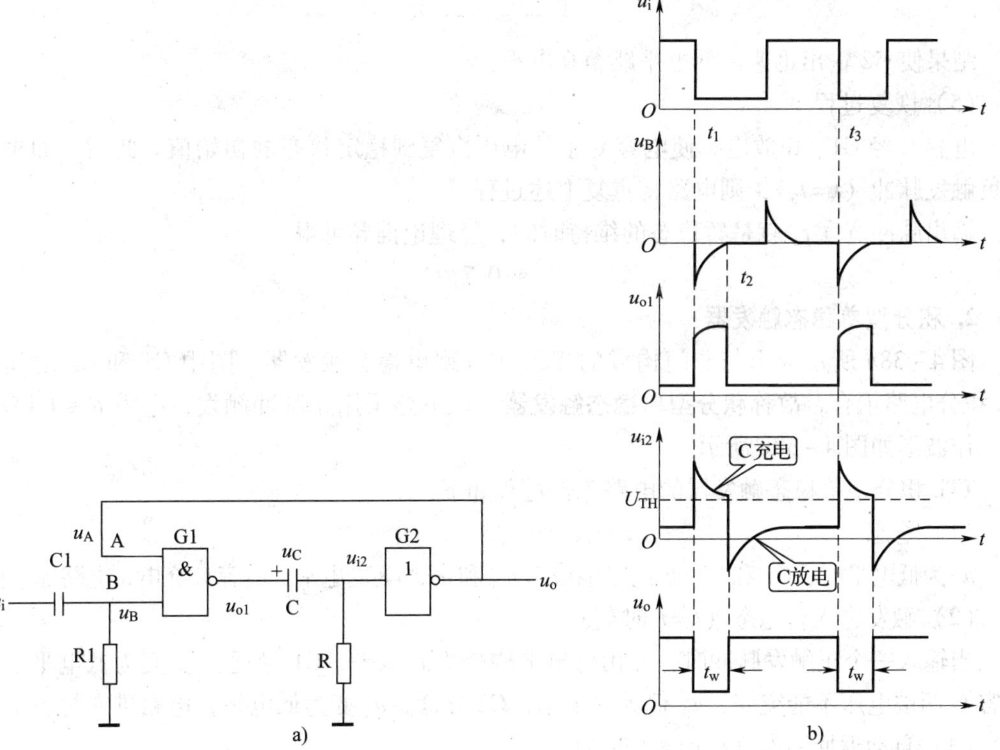

图 4-37　TTL 微分型单稳态触发器

a）电路图　b）工作波形图

TTL 微分型单稳态触发器的电路工作过程如下：

（1）稳态（t_1之前）

无触发信号时，输入 u_i 为高电平，G1 输出低电平，G2 输出高电平，电路处于稳态。

（2）触发翻转（$t=t_1$时刻）

当输入一个负脉冲时，经输入微分电路，将负尖脉冲加到 G1 输入端 B，从而引起下列正反馈过程：

$$u_B\downarrow \rightarrow u_{o1}\uparrow \rightarrow u_{i2}\uparrow \rightarrow u_o(u_A)\downarrow$$

结果使 G1 输出迅速由低电平跳至高电平，G2 输出则迅速由高电平跳至低电平，电路进入暂稳态。

（3）暂稳态（$t_1<t<t_2$）

G1 输出端高电平对电容 C 充电，随着电容器两端电压上升，u_{i2} 逐渐下降，但只要 u_i 比关门电平大，G2 输出仍为低电平。

（4）自动翻转（$t=t_2$时刻）

当 u_{i2} 下降到阈值电压 U_{TH}时，又引起下列正反馈过程：

$$u_{i2}\downarrow \rightarrow u_o(u_A)\uparrow \rightarrow u_{o1}\downarrow$$

结果使 G2 输出迅速由低电平跳至高电平。

（5）恢复过程

电容 C 经 G1、R 放电，使电容 C 上的电压恢复到稳定状态的初始值。此后，如果再输入负触发脉冲（$t=t_3$），则电路将重复上述过程。

输出脉冲宽度 t_w 就是暂稳态的维持时间，经理论推导可得：

$$t_w \approx 0.7RC$$

2. 积分型单稳态触发器

图 4－38a 所示为用与非门构成的 TTL 积分型单稳态触发器。图中 G1 和 G2 之间采用 RC 积分电路耦合，故称**积分型单稳态触发器**。该电路采用正脉冲触发，电阻 $R\leqslant 1$ kΩ，电路工作波形如图 4－38b 所示。

TTL 积分型单稳态触发器的电路工作过程如下：

（1）稳态

u_i 为低电平时，G1 和 G2 处于关闭状态，u_{o1} 和 u_o 均为高电平，电容 C 充电，电路处于稳态。

（2）触发进入暂稳态（$t=t_1$时刻）

当输入一个正触发脉冲时，u_i 由低电平跳变为高电平，G1 导通，u_{o1} 变为低电平。由于电容 C 两端电压不能突变，u_A 仍为高电平，G2 导通，u_o 变为低电平，电路进入暂稳态。

（3）自动返回稳态（$t_1<t\leqslant t_2$时刻）

在暂稳态期间，电容 C 开始经 R 和 G1 的输出电阻放电，u_A 逐渐下降，当 u_A 下降到关门电平 $t=t_2$时，G2 关闭，u_o 又变为高电平，暂稳态结束。

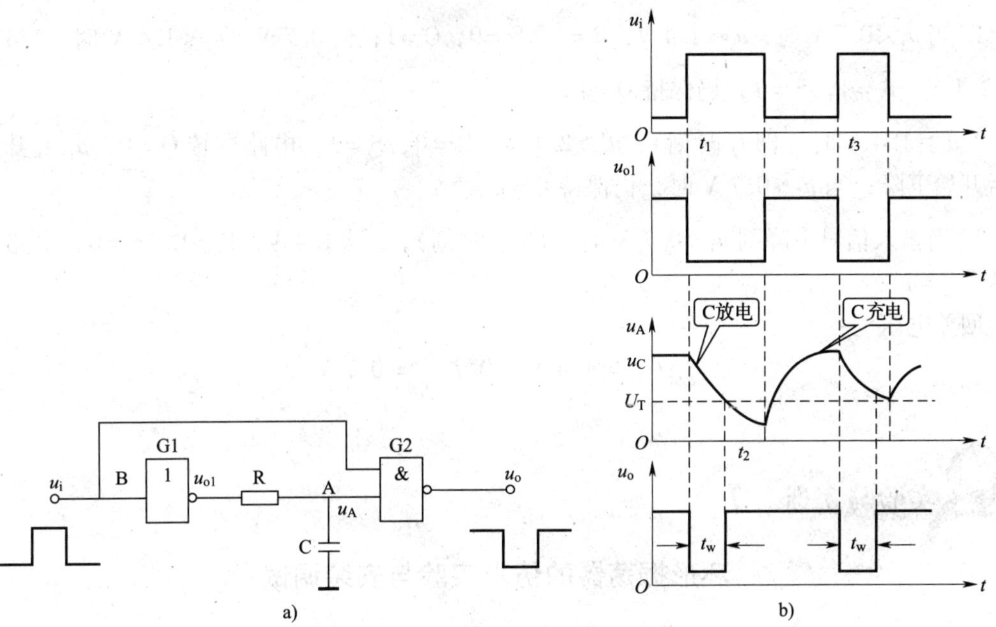

图 4-38　TTL 积分型单稳态触发器

a）电路图　b）工作波形图

触发信号跳回低电平后，G1 关闭，电容 C 经 G1 输出端、R 充电，充电结束后，电路又回到初始的稳态。此后，如果再输出正触发脉冲（$t=t_3$），则电路将重复上述过程。

输出脉冲宽度为：

$$t_w \approx 1.1RC$$

上述积分型单稳态触发器要求触发脉冲宽度应大于输出脉冲宽度。

三、用门电路构成的施密特触发器

施密特触发器的电路，如图 4-39 所示，图中二极管 VD 起电平移动作用，以产生回差电压。

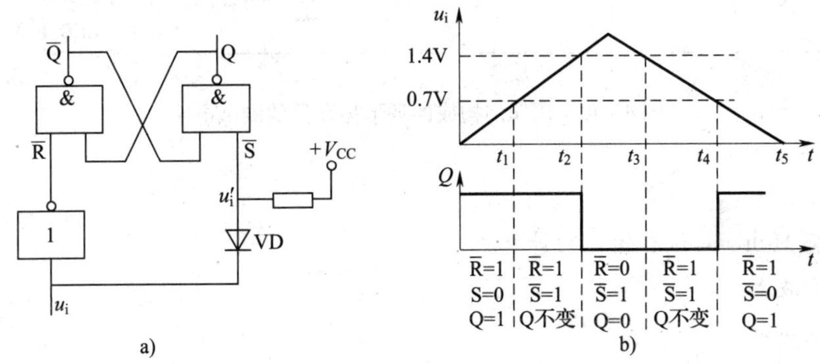

图 4-39　用门电路构成的施密特触发器

a）电路图　b）工作波形图

1. 当 $u_i<0.7$ V时，$u_i'<1.4$ V，$\overline{R}=1$，$\overline{S}=0$，Q=1；当 0.7 V $<u_i<1.4$ V时，1.4 V $<u_i'<2.1$ V，$\overline{R}=1$，$\overline{S}=1$，仍保持 Q=1。

2. $u_i\geqslant1.4$ V时（即 t_2 时刻），$u_i'\geqslant2.1$ V，$\overline{R}=0$，$\overline{S}=1$，电路翻转 Q=0，u_i 上升到峰值后开始下降；当 $u_i>0.7$ V时，仍保持 Q=0。

3. 当输入信号下降到 $u_i<0.7$ V时（即 t_4 时刻），$u_i'<1.4$ V，$\overline{R}=1$，$\overline{S}=0$，电路再次翻转，Q=1。

回差电压为：

$$\Delta U_T=1.4\text{ V}-0.7\text{ V}=0.7\text{ V}$$

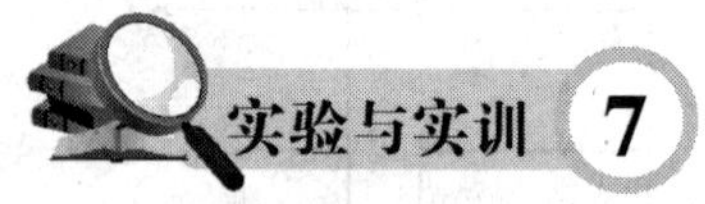

环形振荡器的仿真实验与安装调试

一、实训目的

1. 会用 Multisim 软件进行环形振荡器的仿真。
2. 掌握用非门构成的环形振荡器的工作原理和安装调试。

二、实训电路

用非门构成的环形振荡器的电路，如图 4-40 所示。

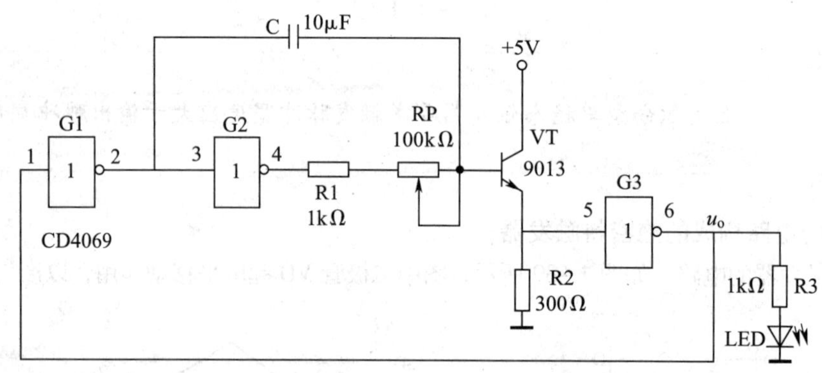

图 4-40　用非门构成的环形振荡器的测试电路

三、实训器材

1. 安装有 Multisim 仿真软件的计算机。
2. 双踪示波器。
3. 数字频率计。
4. 12 V 直流电源。
5. 实验元器件的名称和规格见表 4-9。

表 4-9　元器件明细表

代号	名称	规格	代号	名称	规格
R1、R3	电阻器	1 kΩ	VT	三极管	9013
R2	电阻器	300 Ω	LED	发光二极管	红色
RP	电位器	100 kΩ	G	非门	CD4069
C	电容器	0.1 μF		插座	14 脚

四、实训内容

1. 仿真实验

(1) 进入 Multisim，根据图 4-41 所示环形振荡器电路图，从元件库中选择对象，在图形编辑窗口中画好电路图。

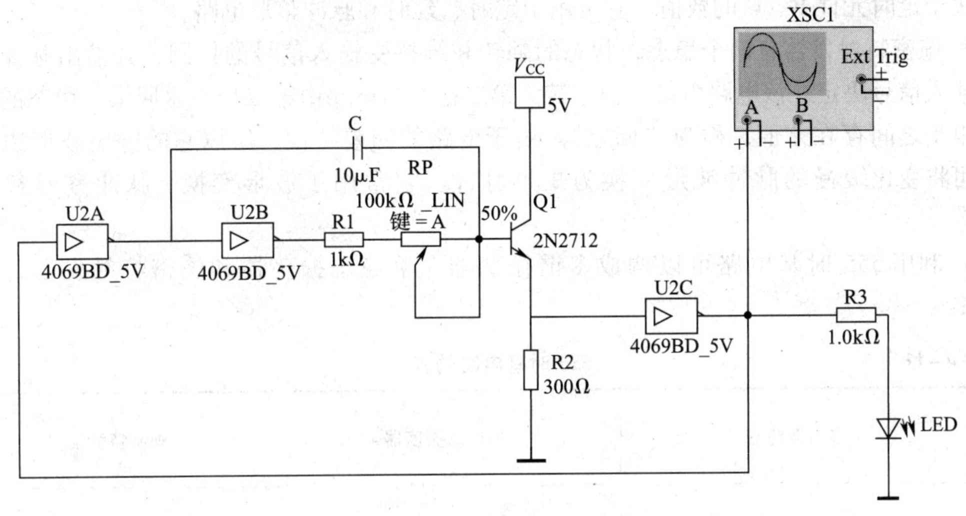

图 4-41　环形振荡器的电路图

(2) 选择“示波器”接入电路图，按下仿真按钮，改变电位器状态，通过示波器观测电容两端和输出端的电压波形。

2. 实物电路安装调试

(1) 按图 4-40 所示安装电路。

(2) 检查无误后，接通电源，调节 RP 至最大时，用示波器观测 CD4069 3 脚和 6 脚电压波形变化情况，测出输出信号周期和计算值比较，并记入表 4-10 中。

表 4-10　实验记录表

RP 调至最大	R1	C	输出脉冲周期	
			计算值	实测值
100 kΩ	300 Ω	0.1 μF		

（3）改变 RP 值，观察输出信号波形的变化情况。

本章小结

1. 555 时基电路是一种使用方便、功能灵活多样的集成器件，只需外接电阻、电容等少量元件就可以构成各种脉冲电路，还可以构成其他各种应用电路。

2. 多谐振荡器是一种常用的自激脉冲振荡电路。它没有稳态，只有两个暂稳态；它不需要外加输入信号，只要接通电源，就能自动产生矩形脉冲。它主要用作脉冲信号源或电子自动开关等。

3. 单稳态电路只有一个稳态，在外接触发信号的作用下，可以从稳态翻转为暂稳态。依靠电路自身定时元件的充、放电作用，经过一段时间又能自动返回稳态。暂稳态时间的长短取决于定时元件 R、C 的数值。它可用于定时、延时和脉冲整形电路。

4. 施密特触发器有两个稳态，状态的翻转和维持受输入信号的控制，其输出脉冲宽度也由输入信号决定。该电路由第一稳态转为第二稳态与电路由第二稳态返回第一稳态的两个触发电平之间存在差值，称为“回差”。由于电路的回差特性，所以它的输出波形边沿陡峭，可将变化缓慢的脉冲波形变换为矩形脉冲。它常用于波形变换、脉冲整形和幅度鉴别等。

5. 利用 555 时基电路可以构成多谐振荡器、单稳态振荡器和施密特触发器，见表 4－11。

表 4－11　555 时基电路的应用

电路名称	多谐振荡器	单稳态振荡器	施密特触发器
电路组成	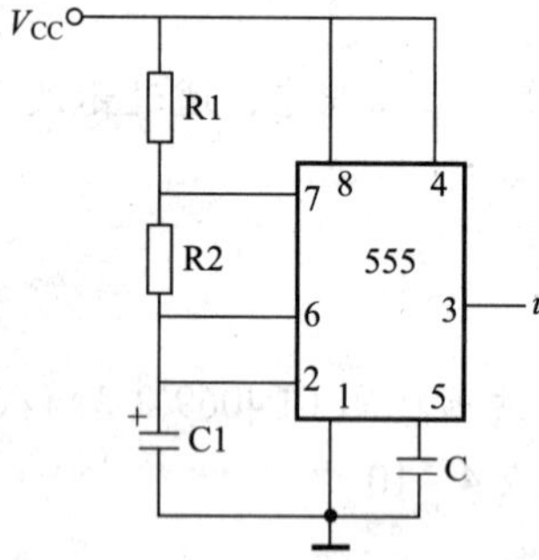 V_{CC} R1 R2 555 8 4 7 6 3 2 1 5 u_o C1 C	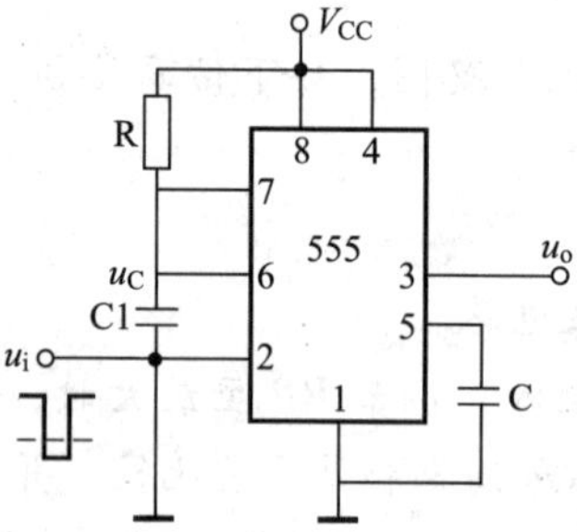 V_{CC} R 555 8 4 7 6 3 5 2 1 u_C C1 u_i u_o C	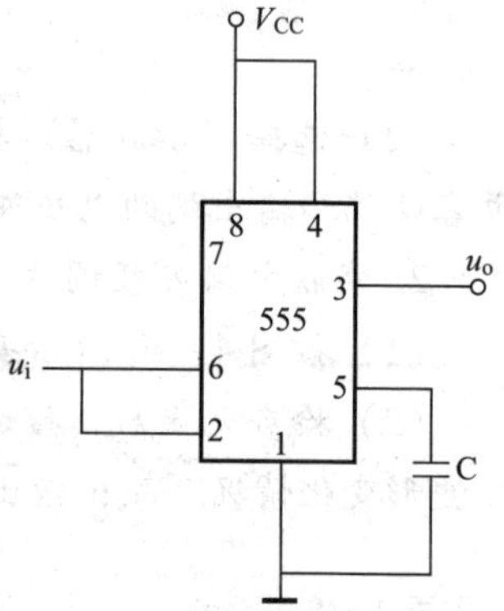 V_{CC} 555 8 4 7 3 6 5 2 1 u_i u_o C
电路特点	2、6 脚相连无外加输入	6、7 脚相连，2 脚外加负脉冲	2、6 脚相连，2 脚外加输入信号

第五章 半导体存储器与可编程逻辑器件

学习目标

1. 了解只读存储器（ROM）和读/写存储器（RAM）的特点及其应用。
2. 了解可编程逻辑器件（PLD）的类型、特点及其应用。

存储器是数字系统的重要组成部分。前面介绍的寄存器只能存储少量信息，本章所介绍的半导体存储器是一种能存储大量数字信息的存储器。由于它集成度高、容量大、速度快、耗电少、操作方便、可靠性强，在计算机内存、显示存储器、数码相机、智能家电控制系统中得到广泛应用，如图 5－1 所示。

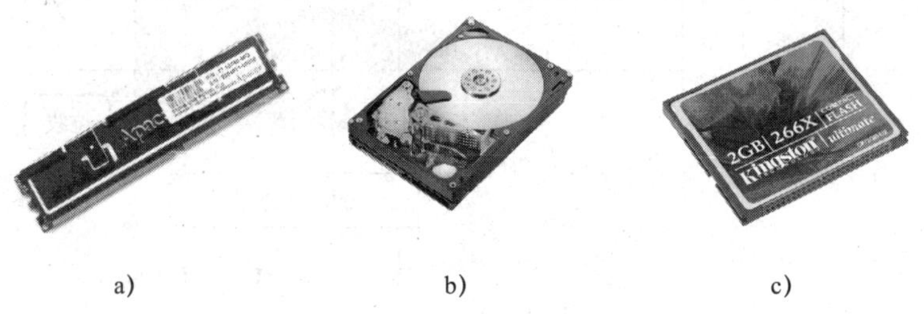

a)　　b)　　c)

图 5－1　半导体存储器的应用

a）计算机内存条　b）计算机硬盘　c）数码相机存储卡

§5—1　只读存储器

只读存储器（Read－Only Memory，ROM）是存储固定信息的存储器，使用时只能读出所存储的信息而不能写入，但在断电后，信息仍能保留。例如，电视机中使用 ROM 保存频道信息，用户只要预先调好频道，以后便无需每次开机都重新调谐。

按照数据写入方式不同，只读存储器分类如图 5－2 所示。

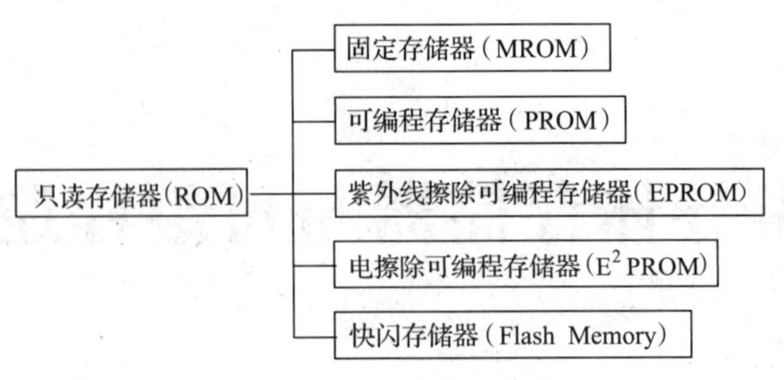

图 5-2　只读存储器分类

一、固定存储器

固定存储器（MROM）为用户专用存储器，其存储的数据在芯片出厂时已经确定，用户在使用时无法更改其内容。这种存储器适用于大批量生产和存储通用内容，如用于存储字符、常数表，存储电视机微处理器的程序、智能洗衣机工作流程控制的程序等。

图 5-3 所示为 $2^2\times4$ 位的 MROM 结构示意图。

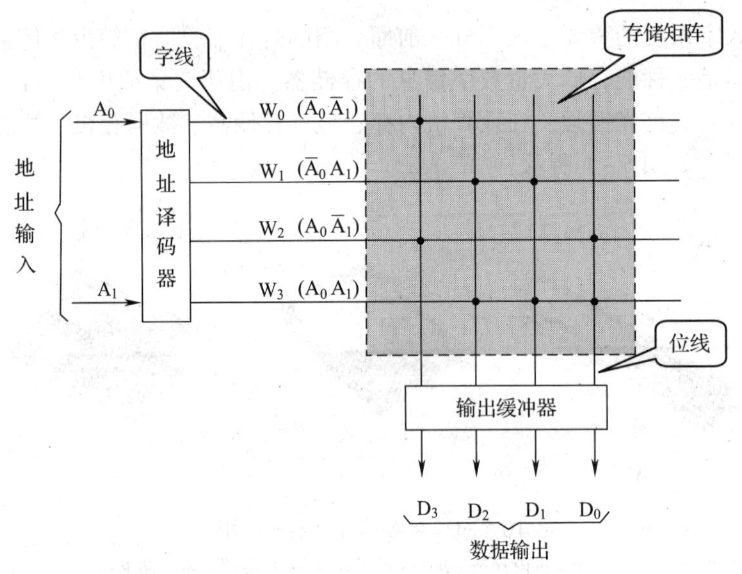

图 5-3　$2^2\times4$ 位 MROM 结构示意图

MROM 中的寄存器很多，每个寄存器都有一个编号，称为**地址**。2 条地址线 A_1、A_0 对应的 4 条译码输出线（$W_0\sim W_3$）称为**字线**，虚线框内为**存储矩阵**，它由许多排成阵列形式的存储单元组成，每个十字交叉点代表一个存储单元，交叉点处有圆点表示存储信息为 1，无圆点表示存储信息为 0，输出信号经 4 条**位线**及缓冲器由 $D_0\sim D_3$ 端输出。

每次读取信息都只能和某一个指定地址的寄存器打交道，这个过程称为**访问**。表示所要访问地址的二进制数输入地址译码器经译码后，在相应的某一根译码输出线（字线）上给出信号，控制被选中的寄存器与存储器的输出端接通，即可读出相应数据。

例如，当地址码 $A_1A_0=01$ 时，字线 $W_1=1$，输出数据为 $D_3D_2D_1D_0=0110$。

想一想

当地址码 $A_1A_0=10$ 时，输出数据 $D_3D_2D_1D_0=?$

知识拓展

存储器容量

存储器容量是指存储器中存储单元的总和。在图 5－3 所示的存储器中有 2 根地址线，4 根数据输出线，也就是共有 2^2 种不同的地址单元（又称字单元），而每一地址单元可存储四位二进制数，可知其最大容量为 $2^2\times4=16$。设存储器有 n 根地址线、m 根数据输出线，则其最大容量为 $2^n\times m$。

由于存储器容量数目很大，习惯上将 $2^{10}=1\ 024$ 个存储单元称为 1 K，$2^{20}=1\ 024\ \text{K}=1\ \text{M}$，$2^{30}=1\ 024\ \text{M}=1\ \text{G}$。

二、可编程存储器

可编程存储器（PROM）在封装出厂前存储单元中数据设置为全 1 或全 0，用户可根据自己的需要，将应该存储的信息一次写入 PROM 中，但一经写入，就不能再更改，因此也称**一次性可编程只读存储器**。这种存储器适合于小批量试产使用。例如，刚研发成功一种智能控制产品，在试产样机时将 PROM 用于程序的存储。

三、紫外线擦除可编程存储器

紫外线擦除可编程存储器（EPROM）是可以利用紫外线光擦除原存信息，再进行重写的 ROM，如图 5－4 所示。当擦除所存信息时，可用专用的紫外线等在器件的石英玻璃窗口照射一定时间，使所有存储单元恢复为 1，然后再进行改写。写入后还可以反复擦除，然后再写入，具有很大的灵活性。编程后，要用不透光的纸把 EPROM 的窗口遮盖起来。EPROM 常用于程序调试、新品开发，或用于程序、数据经常变更的数字系统中。

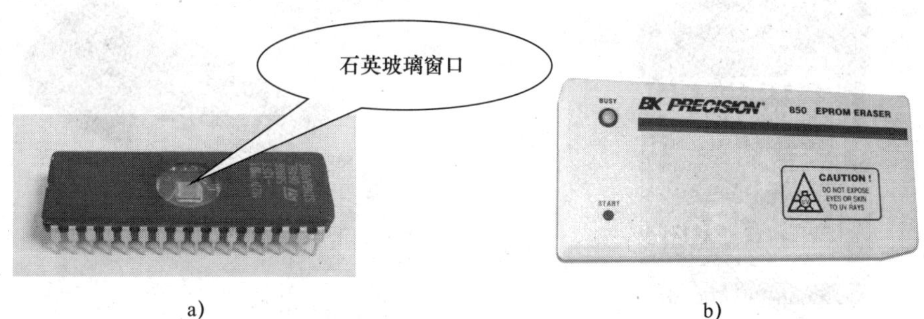

a)　　　　b)

图 5－4　紫外线擦除可编程存储器

a）实物图　b）擦除器

四、电擦除可编程存储器

EPROM 紫外线擦除的操作复杂，速度也慢，而且只能整体擦除。电擦除可编程存储器（E^2PROM）可以在工作电压下随时擦除和改写数据，可以擦除全部内容，也可以只擦除部分字节，如图 5-5 所示。正常使用时只能读出不能写入，停止供电后仍能保存信息。E^2PROM 广泛应用于电视机的频道调谐、数据采集系统中的数据存储、智能卡的数据存储等。

a)

b)

图 5-5　电擦除可编程存储器

a）E^2PROM 编程/烧写器　b）汽车音响电路中的 E^2PROM

五、快闪存储器

快闪存储器（Flash Memory）是用电擦除的可编程 ROM，它功耗低，集成度高，读取速度快，再编程次数多。在断电情况下，信息可以长期保留。它可以在线进行擦除和改写，编程时按字节进行；但擦除是对区块进行的，擦除速度极快，故称**快闪存储器**，简称**闪存**。

在一些经常需要更新存储内容的系统中，广泛使用快闪存储器，如移动电话、数码相机、MP4 播放机、单片机程序存储器和汽车导航系统等，如图 5-6 所示。

a)

b)

图 5-6　快闪存储器

a）数码相机中的存储卡　b）闪存盘

应用举例

在数字系统中，ROM 的应用十分广泛，如实现组合逻辑函数、波形变换、字符产生及计算机的数据和程序存储等。

1. 用 ROM 构成一位全加器

一位全加器真值表见表 5-1。

由真值表表 5-1 可得逻辑表达式为：

$$S_i = \overline{A_i}\,\overline{B_i}C_{i-1} + \overline{A_i}B_i\overline{C_{i-1}} + A_i\overline{B_i}\,\overline{C_{i-1}} + A_iB_iC_{i-1}$$

$$C_i = \overline{A_i}B_iC_{i-1} + A_i\overline{B_i}C_{i-1} + A_iB_i\overline{C_{i-1}} + A_iB_iC_{i-1}$$

$W_0 \sim W_7$分别对应于 $A_iB_iC_{i-1}$ 的一个最小项，由此可得存储器的简化矩阵，如图 5-7 所示。

表 5-1　全加器真值表

输入			输出	
A_i	B_i	C_{i-1}	S_i	C_i
0	0	0	0	0
0	0	1	1	0
0	1	0	1	0
0	1	1	0	1
1	0	0	1	0
1	0	1	0	1
1	1	0	0	1
1	1	1	1	1

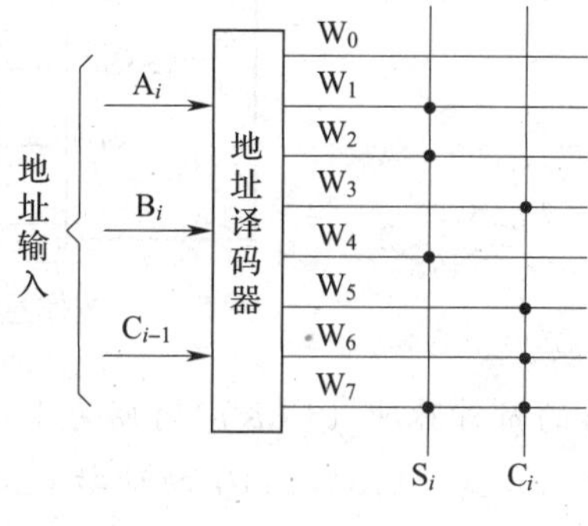

图 5-7　一位全加器简化矩阵图

2. 用 ROM 实现字符

图 5-8 所示是用 ROM 构成显示“工”字的示意图。采用 8 行 8 列的方式存储，将“工”分割成若干部分，并在相应单元存入信息 1。当输入地址在 000～111 循环变化时，即可逐渐扫描各字线，将字线 $W_0 \sim W_7$所存储的“工”字的字形信息从位线 $D_0 \sim D_7$输出，从而使显示设备（如发光二极管矩阵）显示出“工”的字形。

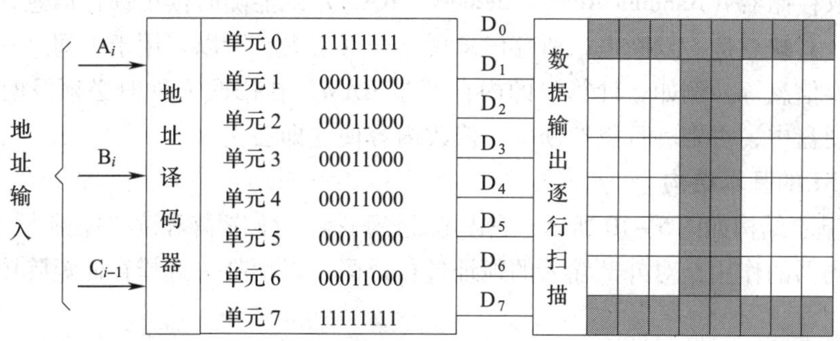

图 5-8　用 ROM 构成显示“工”字示意图

3. 用 ROM 构成按作息时间控制的打铃电路

电路如图 5-9 所示，电路中使用的 EPROM2716 为可擦除可编程只读存储器。

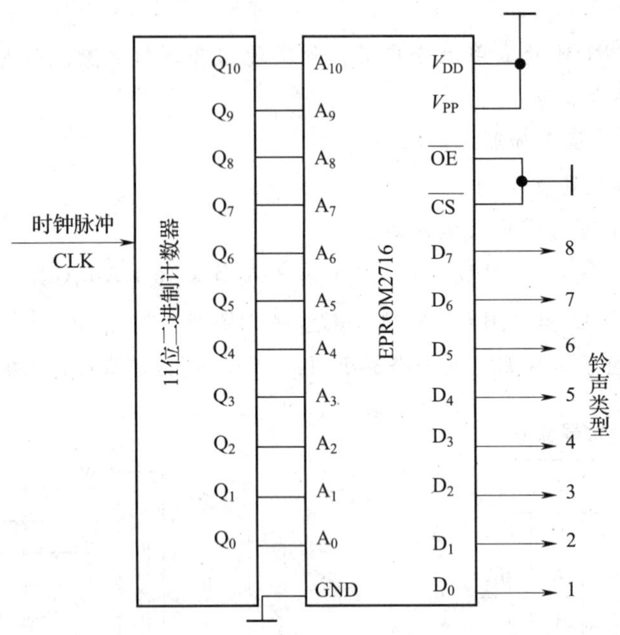

图 5-9　按作息时间控制打铃电路

电路输入的时钟脉冲（CLK）周期为 1 min，11 位二进制计数器每隔 1 min 加 1，其计数输出 $Q_0 \sim Q_{10}$ 作为 EPROM2716 的读数地址，每隔 1 min，EPROM2716 的 8 位输出数据（$D_0 \sim D_7$）更新一次。

将 8 种不同铃声的信息写入 EPROM2716 对应的地址处，当数值达到该地址，输出数据位由 0 变 1 时，就会响铃；若数据位保持不变或由 1 变 0，均不响铃。

§5—2　随机存取存储器

随机存取存储器（Random Access Memory，RAM）既能随时读出锁存信息，也能随时写入新的信息；其缺点是一旦断电，所存信息便会全部丢失，所以多用于中间过程存储信息以及与外部交换信息等。例如，计算机的内存便是 RAM，在修改文件时必须及时把修改过的内容保存到硬盘中，否则一旦忽然断电，修改内容便立即丢失。

一、RAM 的基本结构

RAM 的基本结构如图 5-10 所示，它由地址译码器、存储矩阵和读/写控制器 3 部分组成。

地址译码器的作用是对外部输入的地址进行译码，以便唯一选择存储矩阵中的一组存储单元。

存储矩阵由许多存储单元排列而成，可以随时读出或写入数据。

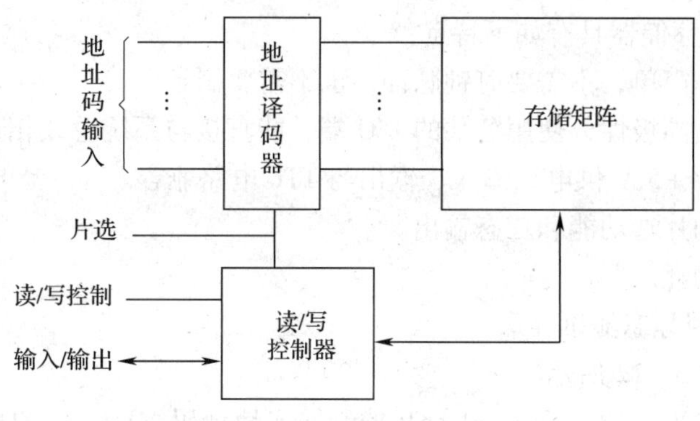

图 5-10　RAM 的基本结构

RAM 通过双向数据线与计算机的中央处理器（CPU）交换信息，读时它是输出端，写时它是输入端，即一线二用，由读/写控制器控制。

一片 RAM 所能存储的信息有限，实际使用时常把若干片 RAM 组装在一起使用，所以访问存储器时要给出片选信号。当每一芯片的片选信号为有效电平时，该片被选中；当片选信号为无效电平时，该片处于断开状态。

RAM 分**动态 RAM（DRAM）**和**静态 RAM（SRAM）**两类。DRAM 靠存储单元中的电容存储信息，由于电容存在漏电流，电容上存储的电荷（信息）不能保持很久，所以需要定时充电（称为**刷新**）；SRAM 的存储单元是触发器，具有保持功能，无需刷新。

二、2114A 静态 RAM

1. 2114A 芯片介绍

2114A 是一种 1 024 字 ×4 位的静态随机存取存储器，其引脚排列和逻辑符号如图 5-11 所示，各引脚功能见表 5-2，工作方式与控制信号间关系见表 5-3。

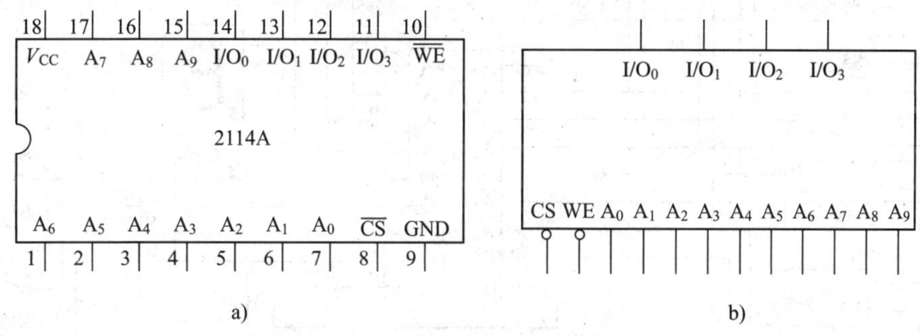

图 5-11　2114A 随机存取存储器

a）引脚排列　b）逻辑符号

表 5-2　2114A 引脚功能

引脚名	功能
$A_0 \sim A_9$	地址输入
$\overline{WE}$	写选通
$\overline{CS}$	芯片选通
$I/O_0 \sim I/O_3$	数据输入/输出
V_{CC}	+5 V

表 5-3　工作方式与控制信号间的关系

$\overline{CS}$	$\overline{WE}$	$I/O_0 \sim I/O_3$
1	×	高阻
0	1	读出数据
0	0	写入数据

2114A 随机存取存储器具有如下特点：

（1）读、写操作简单，不需要时钟脉冲，也不需要刷新。

（2）输入、输出同极性，使用公共的 I/O 端，能直接与系统总线相连接。

（3）使用单电源 +5 V 供电，输入、输出与 TTL 电路兼容。

（4）具有独立的片选功能和三态输出。

（5）高速、低功耗。

2. 用 2114A 实现静态随机存取

其实验电路如图 5-12 所示。

A_0 ~ A_9为地址输入，通过开关 S0 ~ S9 控制输入地址码。I/O_0 ~ I/O_3为数据输入端，通过 S10 ~ S13 开关组合输入要存储的数据。$\overline{CS}$为片选控制，当$\overline{CS}=0$ 时选中此芯片；$\overline{CS}=1$ 时不选此芯片。

该实验步骤如下：

（1）连接实验电路

按图 5-12 所示连接实验电路。

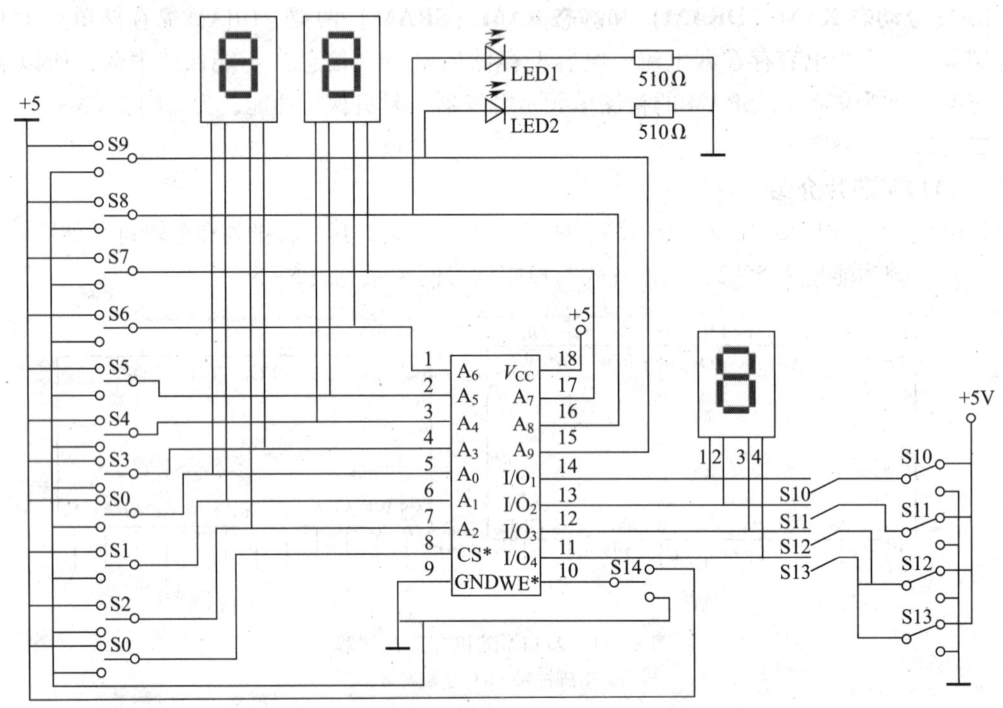

图 5-12　2114A 静态随机存取数据实验电路

（2）写入数据

在 I/O_0 ~ I/O_3端输入要写入的数据，在 A_0 ~ A_9端输入要写入单元的地址码，然后使 $\overline{WE}=0$，即可写入数据，选取 3 组地址码及 3 组数据，记入表 5-4。

（3）读出数据

输入要读出单元的地址码，然后使 $\overline{WE}=1$（保持写入时的地址码）要读出的数据便可显示出来，记入表 5-5，并与表 5-4 写入数据进行比较。

(4) 断电验证

写入数据断电后再进行上一步的读出操作，验证断电后 RAM 中存储的数据能否保留。

表 5-4　写入数据

$\overline{WE}$	地址码（$A_0 \sim A_3$）	数据（$I/O_0 \sim I/O_3$）	2114A
0			
0			
0			

表 5-5　读出数据

$\overline{WE}$	地址码（$A_0 \sim A_3$）	数据（$I/O_0 \sim I/O_3$）	2114A
1			
1			
1			

想一想

2114A 有 10 个地址输入端，实验中只使用其中的一部分，其他不使用的地址输入端应如何处理？

§5—3　可编程逻辑器件

可编程逻辑器件（Programmable Logic Device，PLD）是一种可由用户自行定义功能的专用集成电路，用户可以根据需要自行对它进行编程，从而实现各种逻辑功能。

由于它兼有集成电路硬件工作速度快、可靠性高和软件编程灵活、方便的特点，因此在科技开发中得到广泛的应用。

PLD 的分类如图 5-13 所示。

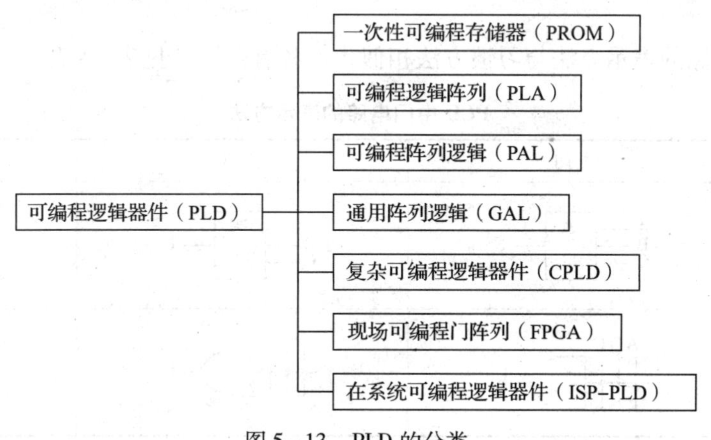

图 5-13　PLD 的分类

一、PLD 的基本结构

PLD 的基本结构框图如图 5-14 所示。

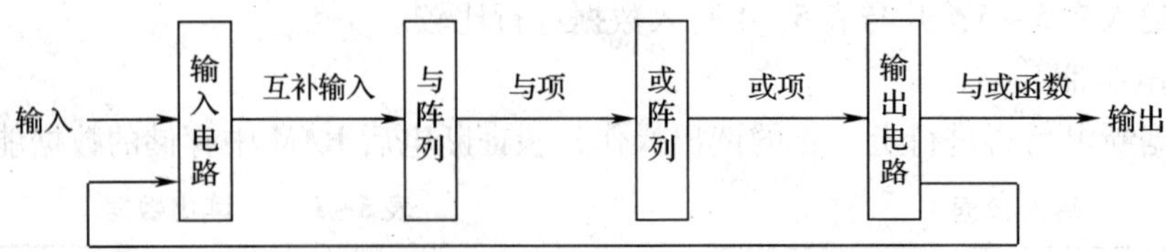

图 5-14　PLD 的基本结构框图

该电路的主体是由门电路组成的**与阵列**和**或阵列**。输入电路用来实现对输入信号的缓冲，产生原变量和反变量两个互补的信号，并按要求接入与门的输入端，由与门输出的与项只作为或阵列的输入，再由多个或门产生输入变量的与或函数表达式。

在上述基本结构的基础上，如果再增加一些其他逻辑元件和反馈电路，还可实现多种时序逻辑函数，也就构成了不同的 PLD。

二、PLD 的表示方法

由于 PLD 器件的阵列连接规模庞大，采用一般表示方法难以描述其内部电路，为了便于说明 PLD 的逻辑关系，采用了一些简化表示的新方法。

1. 连线

表 5-6 所列为 PLD 输入缓冲器及门阵列交叉点连接方式，交叉点无记号表示两线不连接，为断开单元（被擦除单元）；实点“·”表示硬线连接，即固定连接，不可编程；“×”表示可编程连接。

表 5-6　　PLD 中连线的表示方法

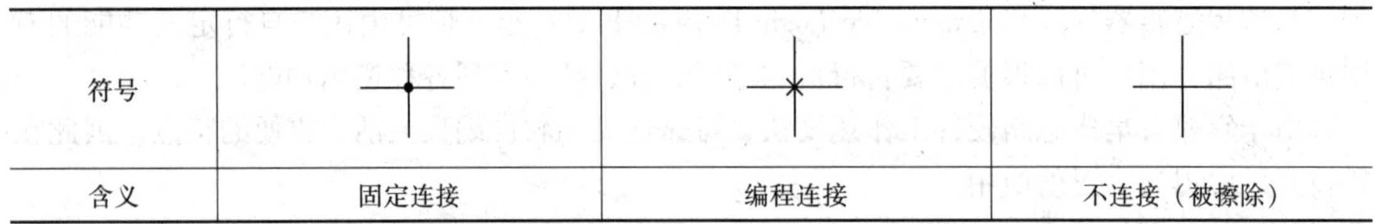

符号	（实点交叉）	（× 交叉）	（无记号交叉）
含义	固定连接	编程连接	不连接（被擦除）

2. 门电路

PLD 中门电路的表示方法与习惯方法相似，但各有不同，见表 5-7。

表 5-7　　PLD 中门电路的表示方法

名称	与门	或门	三态输出非门
习惯符号	A、B、C 输入，& ，输出 F	A、B、C 输入，≥1，输出 F	1，EN，▽，输出
PLD 中的符号	A B C，输出 F	输出 F	A，EN，$\bar{A}$

3. PLD 电路表示方法

图 5-15 所示的 PLD 逻辑电路功能如下：

$F_1 = A\overline{B} + \overline{A}B = A \oplus B$，即实现异或功能；

$F_2 = AB + \overline{A}\,\overline{B} = A \odot B$，即实现同或功能。

图 5－15 所示是用 PLD 符号表示的电路，在门阵列中，通常将 A、B 称为**行**，0、1、2、3 称为**列**。阵列中有几列，表明一个与门可以和几个输入端相连接，通过“×”或“·”与该输入线连接的输入信号就是该与门的一个输入信号，所以图 5－15 的逻辑表达式为：

$$F_1 = A\overline{B} + \overline{A}B$$

$$F_2 = AB + \overline{A}\,\overline{B}$$

可见，虽然表示方法不同，但电路功能是一样的。

三、PLD 的使用

普通 PLD 的开发使用包括逻辑设计、选择器件和编写关于编程信息的标准文件，然后将文件下载的编程器，对 PLD 器件进行编程，最后还要进行功能测试，测试通过后才能插入电路板使用。

多数 PLD 器件在编程时要用到高于 5 V 的编程电压信号，而电路板通常都是由 5 V 电压供电。因此，对这类器件只能采用“离线编程”的方式，即把该器件从电路板上取下，插到专用编程器上完成编程工作，这在使用上会有很多不便，而且容易损坏器件。在系统可编程逻辑器件（ISP－PLD）把原属于编程器的写入/擦除控制电路及高压脉冲发生电路集成于 PLD 器件中，这样在编程时就不需要另外再用编程器，这种方式称为“在系统编程”方式。采用这种器件之后，可以将芯片直接焊接在电路板上，然后再进行编程或改写。

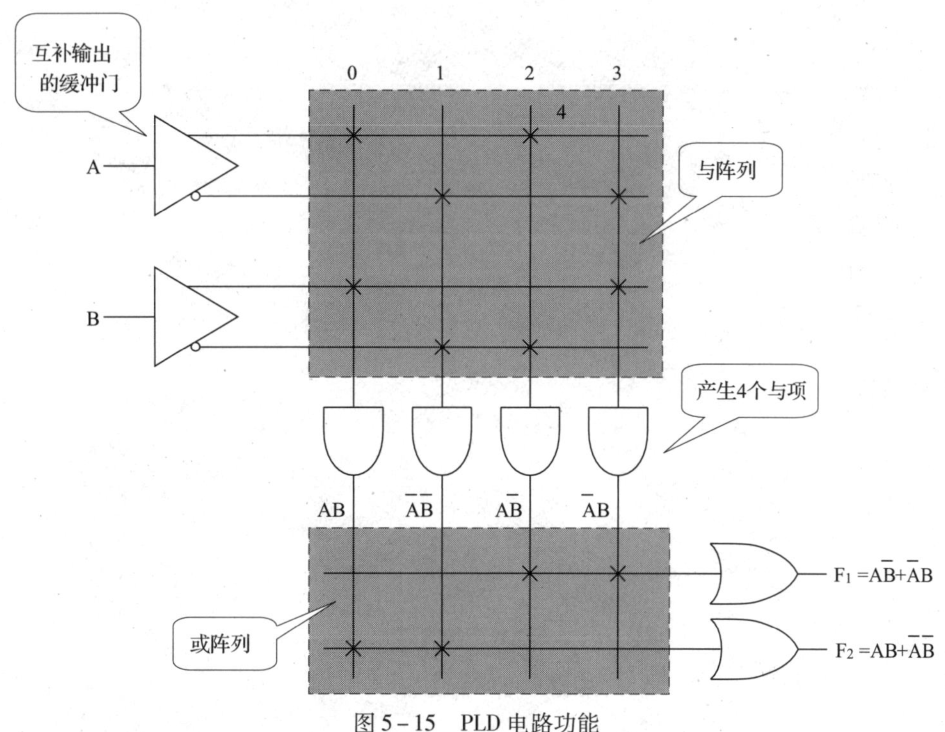

图 5－15　PLD 电路功能

本章小结

1. 半导体存储器是一种能存储大量数字信息的半导体器件，它广泛应用于计算机及其他数字系统中。按其功能不同，可分只读存储器（ROM）和读/写存储器（RAM）两大类。

2. 只读存储器（ROM）是存储固定信息的存储器。一般只能读出，而不能写入，但在断电后，存储的信息仍能保留，因此它是一种非易失性的存储器。

3. 读/写存储器（RAM）又称随即存储器。它既能读出所存信息也能随时写入新的信息，但所存信息会随断电而消失。因此它是一种易失性的存储器。

4. 可编程逻辑器件是一种可由用户自行定义功能的专用集成电路。用户可以根据需要自行对它进行编程，从而实现各种逻辑功能。

第六章 数模转换和模数转换

学习目标

1. 了解数模转换和模数转换的概念及其应用。
2. 了解数字式电压表的工作原理。
3. 会识别典型数模转换和模数转换集成电路的引脚，了解其功能。
4. 会搭接数模转换应用电路，并检测其转换特性。

图 6-1 所示是 DVD 摄录和播放的示意图。数码摄像机拍摄到的信号和电视机播放的信号都是模拟信号，而存储卡上存储的是数字信号。因此，在摄像和播放设备的工作过程中，必须进行模数转换和数模转换。

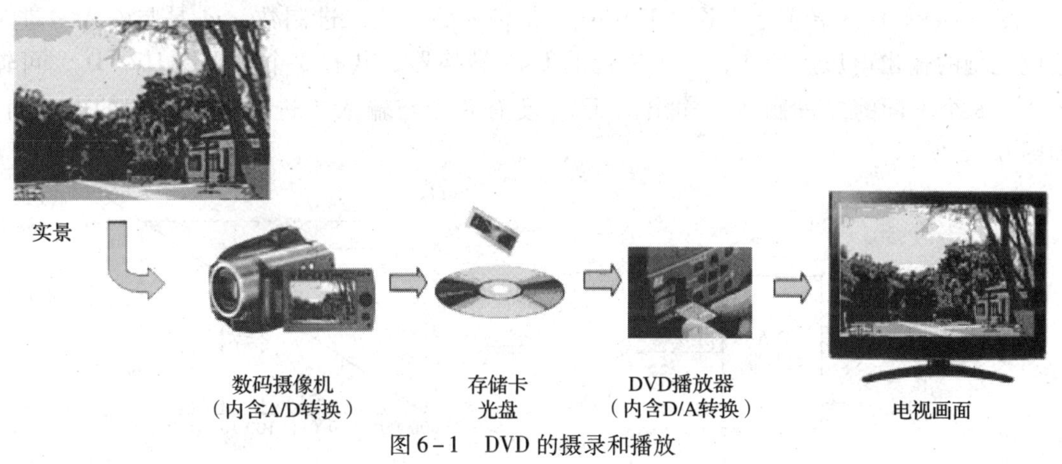

图 6-1　DVD 的摄录和播放

音像录播的模数转换和数模转换原理框图如图 6-2 所示。

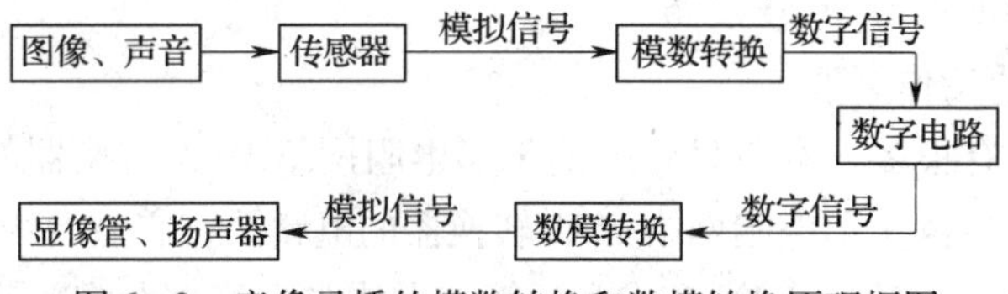

图 6-2　音像录播的模数转换和数模转换原理框图

在自动控制系统中，需要测量和控制的对象（如温度、压力、流量、速度、位移等）也多是模拟量，这些非电的模拟量都必须经过传感器变换为电信号的模拟量，然后再转换为数字信号，才能进入数字系统进行处理。处理后的数字信号还必须转换成模拟信号，才能由执行元件实现对实际模拟系统的控制。其自动控制的原理框图如图 6－3 所示。

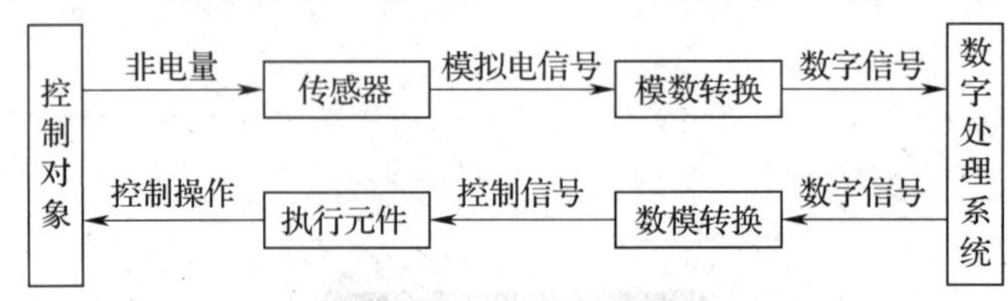

图 6－3　自动控制原理框图

可见，模数转换和数模转换是数字系统中不可缺少的环节。

§6—1　数模转换器

从数字信号到模拟信号的转换称为**数模转换**，简称 **D/A**。实现 D/A 转换的电路称为 **D/A 转换器**，简称 **DAC**。

图 6－4 为 D/A 转换示意图，$D_0 \sim D_{n-1}$是输入的 n 位二进制数，u_o 是与输入二进制数成比例的输出电压。例如，一个三位的 D/A 转换器，共有 3 个输出端 $D_0 \sim D_2$，可输入 $2^3=8$ 个不同的二进制数，输出电压 u_o 便有 8 个与输入二进制数成比例的电压值，如图 6－5 所示。

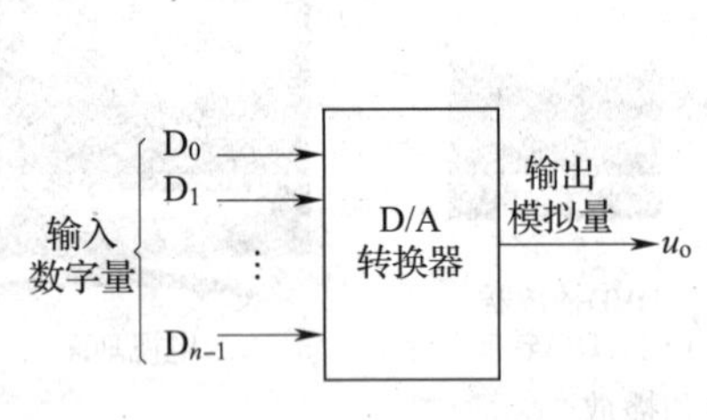

图 6－4　D/A 转换示意图

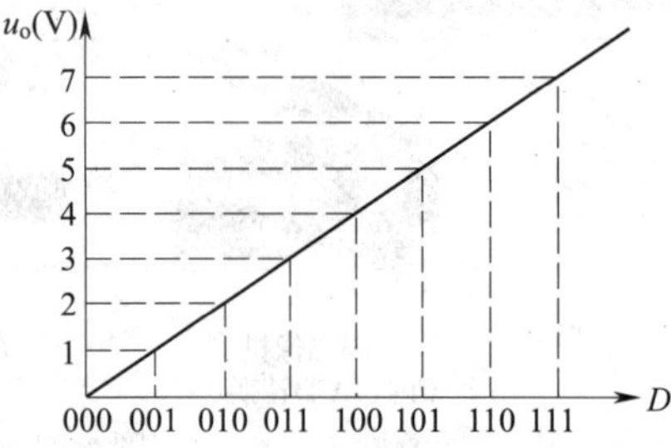

图 6－5　三位二进制 DAC 转换特性

一、倒 T 形电阻网络 D/A 转换器

1. D/A 转换器的工作原理

D/A 转换的方法有很多，本节只介绍倒 T 形电阻网络 D/A 转换器的工作原理。

图 6－6 所示为四位倒 T 形电阻网络 D/A 转换器的电路图，它主要由电阻译码网络（R 和 $2R$ 阻值电阻）、模拟开关（S0～S3）和求和运算放大器（运算放大器需外接）三部分组成。

R 和 $2R$ 两种阻值的电阻构成倒 T 形结构，组成译码网络。模拟开关 S0～S3 分别由输入

数码 $D_0 \sim D_3$控制，当 $D_i = 0$ 时，相应模拟开关将 $2R$ 阻值的电阻接地；当 $D_i = 1$ 时，相应模拟开关接运放反相输入端。

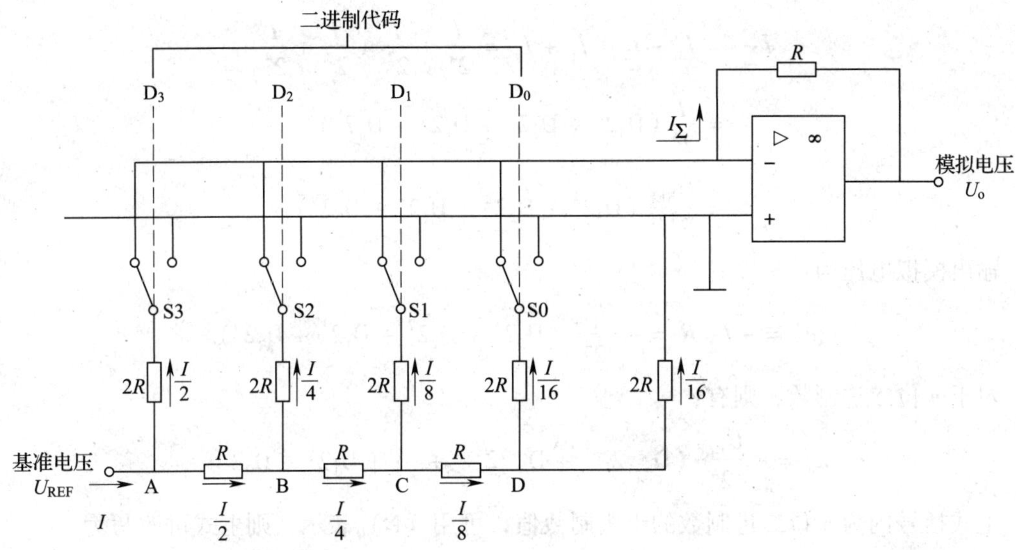

图 6-6　倒 T 形电阻网络 D/A 转换电路图

由于该电路中集成运放反相输入端为“虚地”，因此，无论模拟开关 S_i处于何种位置，与其相连的 $2R$ 阻值电阻均等效接“地”（地或虚地），各节点等效电阻值均为 R，如图 6-7 所示。

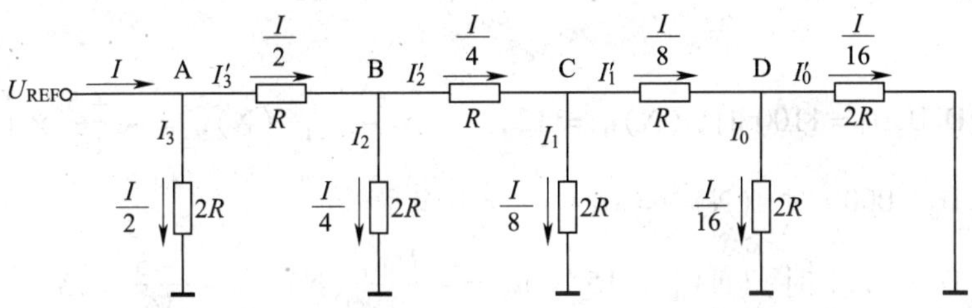

图 6-7　电阻网络各节点对地等效电阻及电流

从基准电源看进去，整个电阻网络的等效电阻值也为 R，因此基准电源提供的电流恒为 $I = \dfrac{U_{REF}}{R}$，各支路电流分别为：

$$I_3 = I'_3 = \frac{1}{2}I = \frac{1}{2^1}I$$

$$I_2 = I'_2 = \frac{1}{4}I = \frac{1}{2^2}I$$

$$I_1 = I'_1 = \frac{1}{8}I = \frac{1}{2^3}I$$

$$I_0 = I_0' = \frac{1}{16}I = \frac{1}{2^4}I$$

流入集成运放反相输入端的总电流为：

$$I_{\Sigma} = I_3 + I_2 + I_1 + I_0 = \frac{I}{2^1} + \frac{I}{2^2} + \frac{I}{2^3} + \frac{I}{2^4}$$

$$= \frac{I}{2^4}(D_3 2^3 + D_2 2^2 + D_1 2^1 + D_0 2^0)$$

$$= \frac{U_{REF}}{2^4 R}(D_3 2^3 + D_2 2^2 + D_1 2^1 + D_0 2^0)$$

输出模拟电压为：

$$u_o = -I_{\Sigma}R = -\frac{U_{REF}}{2^4}(D_3 2^3 + D_2 2^2 + D_1 2^1 + D_0 2^0)$$

对于 n 位二进制数，则有：

$$u_o = -\frac{U_{REF}}{2^n}(D_{n-1}2^{n-1} + D_{n-2}2^{n-2} + \cdots + D_1 2^1 + D_0 2^0)$$

上式括号内为 n 位二进制数的十进制数值，可用 $(N)_D$ 表示，则上式可改写为：

$$u_o = -\frac{U_{REF}}{2^n}(N)_D$$

可见，输出电压与输入的数字量成正比，从而实现了 D/A 转换。

【例 6-1】

在图 6-6 所示电路中，输入二进制数 $D_3D_2D_1D_0 = 1100$，若外接基准电压 $U_{REF} = -5$ V，则经 D/A 转换后，输出电压为多大？当 $D_3D_2D_1D_0 = 0000$ 或 $D_3D_2D_1D_0 = 1111$ 时，输出电压又各为多大？

解：当 $D_3D_2D_1D_0 = 1100$ 时，$(N)_D = 12$，$u_o = -\frac{U_{REF}}{2^4}(N)_D = -\frac{-5}{16} \times 12 = 3.75$ V

当 $D_3D_2D_1D_0 = 0000$ 时，$(N)_D = 0$，$u_o = 0$ V

当 $D_3D_2D_1D_0 = 1111$ 时，$(N)_D = 15$，$u_o = -\frac{U_{REF}}{2^4}(N)_D = -\frac{-5}{16} \times 15 \approx 4.69$ V

2. D/A 转换器的主要参数

(1) 分辨率

它是指 D/A 转换器的最小输出电压（对应输入数字量仅最低位为 1）与最大输出电压（对应输入数字量各有效位全为 1）之比，即：

$$分辨率 = \frac{1}{2^n - 1}$$

式中，n 表示输入数字量的位数。

表 6-1 分别列出 4 位、8 位、10 位 D/A 转换器的分辨率，以及当 $U_{REF} = 12$ V 时，所能输出的最大电压和最小电压。

表 6－1　　不同位数 D/A 转换器的比较

位数	分辨率 $\frac{1}{2^n-1}$	输出最大电压/V	输出最小电压/V
4	0.067	11.25	0.75
8	0.003 9	11.95	0.046 88
10	0.000 978	11.99	0.011 719

可见，位数越多，分辨率越高，分辨最小输出电压的能力越强，也就是说 D/A 转换器越灵敏。

在选择器件考虑转换精度时，习惯上就是考虑 D/A 转换器输入二进制数的位数。例如，要求分辨率为 1%，由于 $\frac{1}{2^6-1}>1\%$、$\frac{1}{2^7-1}<1\%$，所以选用 D/A 转换器的位数最少为 7 位，但实际选用 8 位，因为常用的 D/A 转换器为 8 位、10 位、12 位、16 位和 24 位等。

（2）转换精度（转换误差）

它是指 D/A 转换器实际输出模拟电压值与理论输出模拟电压值之差。这个差值越小，电路转换精度越高。通常要求 D/A 转换器的误差应小于最小输出电压值的 0.5。

（3）转换时间（建立时间）

它是指 D/A 转换器从输入数字信号开始到输出模拟电压达到稳定值所用的时间。转换时间越短，转换速度越快。

二、AD7520 D/A 转换器

AD7520 是倒 T 形电阻网络 10 位 D/A 转换器。它输出电流型的模拟信号，使用时需外接运算放大器（运放）和基准电压。

1. 引脚功能

AD7520 D/A 转换器的实物图和引脚排列如图 6－8 所示，引脚功能见表 6－2。

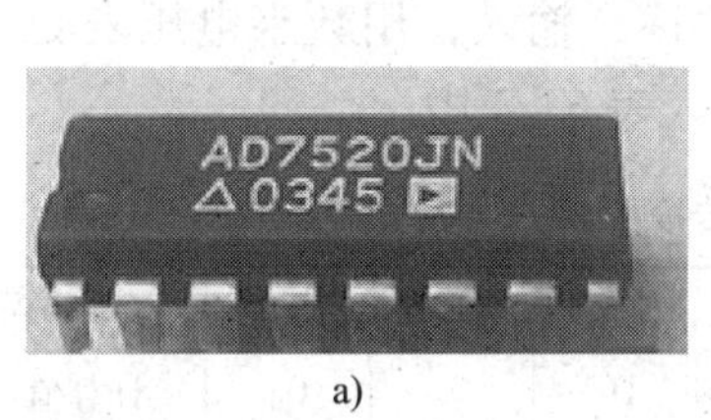

a)

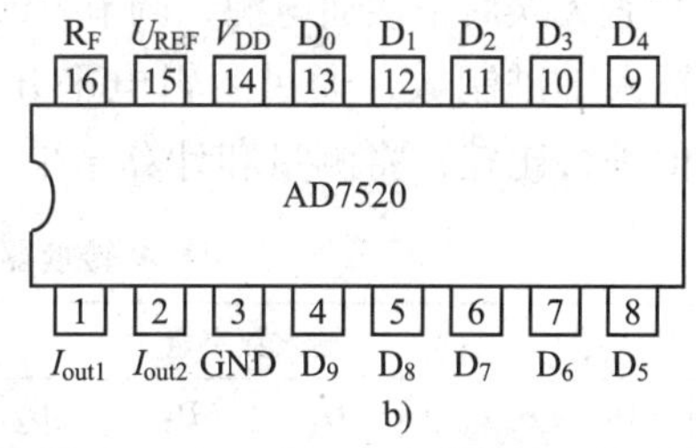

b)

图 6－8　AD7520 D/A 转换器

a）实物图　b）引脚排列

表 6－2　　AD7520 各引脚功能

引脚号	代号	功能
4～13	$D_9\sim D_0$	10 位数字量的输入端，D_9 为最高位，D_0 为最低位
1	I_{OUT1}	模拟电流输出端，接运放反相输入端
2	I_{OUT2}	模拟电流输出端，一般接地

续表

引脚号	代号	功能
3	GND	接地端
14	V_{DD}	电源电压端（5～15 V）
15	U_{REF}	基准电压接线端
16	R_F	内部反馈电阻输出端

2. 功能测试

D/A 转换器 AD7520 的测试实验电路如图 6-9 所示。

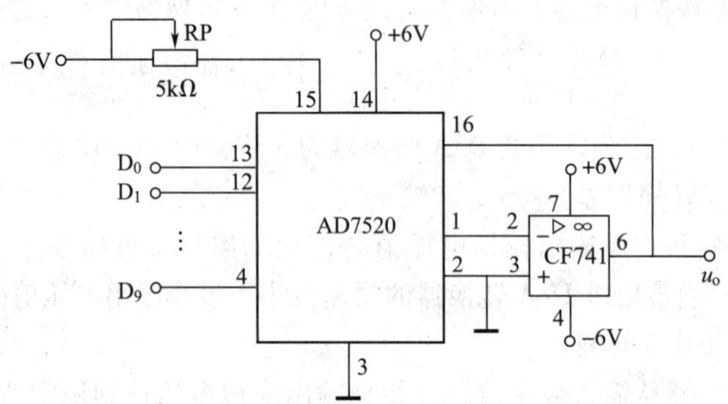

图 6-9　D/A 转换器 AD7520 的测试实验电路

（1）接通直流电源，将两路输出接成串联方式，调节它们的输出电压均为 6 V，串联连接点为电路公共端，则两路输出电压分别为 +6 V 和 -6 V。

（2）在实验箱上按图 6-9 所示连接电路。集成运放 CF741 的 7 脚接 +6 V，4 脚接 -6 V；6 脚与 AD7520 的 16 脚相连；2 脚、3 脚分别与 AD7520 的 1 脚、2 脚相连。电路中公共端与稳压电源串联接点相连。

（3）电路检查无误后，接通电源，调节 RP，使 AD7520 的 15 脚 U_{REF} = -6 V。按表 6-3 所列的数字量输入二进制数，通过逻辑电平开关逐一输入，用数字电压表测量相应输出电压，并与计算值进行比较，将测量和计算结果记入表 6-3 中。

表 6-3　　D/A 转换器转换关系

输入数字量										输出模拟电压 u_o/V	
D_9	D_8	D_7	D_6	D_5	D_4	D_3	D_2	D_1	D_0	计算值	实测值
0	0	0	0	0	0	0	0	0	0		
0	0	0	0	0	0	0	0	0	1		
0	0	0	0	0	0	0	1	0	0		
0	0	0	0	0	1	0	0	0	0		
0	0	0	1	1	0	0	0	0	0		
0	1	1	1	1	1	1	1	1	1		
1	0	0	0	0	0	0	0	0	0		

续表

输入数字量										输出模拟电压 u_o/V	
D_9	D_8	D_7	D_6	D_5	D_4	D_3	D_2	D_1	D_0	计算值	实测值
1	0	0	0	0	0	0	0	1	1		
1	1	0	0	0	0	0	0	0	0		
1	1	1	1	1	1	1	1	1	1		

在 D/A 转换和 A/D 转换中，既有数字信号又有模拟信号。为了防止数字信号对模拟信号的干扰，要特别注意地线的正确连接。在一些芯片（如 DAC0832）内部都分设有独立的数字地（DGND）和模拟地（AGND），设计和安装电路时，必须将所有器件的数字地和模拟地分别相连接，最后在外电路将这两个地连接在一起后接地。

3. 应用举例

（1）增益可编程放大器

增益可编程放大器的电路如图 6－10 所示。输入模拟电压接到 AD7520 的基准电压端，输出模拟电压可按下式计算：

$$u_o = -\frac{U_{REF}}{2^n}(N)_D = -\frac{u_i}{2^n}(N)_D$$

所以

$$A_u = \frac{u_o}{u_i} = -\frac{(N)_D}{2^n}$$

可见，电压放大倍数由数码输入端 $D_0 \sim D_9$ 的值决定，故构成增益可编程放大器。

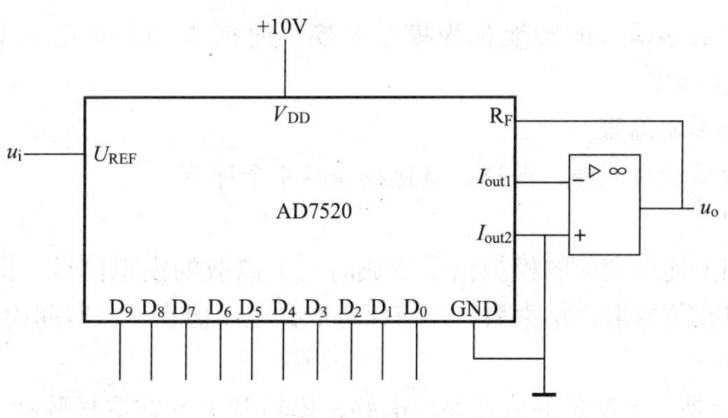

图 6－10　增益可编程放大器

（2）阶梯波发生器

阶梯波发生器的电路如图 6－11 所示。四位二进制同步计数器 74LS161 的 Q_3、Q_2、Q_1、Q_0分别与 AD7520D/A 转换器的 D_9、D_8、D_7、D_6相连接（$D_0 \sim D_5$全部接地）。由 74LS161 的 CP 端输入 1 kHz 的计数脉冲，其输出的四位二进制数由 0000～1111 变化，则 AD7520 的输

入由 0000000000～1111000000 变化，在模拟电压输出端便可得到周期性变化的阶梯波。

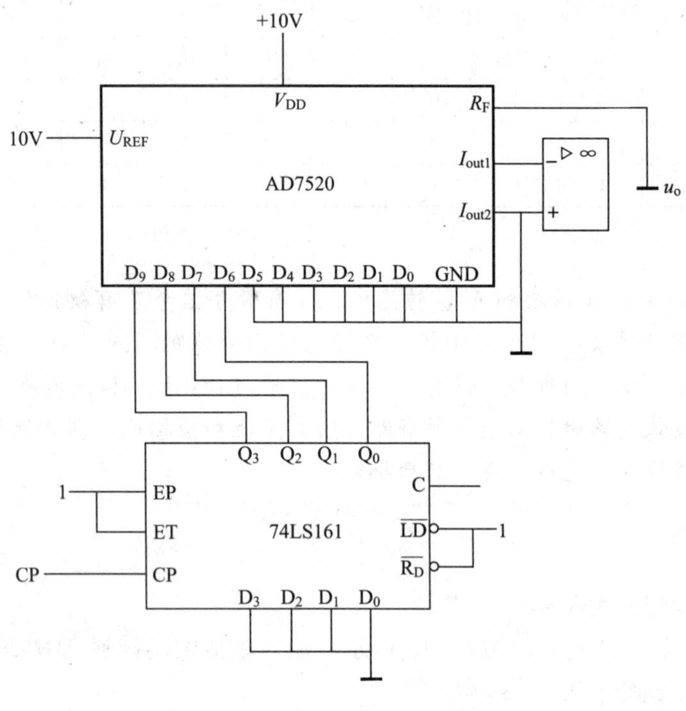

图 6－11　阶梯波发生器

§6—2　模数转换器

从模拟信号到数字信号的转换称为**模数转换**，简称 **A/D**。实现 A/D 转换的电路称为 **A/D 转换器**，简称 **ADC**。

一、A/D 转换基本原理

A/D 转换一般要经过取样、保持、量化和编码 4 个环节。

1. 取样和保持

取样是将时间上连续变化的模拟信号变成时间上离散的模拟信号。由于 A/D 转换需要一定的时间，所以在每次取样结束后，还应保持取样电压值在一段时间内不变，直到下一次取样时刻到来。

图 6－12a 所示是一个简单的取样保持电路，模拟开关 S 在取样脉冲 u_s 的控制下，每隔一定的时间就接通，对输入的模拟信号 u_i 进行取样，并通过电容 C 的存储作用保持取样的电压值，从电压跟随器输出的是阶梯波电压 u_o，如图 6－12b 所示。

显然，取样频率 f_s 越高，取样保持电路输出的阶梯波就越逼近原模拟信号。为了保证取样的精度，要求取样频率 f_s 应不低于输入模拟信号最高频率 f_{imax} 的 2 倍，即：

$$f_s \geqslant 2f_{imax}$$

通常取 $f_s = (5 \sim 10) f_{imax}$。

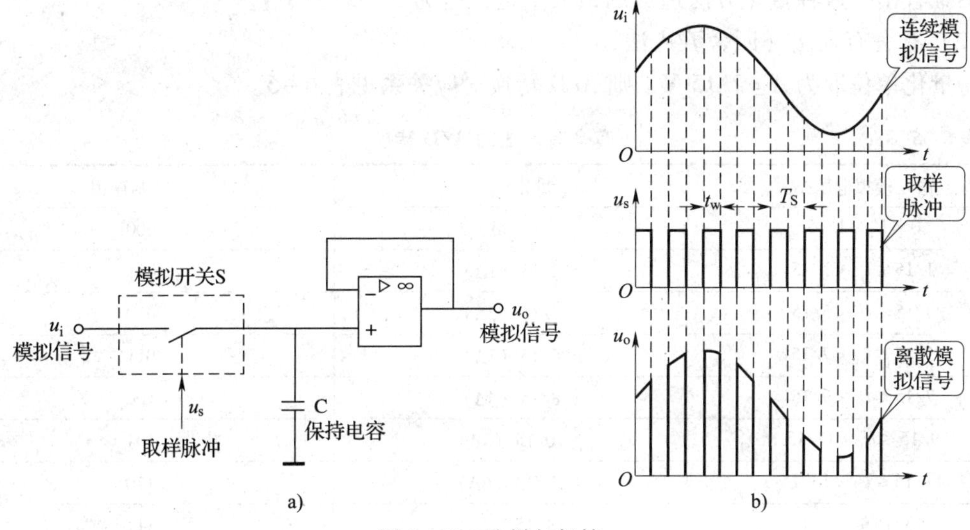

图 6-12　取样与保持

a）电路图　b）波形图

2. 量化和编码

模拟信号经取样、保持电路后，得到的只是连续模拟信号在取样时间内的瞬时值，还不是数字信号，要将其转换为相应的数字量，还必须先确定一个最小数量单位，然后再将取样电压用这个最小数量单位的整数倍来表示，这一过程称为**量化**。所规定的最小数量单位称为**量化单位**，用 Δ 表示。显然，数字信号最低有效位中 1 所代表的模拟电压就是量化单位 Δ。将量化的结果用二进制代码表示，称为**编码**。但模拟信号的取样值不一定是 Δ 的整数倍，在量化过程中不可避免地会引入误差，这种误差称为**量化误差**。

对于模拟量小于一个量化单位的部分，一般采用以下两种方法处理：

(1) 只舍不入法（舍尾取整法）

例如，将 0 ~ 1 V 模拟电压用三位二进制代码表示，取量化单位 Δ = 1/8 V，则 A/D 转换对应关系见表 6-4。

表 6-4　只舍不入法的 A/D 转换

输入模拟电压/V	量化值/V	二进制输出
$0 \leqslant U_o < 1/8$	0 (0Δ)	000
$1/8 \leqslant U_o < 2/8$	1/8 (1Δ)	001
$2/8 \leqslant U_o < 3/8$	2/8 (2Δ)	010
$3/8 \leqslant U_o < 4/8$	3/8 (3Δ)	011
$4/8 \leqslant U_o < 5/8$	4/8 (4Δ)	100
$5/8 \leqslant U_o < 6/8$	5/8 (5Δ)	101
$6/8 \leqslant U_o < 7/8$	6/8 (6Δ)	110
$7/8 \leqslant U_o < 1$	7/8 (7Δ)	111

当取样电压处于两个相邻量化值之间，不足一个量化值时，就将其尾数舍去，而取其整数，不难看出，这种量化方法造成的最大量化误差为Δ，即 1/8 V。

（2）有舍有入法（四舍五入法）

将量化单位取为 $\Delta = 2/15$ V，则 A/D 转换对应关系见表 6－5。

表 6－5　有舍有入法的 A/D 转换

输入模拟电压/V	量化值/V	二进制输出
$0 \leqslant U_o < 1/15$	0（0Δ）	000
$1/15 \leqslant U_o < 3/15$	2/15（1Δ）	001
$3/15 \leqslant U_o < 5/15$	4/15（2Δ）	010
$5/15 \leqslant U_o < 7/15$	6/15（3Δ）	011
$7/15 \leqslant U_o < 9/15$	8/15（4Δ）	100
$9/15 \leqslant U_o < 11/15$	10/15（5Δ）	101
$11/15 \leqslant U_o < 13/15$	12/15（6Δ）	110
$13/15 \leqslant U_o < 1$	14/15（7Δ）	111

这种量化方法造成的最大量化误差为Δ/2，即 1/15 V。

二、逐次逼近型 A/D 转换器

逐次逼近型 A/D 转换器是目前应用最多的 A/D 转换器之一，它是用一系列按 8、4、2、1 比例分级递减的基准电压与被测电压进行逐次比较，直至逼近被测电压值。其工作原理和用物理天平称量重物相似。

图 6－13 所示为逐次逼近型 A/D 转换器原理框图。

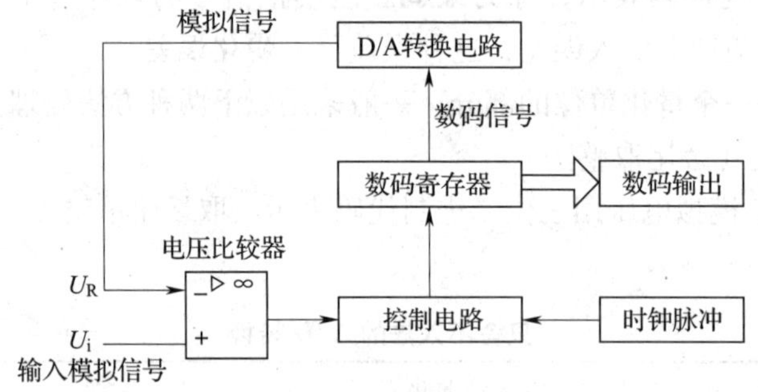

图 6－13　逐次逼近型 A/D 转换器原理框图

现以 4 位 A/D 转换为例，说明其工作过程：

转换开始，先将数码寄存器清零。开始转换后，时钟脉冲将数码寄存器的最高位置 1，使输出数码 $D_3D_2D_1D_0$ 为 1000。这个数码被 D/A 转换器转换成相应的模拟电压 u_R，送到电压比较器中与输入模拟量 u_i 进行比较。若 $u_R < u_i$，电压比较器输出高电平，数码寄存器将 1 保留；若 $u_R > u_i$，则电压比较器输出低电平，数码寄存器将清零。接着控制电路将次高位置 1，使数码寄存器输出数码 $D_2D_1D_0$ 为 100，再经 D/A 转换得到相应的模拟电压 u_R，送到电压比较器中与输入模拟量 u_i 比较，以同样的方法确定这个 1 是否应该保留。

从最高位到最低位逐一比较完毕后，使数码寄存器输出数码 D_0 为 1，比较完毕后，寄存器中保留的数码就是 A/D 转换的结果。

设输入模拟电压为 543 mV，基准电压分别为 0.8 V，0.4 V，0.2 V，0.1 V，…，8 mV，4 mV，2 mV，1 mV。逐次逼近比较过程如图 6-14 所示。

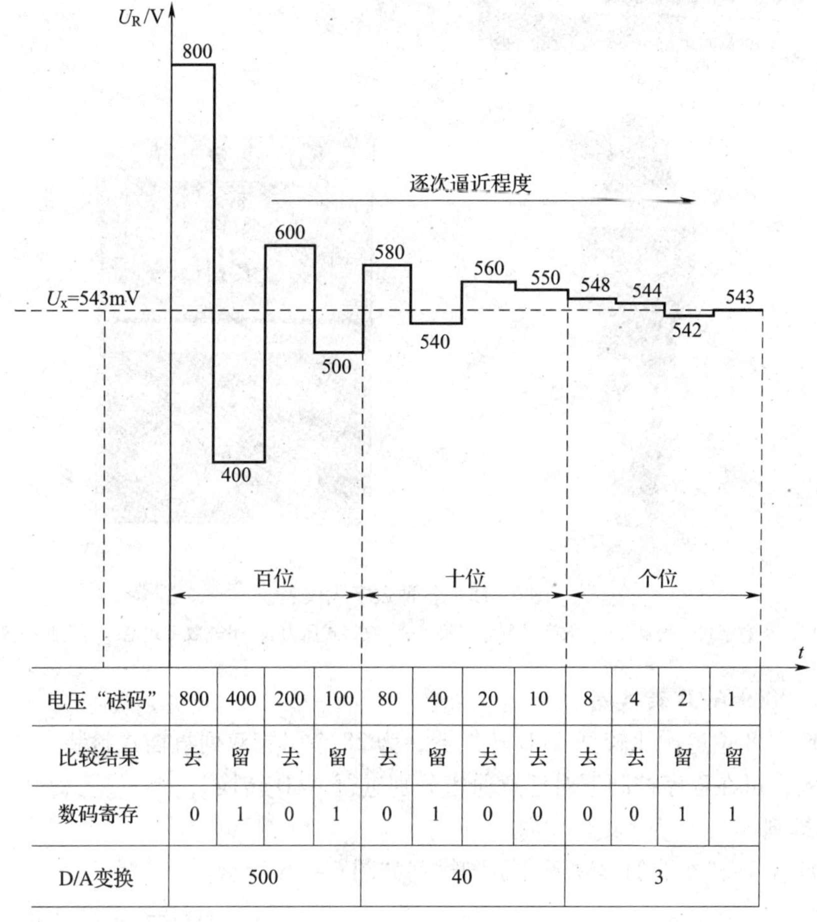

电压“砝码”	800	400	200	100	80	40	20	10	8	4	2	1
比较结果	去	留	去	留	去	留	去	去	去	去	留	留
数码寄存	0	1	0	1	0	1	0	0	0	0	1	1
D/A变换	500				40				3			

图 6-14 逐次逼近测电压过程

知识拓展

数字式仪表

数字式仪表的核心是数字式电压基本表，它利用 A/D 转换器将被测的电压模拟量转换成数字量，并送入计数器中，再通过译码—驱动器驱动显示器显示出相应的数值。

在数字式电压基本表的基础上，可采用各种传感器，将温度、湿度、压力、流量、位移、转速等非电量转换成与之有一定关系的电量，再进行测量，从而构成各种数字式仪表，如图 6-15 所示。

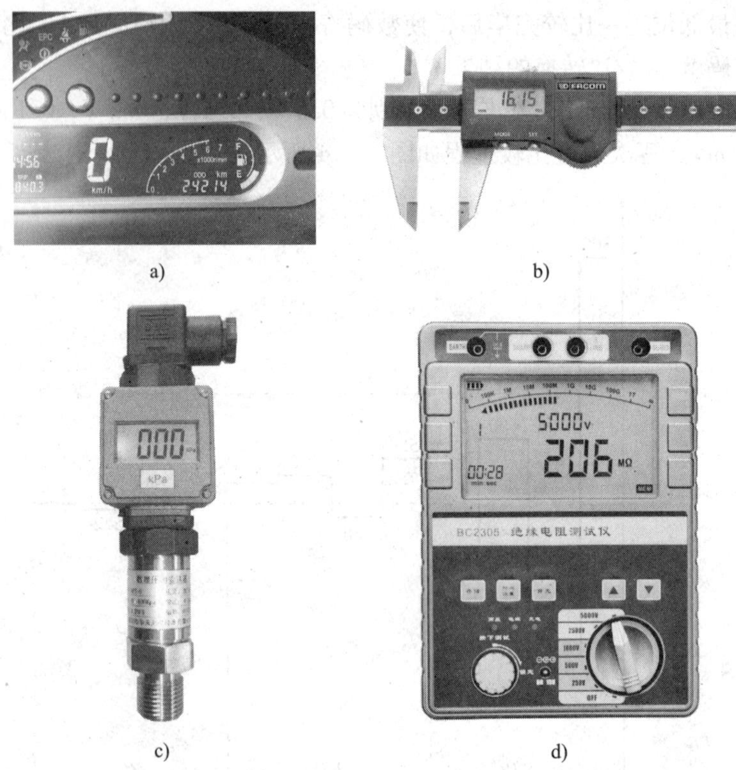

图 6-15　各种数字式仪表

a）汽车数字式仪表盘　b）数字式游标卡尺　c）数字式压力表　d）数字式绝缘电阻测试仪

三、ADC0809 A/D 转换器

ADC0809 是 8 位逐次比较型 A/D 转换器，为 28 个引脚双列直插式封装。它有 8 个通道的模拟量输入，可在程序控制下对任意通道分别进行 A/D 转换。

1. 引脚排列

ADC0809 A/D 转换器的实物图和引脚排列如图 6-16 所示。

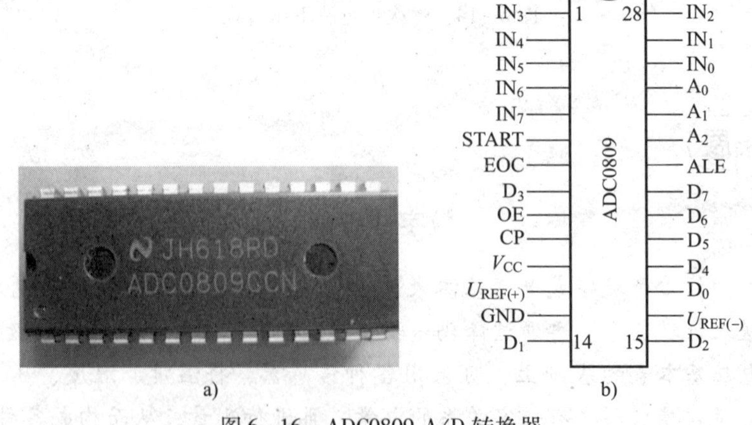

图 6-16　ADC0809 A/D 转换器

a）实物图　b）引脚排列

ADC0809 的引脚功能如下：

$IN_0 \sim IN_7$：8 路模拟信号输入端。

A_2、A_1、A_0：8 路模拟信号的选择器地址码输入端，根据其值选择 8 路模拟信号中的一路进行 A/D 转换。

$D_0 \sim D_7$：8 路数字信号输出端。

START：启动端。启动脉冲上升沿使 ADC0809 复位，下降沿启动 A/D 转换过程。

ALE：通道地址锁存信号输入端，高电平有效。当 ALE = 1 时，选中 $A_2A_1A_0$ 选择的一路，并将其代表的模拟信号接入 A/D 转换器中。

OE：允许输出控制端，高电平有效。OE = 1，允许输出；OE = 0，输出呈高阻状态。

EOC：转换结束信号输出端。当完成 A/D 转换时，发出一个高电平信号，表示转换结束。只有在 EOC = 1 后，才可以使 OE 为高电平，这时读出的数据才是正确的转换结果。

CP：时钟脉冲输入端。外接时钟脉冲频率一般为 500 kHz。

$U_{REF(+)}$、$U_{REF(-)}$：基准电压端。一般 $U_{REF(+)}$ 端接 +5 V，$U_{REF(-)}$ 端接地。

V_{CC}：电源端，一般接 +5 V。

GND：接地端。

想一想

应用 ADC0809 时，如果要求模拟信号从 IN_4 通道通入，A_2、A_1、A_0 应该如何设置？

2. 功能测试

A/D 转换器 ADC0809 的测试电路如图 6－17 所示。其测试步骤如下：

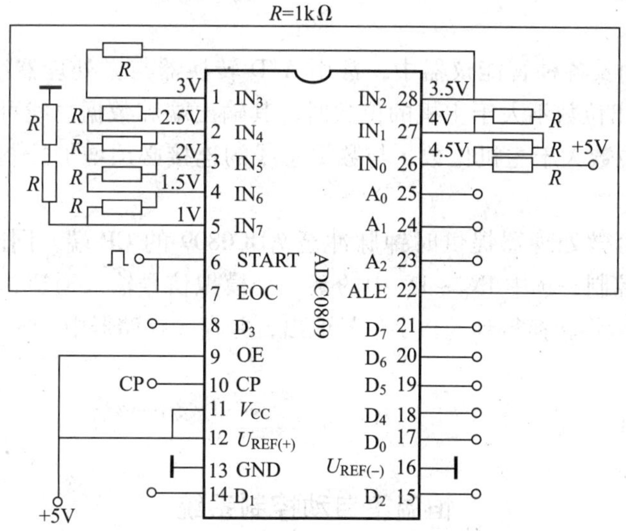

图 6－17　A/D 转换器 ADC0809 的测试电路

（1）由 +5 V 直流电源供电。10 个 1 kΩ 电阻组成分压网络，可向 $IN_0 \sim IN_7$端提供4.5 V，4.0 V，…，1.5 V，1 V 的模拟电压。

（2）CP 脉冲由脉冲信号源提供，可取 $f_s = 100$ kHz。变换结果由 $D_0 \sim D_7$接逻辑电平显示器输入插口，$A_0 \sim A_2$地址端接逻辑电平输出插口。

（3）接通电源后，在启动端（START）加以正单次脉冲，则 A/D 转换开始。图 6－17 中启动端（START）与转换结束信号输出端（EOC）相连接，因此 A/D 转换可连续进行。

（4）按表 6－6 的要求观察，记录 $IN_0 \sim IN_7$ 8 路模拟信号的转换结果，将转换结果换算成十进制数表示的电压值，并与数字电压表的实测值进行比较。

表 6－6　　实验记录表

地址			被选模拟通道	输入模拟量	输出数字量								十进制
A_2	A_1	A_0		u_i/V	D_7	D_6	D_5	D_4	D_3	D_2	D_1	D_0	
0	0	0	IN_0	4.5									
0	0	1	IN_1	4.0									
0	1	0	IN_2	3.5									
0	1	1	IN_3	3.0									
1	0	0	IN_4	2.5									
1	0	1	IN_5	2.0									
1	1	0	IN_6	1.5									
1	1	1	IN_7	1.0									

3. 应用电路

在现代智能控制及各种智能仪器中，常用 A/D 转换器与微处理器组成数据采集系统。当 A/D 转换器的输出位数不大于主机的位数时，其输出端和数据总线可以直接相连接；若 A/D 转换器的输出位数大于主机位数，与数据总线的连接必须增加控制环节，把多位数据分次读出。

采集数据时，由微处理器提供时钟脉冲至 ADC0809 的 CP 端，同时对 START、ALE、A_2、A_1、A_0端进行控制，选中 $IN_0 \sim IN_7$ 中的某一个模拟信号输入通道，并对输入模拟信号进行 A/D 转换，然后将转换得到的数字信号取出，并存入存储器中。

恒温箱自动控制系统

D/A 和 A/D 转换器是各种自动检测和自动控制系统中必不可少的部分，下面以某恒温箱自动控制系统为例加以说明。如图 6－18 所示为其功能框图。

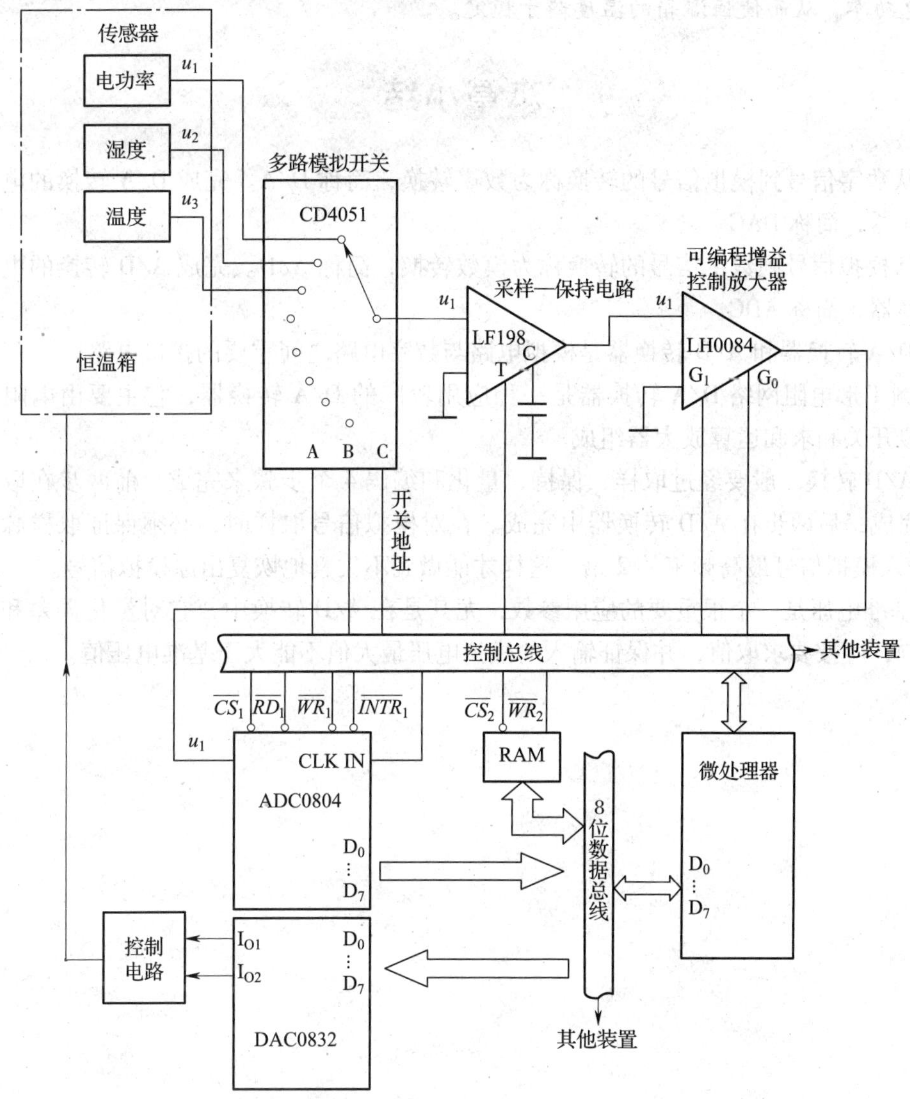

图 6-18　某恒温箱自动控制系统功能框图

该系统由传感器、多路模拟开关、采样—保持电路、可编程增益控制放大器、A/D 转换器（ADC0804）、D/A 转换器（DAC0832）和微处理器等组成。与数据总线相连的有 ADC0804、DAC0832、微处理器和随机存储器（RAM），控制总线用来传送各部件所需要的控制信号。

来自传感器的温度、湿度、电功率等信号为模拟量。微处理器通过控制总线向多路开关发送地址信号，选择所要转换的模拟信号，例如，设微处理器所发送的地址信号 ABC =000 时，电功率传感器信号被选中，通过多路模拟开关送到采样—保持电路，再送到可编程增益控制放大器放大。微处理器对采集到的数字量进行分析，根据系统要求做出处理，例如，当系统检测到温度过高时，将发出减小加热系统电功率的控制指令和相关控制参数，这些控制指令和参数经过 D/A 转换器（DAC0832）转换为模拟量后，作为控制信号，控制减小加热系统的电功率，从而使恒温箱的温度趋于稳定。

本章小结

1. 从数字信号到模拟信号的转换称为数模转换，简称 D/A。完成 D/A 转换的电路称为 D/A 转换器，简称 DAC。

2. 从模拟信号到数字信号的转换称为模数转换，简称 A/D。完成 A/D 转换的电路称为 A/D 转换器，简称 ADC。

3. D/A 转换器和 A/D 转换器是模拟电路与数字电路之间重要的接口电路。

4. 倒 T 形电阻网络 D/A 转换器是一种应用较广的 D/A 转换器，它主要由电阻译码网络、模拟开关和求和运算放大器组成。

5. A/D 转换一般要经过取样、保持、量化和编码 4 个步骤来完成。前两步在取样保持电路中完成；后两步在 A/D 转换器中完成。在对模拟信号取样时，必须保证取样脉冲频率 f_s 大于输入模拟信号最高频率的 2 倍，这样才能做到不失真地恢复出原模拟信号。

6. 基准电压是一个很重要的应用参数，尤其是在 A/D 转换中，它对量化误差和分辨率都有影响，应按要求取值，并保证输入的模拟电压最大值不能大于基准电压值。

第七章 数字电路的综合应用

学习目标

1. 掌握数字电路的一般分析方法，能综合运用学过的基本逻辑部件知识分析较复杂的电路。

2. 结合应用实例和动手操作，了解数字电路系统的设计和制作过程。

3. 了解排除数字电路故障的一般方法。

§7—1 数字电路基本读图方法

实际应用的数字电路往往是由多个基本逻辑部件组合而成的，相应的电路图也较为复杂。数字电路图的识读是掌握数字电子技术的重要环节。

一、电路图的种类

电路图主要有以下几种：

1. 原理框图

原理框图也称框图，它反映整个电路或系统的大致结构或功能组合。各主要部分用小矩形框表示，框内可用文字、符号等作简要说明，各框间用连线或箭头标出它们之间的信号流向或逻辑关系。阅读框图有助于对电路或系统进行整体分析，了解其整体功能。

例如，图7－1所示为3人表决器的原理框图，框图很清楚地表明，3人表决器主要是由按钮开关、控制电路、显示电路3部分组成。

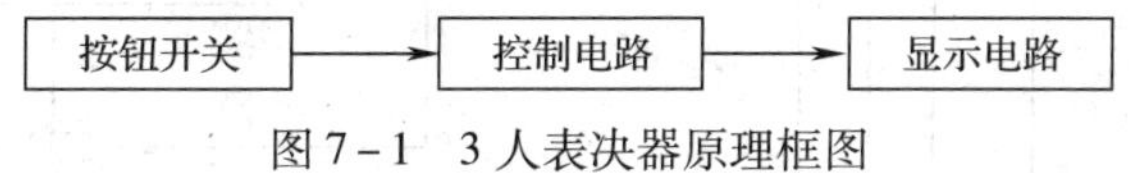

图7－1　3人表决器原理框图

2. 原理电路图

在数字电路中原理电路图常被称为**逻辑电路图**，有时也简称**电路图**或**逻辑图**。图7－2所示为3人表决器的电路图，它由特定的电气图形符号组成，能具体表明整机的电路结构、各单元电路的形式及相互之间的连接方式，并标出元器件型号、元件参数，以便安装、检测和维修。对电路中使用的集成芯片或其他特殊元器件，通常还另外给出引脚排列图。

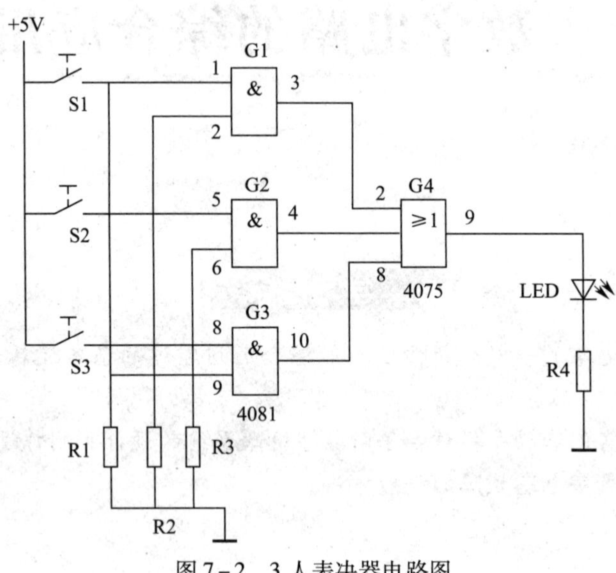

图 7-2　3 人表决器电路图

3. 装配图

装配图也称安装图或布线图。它标明了电路各元器件在线路板或印制线路板上分布的具体位置及各元件之间的连接或走向。例如，图 7-3 所示为 3 人表决器在实验板上的装配图，图中焊点、连接线、元器件都是安装时的实际位置，在集成电路的连接点上还特别标明了引脚号。

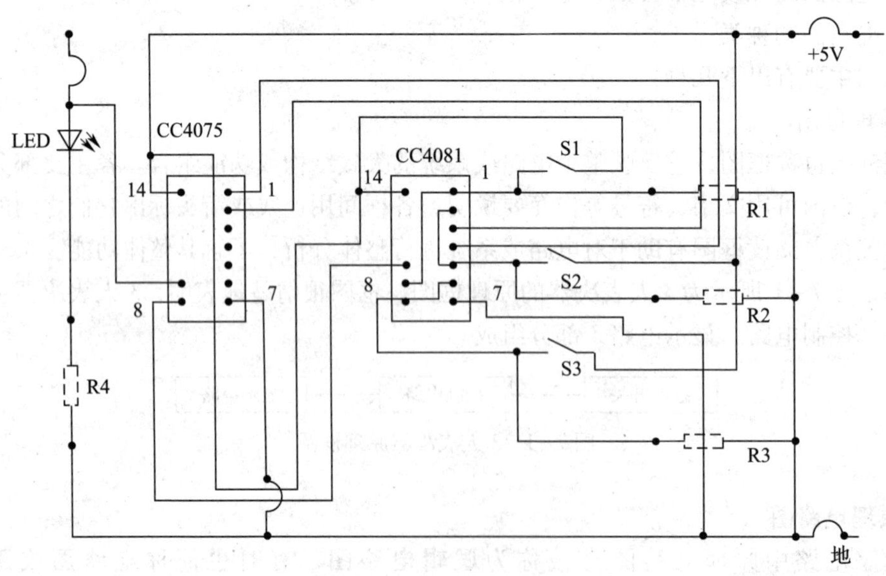

图 7-3　3 人表决器电路装配图

二、基本读图方法

一般读图步骤流程如下：

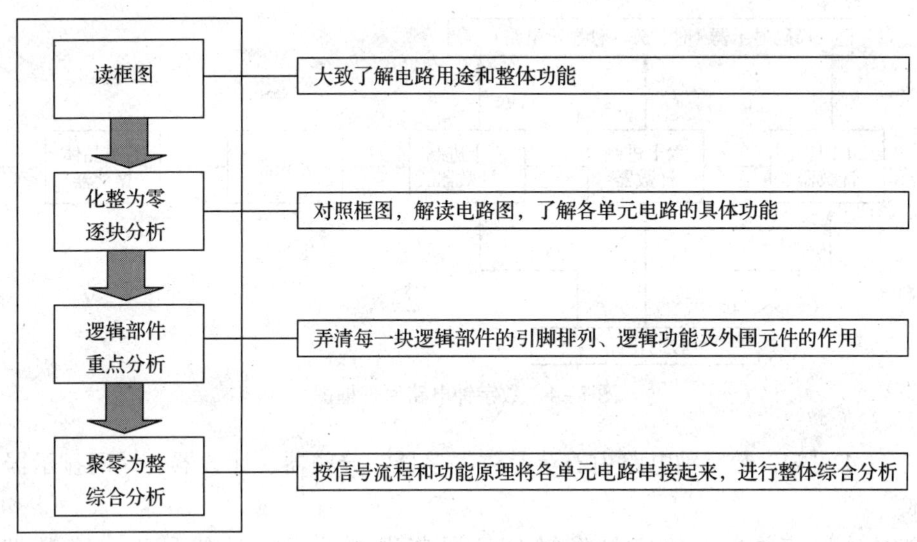

读图时要注意以下几点：

1. 数字电路采用集成电路较多，许多单元电路都设置在集成电路内部，在分析电路时，无法直接对这些单元电路进行详细分析，所以更多是要通过框图来了解整机电路的组成、信号的处理和传输过程。

2. 数字电路以集成电路为主，因此在分析电路时必须弄清每一个集成电路其内部组成、引脚排列和逻辑功能，分析整机电路时则主要分析集成电路的外部功能和外接元件的作用。

3. 一个数字集成电路往往有多个输入引脚和多个输出引脚，要注意区分；特别注意有些引脚是接入控制信号，可能是低电平有效，也可能是高电平有效，只有当几个输入信号都正常时，才能获得一个完整的输入信号。

4. 在电路分析中要注意信号的流向，如果一个信号经处理后分离为两个或两个以上信号，可以先跟踪其中一个信号直至终端，然后再去跟踪另一信号；还要注意在数字电路中，同一根数据线可能是单向传输，也可能是双向传输，有时还可能是有选择地传输，这与模拟电路有很大不同。

5. 在数字系统中，往往既有数字信号又有模拟信号，读图时要注意它们之间的相互转换。当数字信号转换为模拟信号后，从模拟信号输出电路之后的电路就是模拟电路，其分析方法便与一般模拟电路的分析方法相同。

三、读图练习实例

1. 数字钟电路

（1）电路功能

实现由秒－分－时的计数和时－分－秒（23 时 59 分 59 秒）的显示。

（2）框图

数字钟电路原理框图如图 7－4 所示。

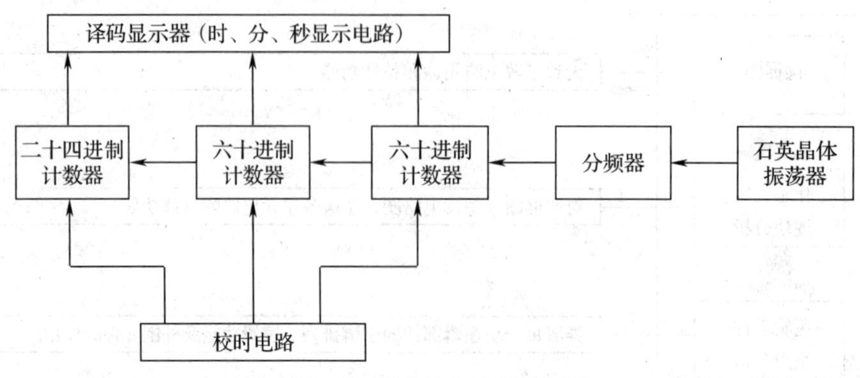

图 7－4　数字钟电路原理框图

由图 7－4 可知，数字钟电路由石英晶体振荡器、分频器、计数器、译码显示器和校时电路组成。

石英晶体振荡器产生的信号经过分频器获得秒信号，秒信号送入计数器计数，“秒”“分”“时”计数器分别为六十进制和二十四进制的计数器，计数结果通过相应的译码显示器显示时间，在 23 时 59 分 59 秒后恢复全 0。此外，该电路还具有校时功能。

（3）电路图

数字钟电路图如图 7－5 所示。

数字钟电路图的各部分功能分析如下：

1）石英晶体振荡器和分频器。石英晶体振荡器和分频器组成秒信号发生电路，如图 7－6 所示。

接通电源后，石英晶体振荡器的 32 768 Hz 高频信号在 CD4060 内部经 14 级二分频后，获得频率为 $32\ 768/2^{14}=2$ Hz 的信号，由 CD4060 的 Q_{14}端输出，再经过 D 触发器 CD4013 构成的 T′触发器二分频后，即可输出频率为 1 Hz 的秒信号。

想一想

如图 7－7 所示，CD4060 的 12 脚 R_D为异步复位端，为什么要接 0？

2）计数器。CD4518 为双二—十进制计数器，其引脚排列如图 7－8 所示。

当 CP 接地，EN 输入下降沿脉冲时，进行加法计数，$Q_3Q_2Q_1Q_0$从 0000→1001，又返回 0000。

时
分
秒
CD4511
CD4518－3
CD4518－2
CD4518－1
1/4 CD4081
1/4 4081
G1
G2
G3
1/4 CD4071
G4
100kΩ
S1
秒"0"
+5V
S2
分校
S3
时校
V_{DD}
U_{SS}
CD4060
Q14
1/2 CD4013
10MΩ
32.768kHz
33pF
C1
C2
屏蔽线

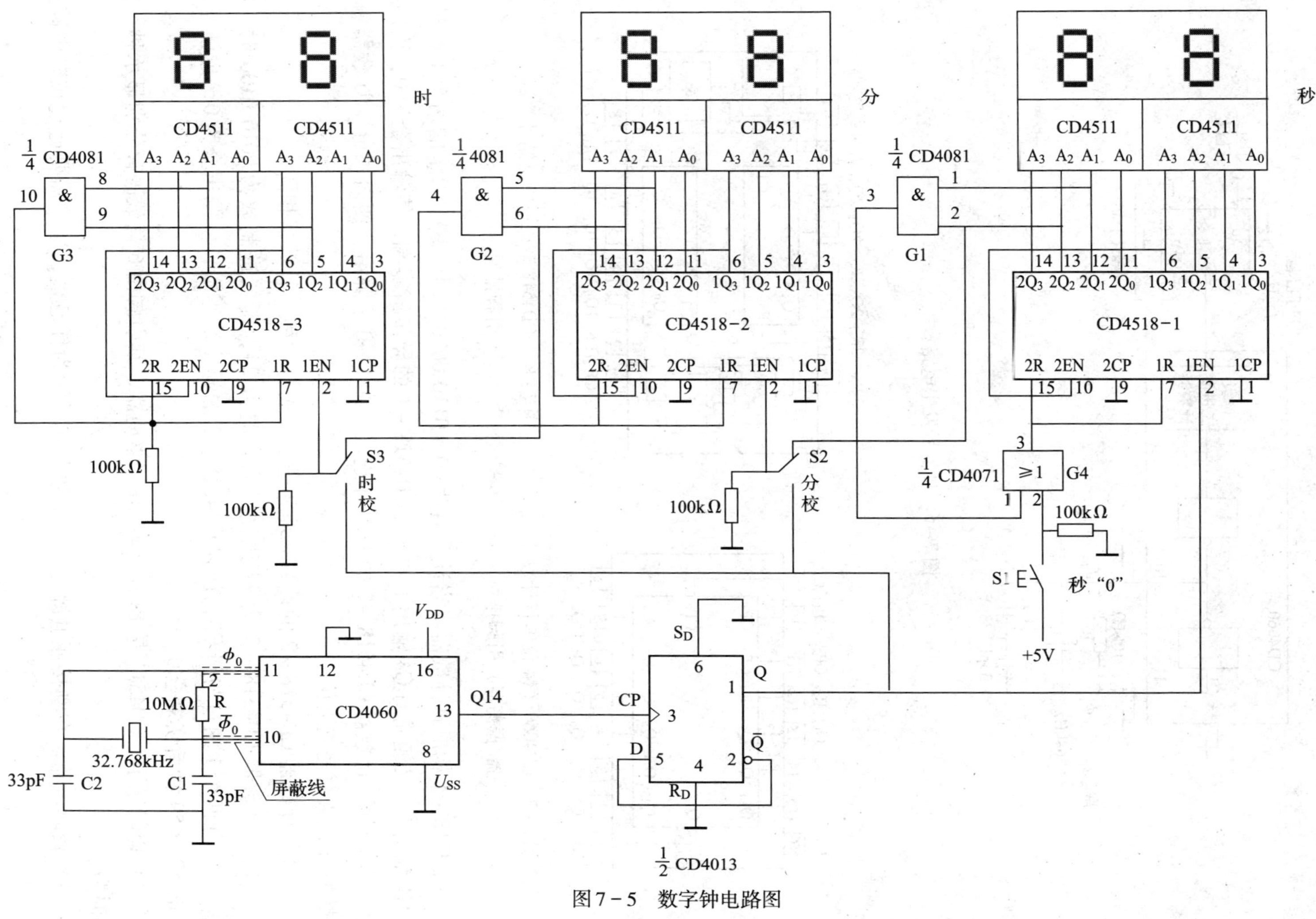

图7－5　数字钟电路图

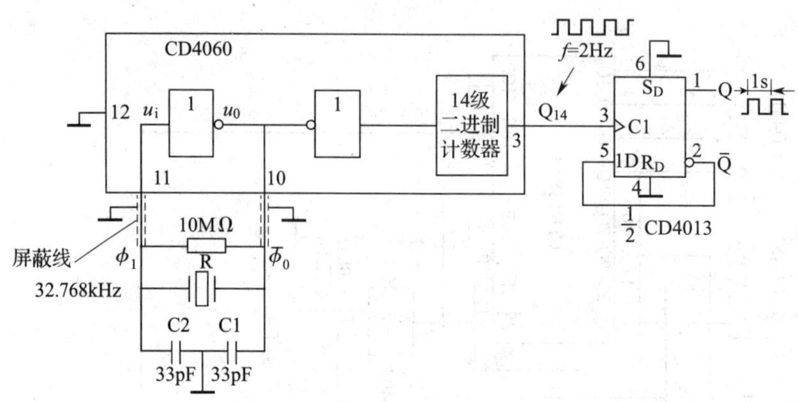

图 7－6　秒信号发生电路

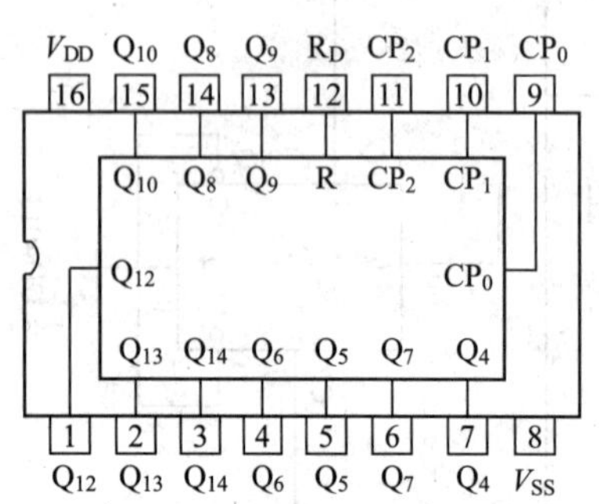

图 7－7　CD4060（14 位串行计数器/振荡器）引脚排列

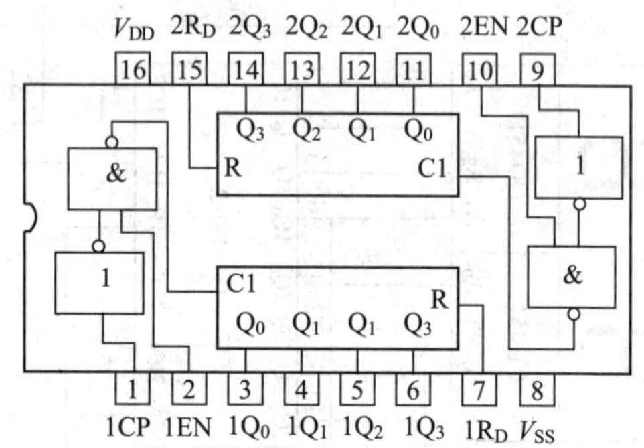

图 7－8　CD4518 双二—十进制计数器引脚排列

CD4518－1 构成秒计数器，当计数值达 60（0110 0000）时，$2Q_1$、$2Q_2$的两个 1 通过与门 G1 输出 1，又经或门 G4 输出 1，加到 CD4518－1 的异步清零端，使输出全为 0；而同时$2Q_2$又与“分”计数器 CD4518－2 的 1EN 相连接，在 1→0 下降沿，便向“分”计数器输入计数脉冲，从而完成进位。

“分”计数器 CD4518－2 的计数原理和进位方式与“秒”计数器相同。

“时”计数器 CD4518－3 为 24 进制，故在时数 24，即二进制数为 0010 0100 时，将$1Q_2$、$2Q_1$的两个 1 通过与门 G3，加到 CD4518－3 的异步清零端，使输出全为 0，也就是在 23 时 59 分 59 秒后恢复全 0。

3）译码显示。CD4511 是 BCD 七段译码/驱动器，其引脚由 6 只数码管分别显示秒、分和时数。

4）校时电路。在刚接通电源时，由于数码管显示为任意值，所以需要通过校时电路来进行调整。

“秒”校正采用归 0 校正，即按一下按钮 S1 后即可复 0。由于六十进制也用清 0 方式，故采用 G4 或门输入。

“分”校正和“时”校正用开关 S2、S3 直接引进“秒”信号，让相应计数器快速计数，在达到需要数字后，立即切断“秒”信号。

2. 步进电动机数控电路

（1）电路功能

输出脉冲信号控制步进电动机按三相单三拍模式运转，即三相通电顺序为 U→V→W→U。

（2）框图

步进电动机数控电路原理框图如图 7－9 所示。

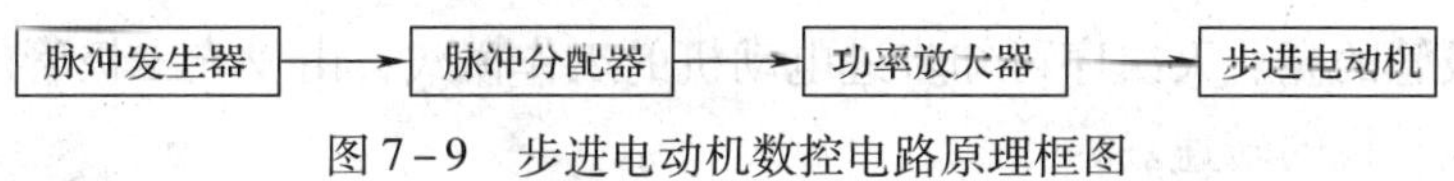

图 7－9　步进电动机数控电路原理框图

（3）电路图

步进电动机数控电路图如图 7－10 所示。

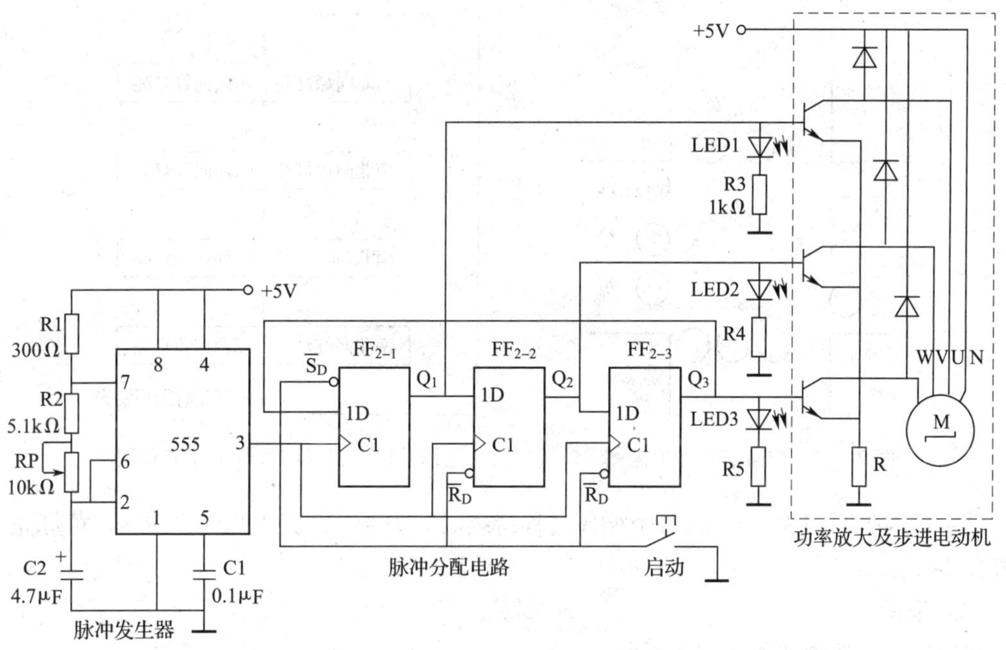

图 7－10　步进电动机数控电路图

1）脉冲发生器。由 555 时基电路组成多谐振荡器，3 脚输出控制脉冲信号，调节 RP 可改变脉冲频率。

2）环形脉冲发生器。用 3 个 D 触发器彼此首尾相接，构成环形脉冲分配器，分别从 Q_1、Q_2、Q_3端给步进电动机的 U、V、W 相输送脉冲信号。3 个 D 触发器的 CP 端均由控制脉冲同步控制。D 触发器 FF_{2-1}的置位端 $\overline{S}_D$ 和 FF_{2-2}、FF_{2-3}的清零端 $\overline{R}_D$ 连接在一起。与启动开关相连接，用来设置初态 100。其真值表见表 7－1。

表 7-1　　脉冲分配器真值表

正转脉冲信号	U	V	W
0	1	0	0
1	0	1	0
2	0	0	1
3	1	0	0

3）功率放大器及步进电动机。由 3 只功放管组成功放电路，将控制脉冲信号放大后驱动步进电动机按 U→V→W→U 三相单三拍模式运转。

由发光二极管的亮、灭次序可知步进电动机的工作模式；由发光二极管的亮、灭变化速度，可知步进电动机的转速。

3. 交通信号灯控制电路

（1）电路功能

十字路口交通信号灯示意图如图 7-11 所示，其工作流程如图 7-12 所示。

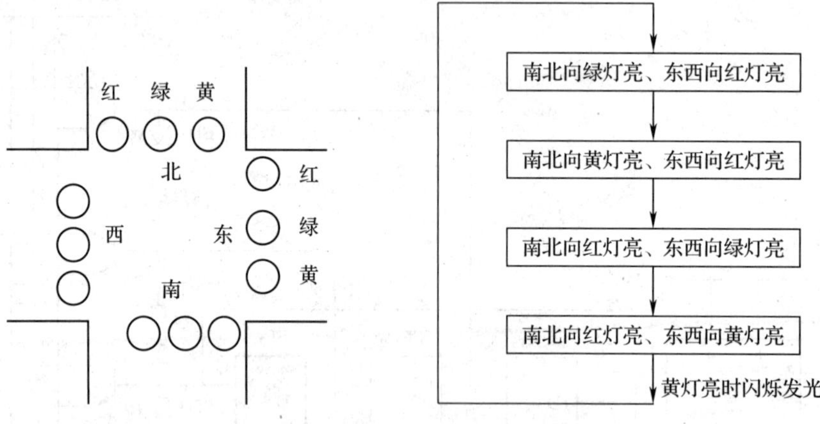

图 7-11　交通信号灯示意图　　图 7-12　交通信号灯工作流程图

设黄灯闪亮时间为 4 s，则每个循环过程持续时间为 48 s，其中绿灯亮 20 s，黄灯亮 4 s，红灯亮 24 s。

（2）框图

交通信号灯框图如图 7-13 所示。

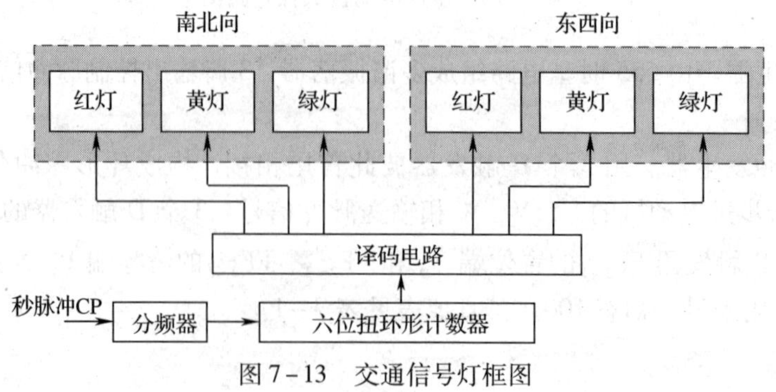

图 7-13　交通信号灯框图

(3) 电路图

交通信号灯控制电路图如图 7-14 所示。

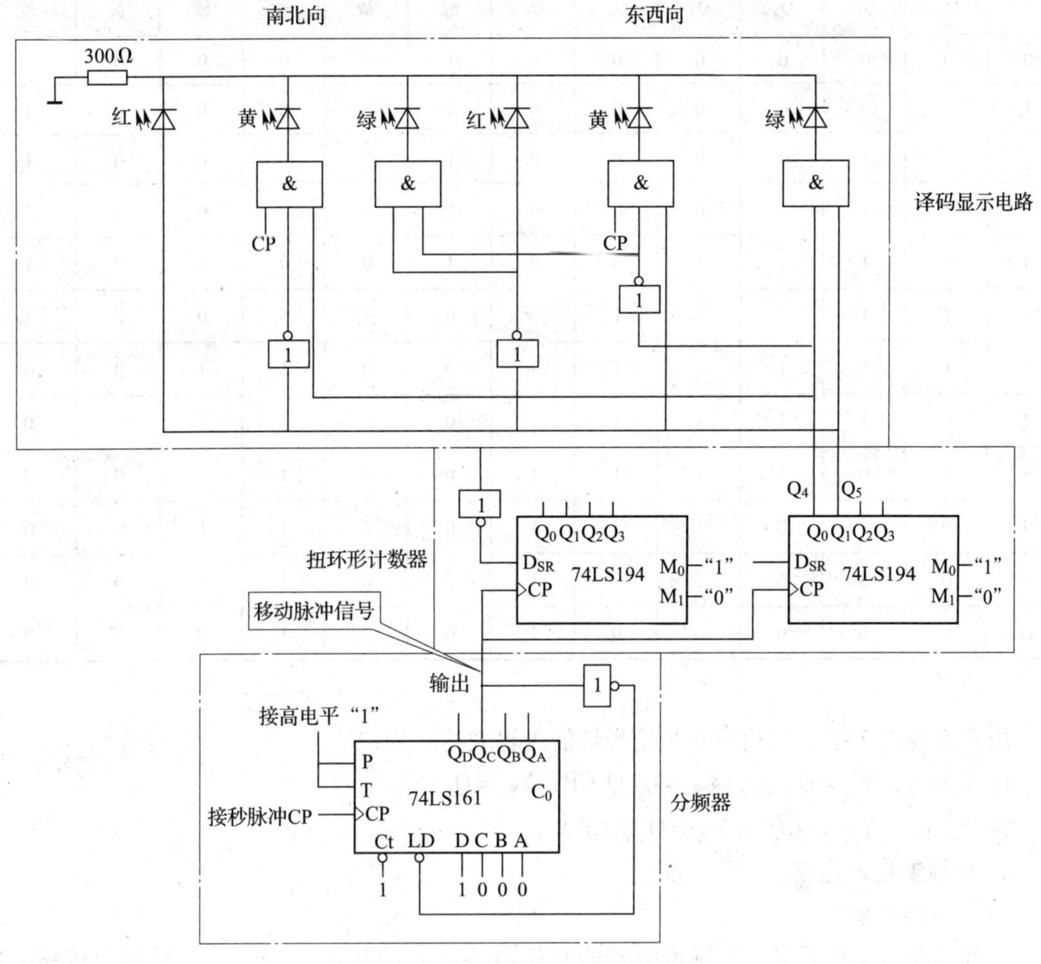

图 7-14　交通信号灯控制电路图

1）分频器。由 74LS161（同步 10/16 进制计数器）构成四分频器。将秒脉冲信号 CP 输入分频器，经四分频后，每 4 s 输出一个脉冲信号，作为输入下一级的移位脉冲信号。

2）扭环形计数器。由两片 74LS194（双向移位寄存器）构成六位十二进制扭环形计数器，74LS194 的低两位输出是六位扭环形计数器的 Q_4 和 Q_5 位。

3）译码电路。由逻辑门电路组成控制信号灯译码电路，在对环形计数器输出状态组合后，在不同时段点亮各灯发光。在黄灯点亮时段，让秒脉冲信号加入与门输入端，即可使黄灯闪烁 4 s。

控制信号灯译码电路的真值表见表 7-2。

表 7-2　　控制信号灯译码电路真值表

t	环形计数器输出						南北方向灯			东西方向灯		
	Q_0	Q_1	Q_2	Q_3	Q_4	Q_5	绿	黄	红	绿	黄	红
0	0	0	0	0	0	0	1	0	0	0	0	1
1	1	0	0	0	0	0	1	0	0	0	0	1
2	1	1	0	0	0	0	1	0	0	0	0	1
3	1	1	1	0	0	0	1	0	0	0	0	1
4	1	1	1	1	0	0	1	0	0	0	0	1
5	1	1	1	1	1	0	0	闪	0	0	0	1
6	1	1	1	1	1	1	0	0	1	1	0	0
7	0	1	1	1	1	1	0	0	1	1	0	0
8	0	0	1	1	1	1	0	0	1	1	0	0
9	0	0	0	1	1	1	0	0	1	1	0	0
10	0	0	0	0	1	1	0	0	1	1	0	0
11	0	0	0	0	0	1	0	0	1	0	闪	0

由真值表表 7-2，可得出 6 个信号灯的逻辑表达式为：

南北方向：$Y_{绿}=\overline{Q}_4\ \overline{Q}_5$，$Y_{黄}=Q_4\ \overline{Q}_5 CP$，$Y_{红}=Q_5$

东西方向：$Y_{绿}=Q_4 Q_5$，$Y_{黄}=\overline{Q}_4 Q_5 CP$，$Y_{红}=\overline{Q}_5$

4. 可预置定时电路

（1）电路功能

可通过外部操作开关，控制定时器的直接清零、启动和定时。按下“复位”按钮，数码管显示“0”；拨动编码开关设定定时时间，按下“启动”按钮，定时器开始计时，同时黄色二极管点亮。当计时到设定时间时，定时器停止计时，同时发光二极管熄灭。

（2）原理框图

可预置定时电路的原理框图如图 7-15 所示。

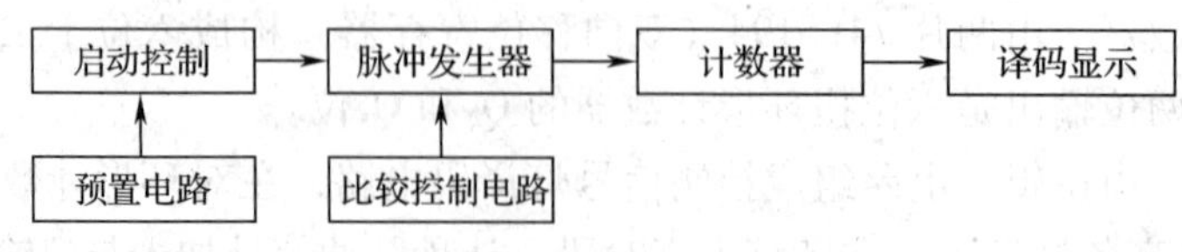

图 7-15　可预置定时电路原理框图

（3）电路图

可预置定时电路的电路图如图 7-16 所示。

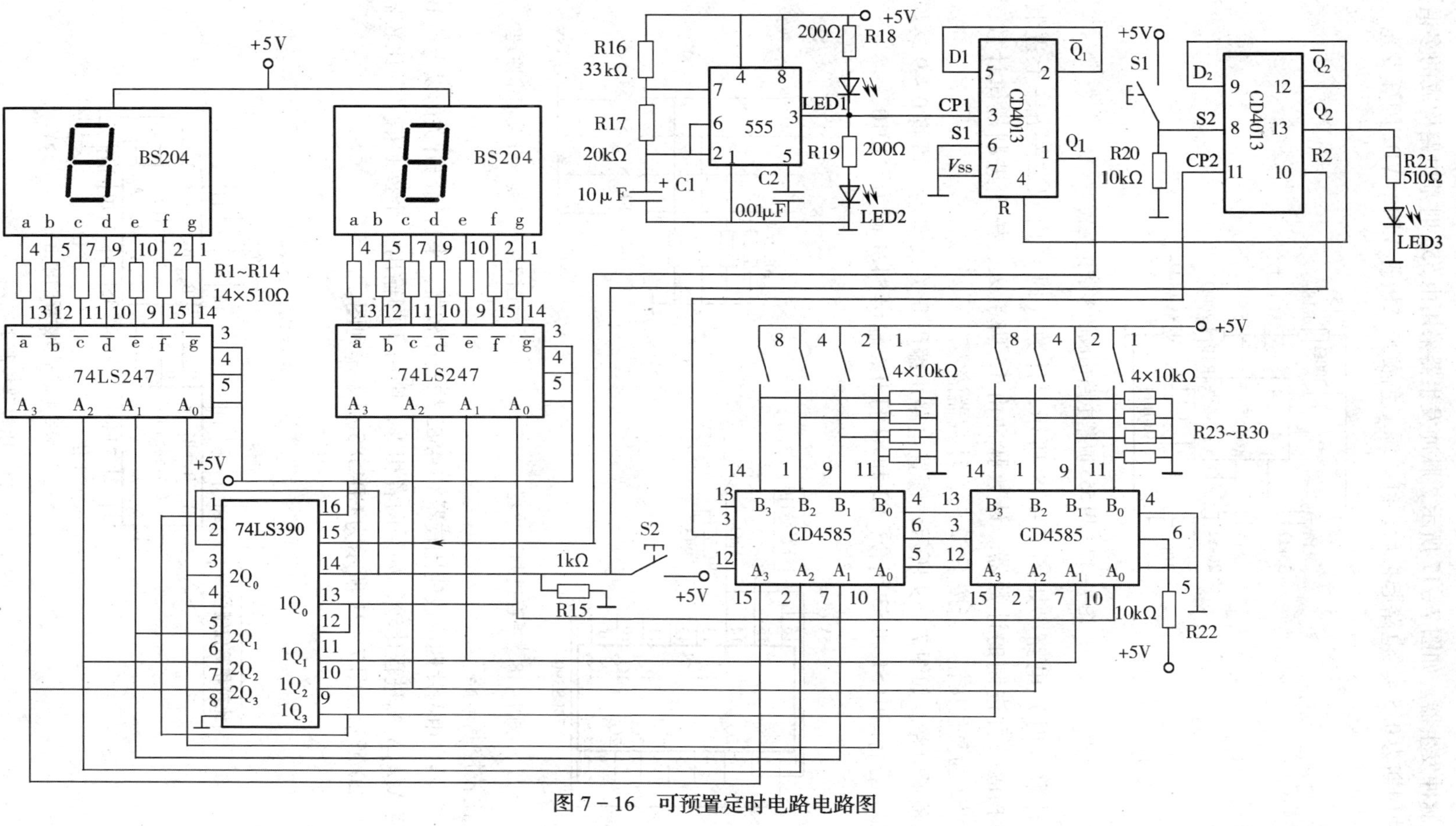

图 7－16　可预置定时电路电路图

1）脉冲发生器。如图7-17所示，脉冲发生器采用由555时基电路构成的多谐振荡器，输出脉冲周期为0.5 s。电路起振后，红、绿二色发光二极管VD1、VD2闪烁发光。

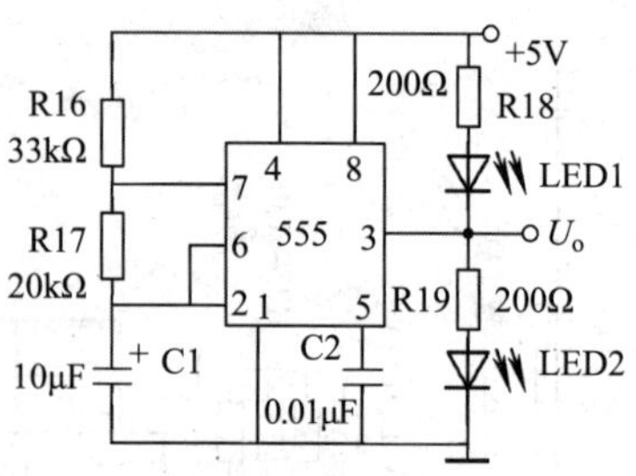

图7-17　用555时基电路构成的多谐振荡器

2）计数（时）电路。如图7-18所示，计数（时）由双二—五—十进制计数器74LS390构成一百进制的计数器。计数脉冲由15脚引入，按十进制规律计数，最大为99（s）。S2为复位按钮，当按下S2时，计数器清零。

3）预置电路。如图7-19所示，预置电路用编码开关来实现，可将0~9转换成8421码。例如，若将图中S1和S3闭合，S2和S4打开，输出8421码为“1010”。

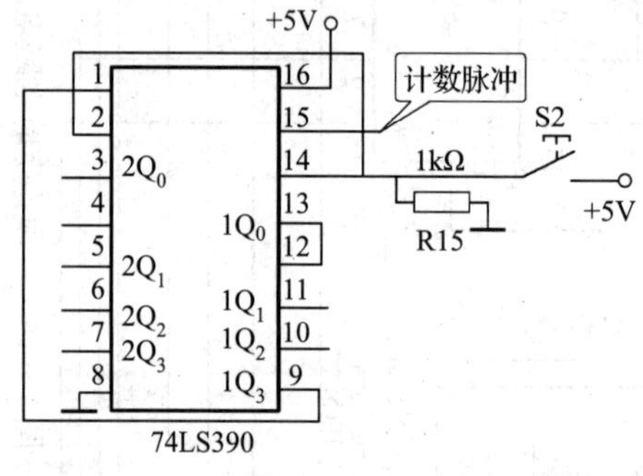

图7-18　一百进制计数器

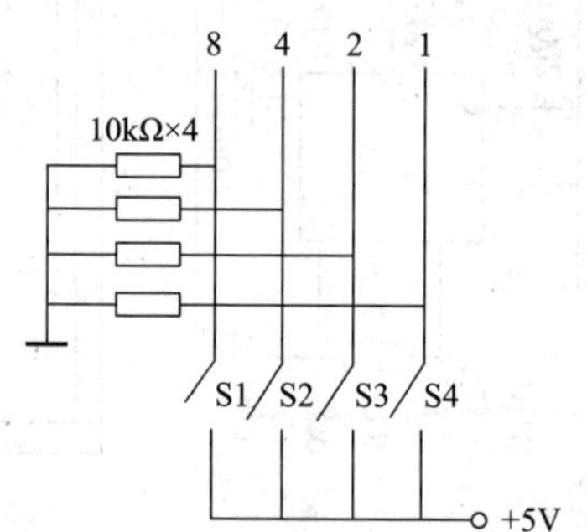

图7-19　编码开关工作原理

4）比较控制电路

①比较器。由两片四位数值比较器CD4585构成比较器，来自编码开关的设定值$B_3B_2B_1B_0$与计数值$A_3A_2A_1A_0$进程比较，如果两者相等，则由3脚输出一个控制信号。比较器控制电路如图7-20所示，图7-21所示为CD4585引脚排列图。

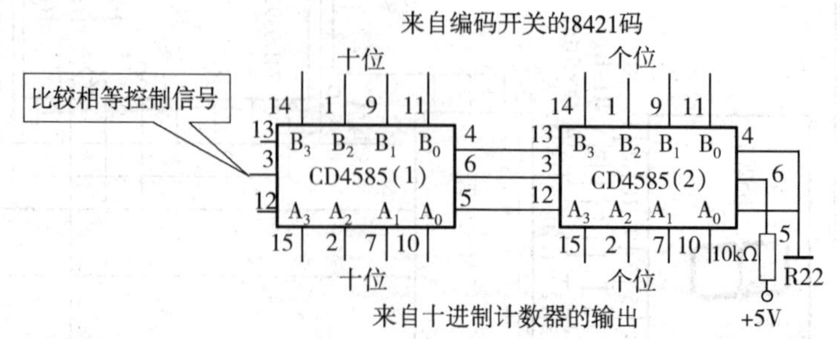

图7-20　比较器控制电路图

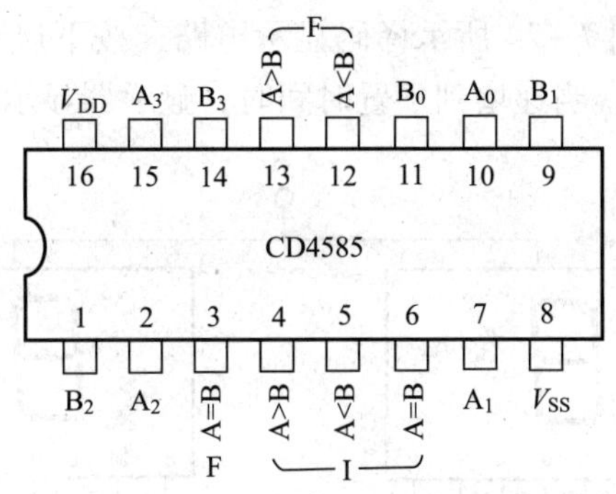

图 7-21　CD4585 引脚排列

②触发器控制电路。由双触发器构成触发器的控制电路，如图 7-22 所示，S1 为启动按钮，当按下 S1 时，正脉冲加在 D 触发器（2）的置“1”端（S2），使 Q2 =1，黄色发光二极管 LED3 点亮；置“0”端，R1（Q2）=0，不起作用。周期为 0.5 s 的脉冲信号经 D 触发器（1）二分频后，Q1 输出周期为 1 s 的脉冲作为计数器的计数脉冲。当计数值和设定值相等时，比较器输出一个控制信号到 D 触发器（2）的输入端，使触发器翻转，Q2 =0，黄色发光二极管 LED3 熄灭。同时 R1（$\overline{Q2}$）=1，则 Q1 =0，D 触发器（1）被置零，从而使计数器停止计数。

S2 为复位按钮，当按下 S2 时，R2 =1、Q2 =0，同样也能使计数器停止计数。

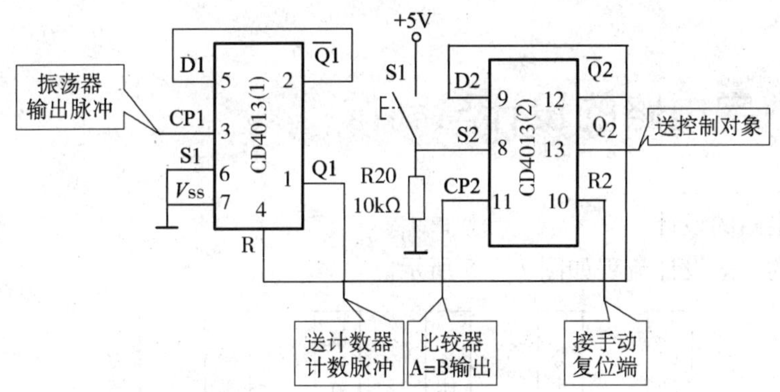

图 7-22　由双触发器构成触发器的控制电路图

图 7-23 所示为 CD4013 引脚排列图。

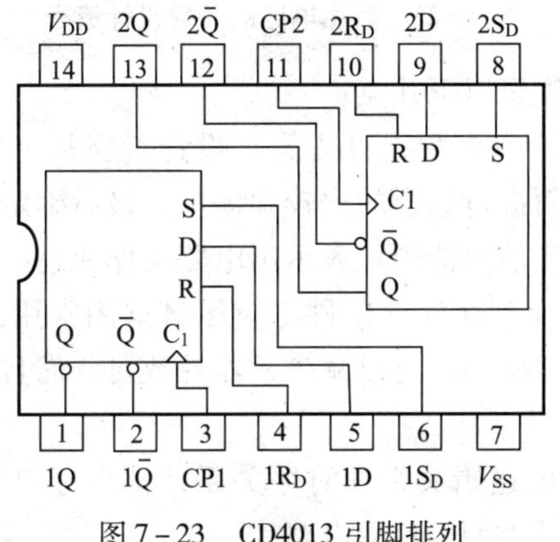

图 7-23　CD4013 引脚排列

5）译码显示电路。如图 7－24 所示译码显示电路，按下启动按钮后，计数器开始递增计数，译码显示器显示数字，当递增到预置时间时，显示器显示“00”。

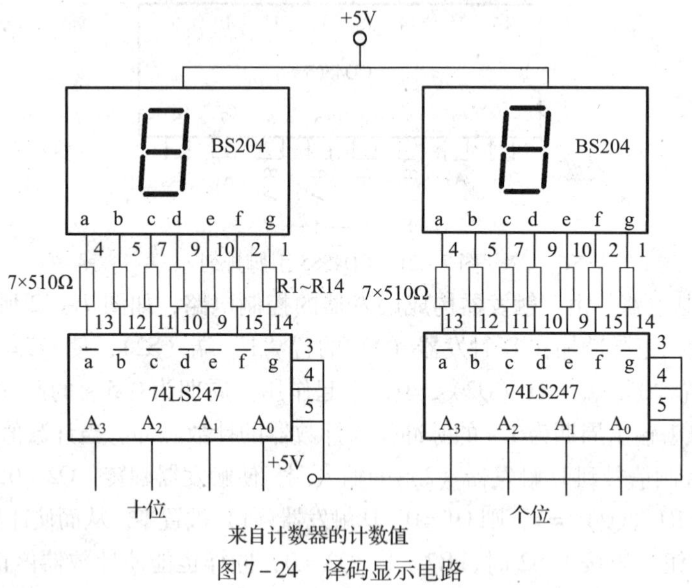

图 7－24　译码显示电路

§7—2　数字电路的设计与制作

一、数字电路的设计

数字电路的一般设计流程如图 7－25 所示。

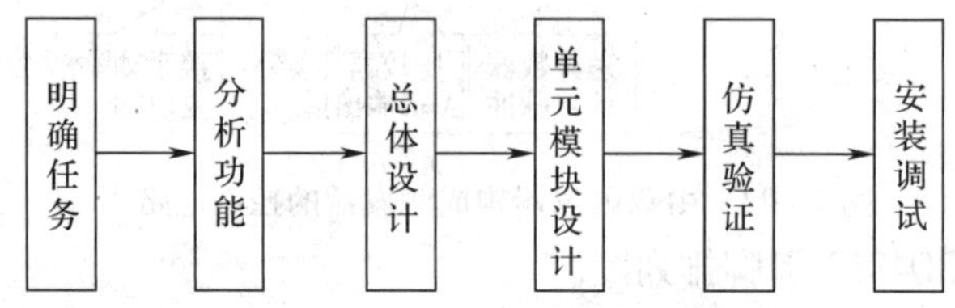

图 7－25　数字电路的一般设计流程

数字电路设计过程中应注意以下几点：

1. 针对同一课题，可能会有多种设计方案，设计者应从电路的先进、结构的繁简、成本的高低和制作的难易等方面进行综合的比较和评价，最后确定一种可行的方案。总体设计方案可用框图表示，框图应简洁、清晰地表示出电路工作原理。

2. 对选用的方案必须细化到实际元器件，应尽量选用常用的标准电路和元器件，优先选用中、大规模集成电路。这样不仅可以减少元器件数目，而且可以提高电路的可靠性，降低成本。

3. 注意各单元模块之间的逻辑关系和时序关系，耦合接口必须匹配。为避免使用电平转移电路，应尽量使用同一种类型的集成电路。

4. 绘制总体电路图应包含所有元器件。一般由信号输入端从左向右或从上到下按信号流向依次绘制出各单元电路。

5. 为了验证电路的总体功能，避免在调试中出现故障，安装电路前可先采用仿真软件对电路进行仿真测试，及时发现问题，改进电路。

二、数字电路的安装

数字电路的安装可采用焊接或接插两种方式，前者适用于定型产品的制作，但在产品的设计调试阶段，为便于修改电路，更多采用接插方式。接插方式即在插件板上实现元器件或导线的简单插入或拔出；也可以在实验箱上利用锁紧式插件及带插头的导线进行接线，以提高接插的可靠性。

采用接插方式安装电路时应注意以下几点：

1. 数字电路的核心部件是集成电路，在安装电路前应首先检查集成电路的好坏，包括外观检查和引脚测试，确保其合格方能使用。集成电路引脚应与插板（或插座）孔眼相配，要按集成电路的正方向（缺口在左）将引脚对准插板（或插座）孔眼垂直插入，并要确保所有引脚全部插入。

2. 按电路图的输入、输出顺序合理布局，相邻元器件应靠近放置。所有连线应尽可能短，且平贴板面，尽量做到横平竖直，导线或元器件不得跨越集成电路的上方。导线通常正电源线用红色，地线用黑色，信号线用黄色等；导线铜芯或插头与插孔接触要紧密可靠。

3. 实验箱普遍采用锁紧式接插件，连线时插头插入插孔，插头上方还可重复再插。改插或撤线时，以按下再旋转方式拔出插头。

三、数字电路的调试

1. 通电前直观检查

安装好电路后不要急于通电，首先要认真仔细地进行直观检查。

（1）对照电路图检查元器件是否齐全，电源线、地线、信号线及集成电路外引脚是否连接好，有无遗漏、接错、短路或接触不良等现象。对复杂电路可用万用表的蜂鸣挡（≤200 Ω）检查，若蜂鸣器鸣叫说明有短路现象。

（2）注意检查集成电路的方向有无插反，某些不允许悬空的输入端是否按要求接入。

（3）电路中二极管、三极管、电解电容器等引脚有无接错。

2. 通电检查

直观检查无误后，将规定电源接入电路。不要急于测试，先要注意观察以下情况：

（1）接通稳压电源后，稳压电源电压表所示电压值是否严重下跌，电流表所示电流值是否过大，如果出现以上情况，说明电路有短路现象，应立即断电检查。

（2）接通电源后，如电压表、电流表显示正常，应静观一段时间，看是否有异常现象，包括有无冒烟、打火现象，是否有异常气味，听到异常声音，手摸元器件是否发烫等，如发现异常，应立即断电检查。

3. 通电调试

（1）静态调试

接通电源后，输入固定的高、低电平，如图 7－26 所示用发光二极管、数码管、逻辑笔，或万用表等检查电路相关点的静态输出响应，如输出电平、逻辑关系以及模拟电路的静态工作点等。

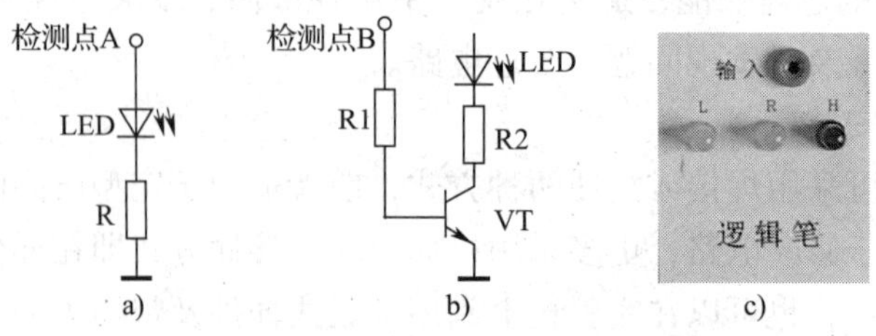

图 7-26　发光二极管逻辑电平显示器

a）无驱动电路　b）加驱动电路　c）逻辑笔

（2）动态调试

给数字电路输入系列脉冲信号，用示波器、数码管或频率计等观测电路相关点的动态输出响应。例如，用示波器观测电路的输入、输出波形，如图 7-27 所示，可以直观地反映信号的相位关系、分频关系，触发器的触发沿等。

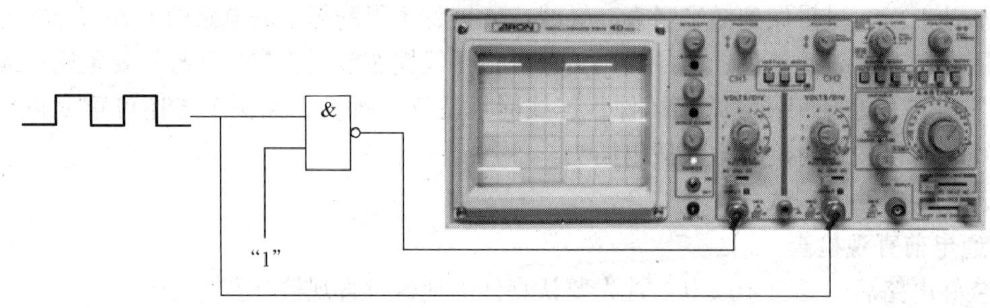

图 7-27　用示波器观测数字电路输入、输出波形

通过译码器驱动数码管显示，是检测时序电路的有效方法。如图 7-28 所示，通过译码显示检查十进制计数器，当第 5 个计数脉冲到来时，加法计数器 CC4518 输出二进制代码 0101，七段显示译码器 CC4511 应显示十进制数 5，由此可以判断计数器工作是否正常。

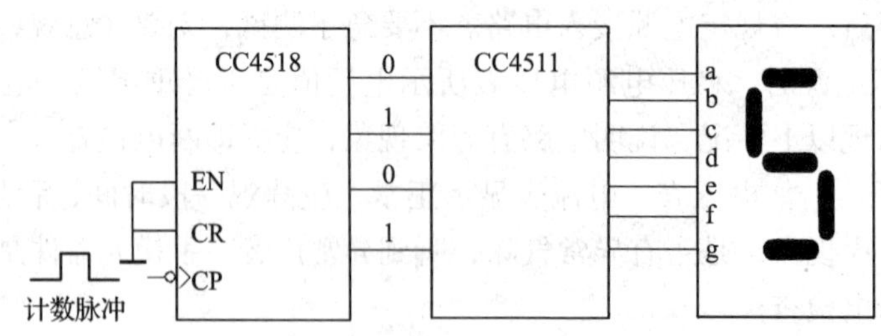

图 7-28　用数码管检测计数器

四、数字电路的故障检测与排除

1. 常用检查方法

（1）测电压法

用直流电压表测量电路关键点的直流电位，如模拟电路的静态工作点，数字电路的输入、输出电平等。例如，TTL 电路在不同情况下的电压测量正常范围见表 7－3，检测电路时可作为参考。

表 7－3　　TTL 电路电压测量值正常范围

输入、输出状态	电压测量正常范围
输入低电平	≤0.8 V
输入高电平	≥2 V
输出低电平	≤0.4 V
输出高电平	≥2.4 V
所有输入端悬空	≈1.4 V
两个状态不同的输出端短路	0.4～1.4 V

如果无论输入信号如何变化，输出一直保持高电平不变，可能是被测集成电路的地线接触不良或未接地线；如果输出信号的变化规律与输入信号相同，则可能被测集成电路的电源线接触不良或未加上电源电压。

（2）测电阻法

测量电阻应在电路断电状态下进行，可用于检查电路中连线、焊点和熔丝是否有短路和虚焊等故障，也可以检查电阻元件的阻值是否变值或断开，电容元件是否开路、短路或漏电，二极管、三极管的正、反向电阻是否正常。如果是在线测量，应将被测元器件与电路断开，否则测量值会受电路中与被测元器件等效并联的其他元器件的影响。测量大容量电解电容器时，先要用导线将电容两端短接，放掉存储电荷后，再进行测量。

（3）波形分析法

这是一种动态测试法，应在电路静态工作正常的情况下进行。先给电路输入信号，然后沿信号流向，用示波器观察各相关点的波形是否正常。

（4）元器件替代法

当怀疑某元器件有故障时，可用一个完好的同型号的元器件替代，置换后，若电路工作正常，则说明原有元器件或插件板存在故障，可做进一步检查。如果有多个输入端的集成器件在使用中有多余输入端，则可换用其他输入端进行试验，以判断原输入端是否有问题。

（5）分隔法

为了准确地找出故障点，还可通过拔去某一部分插件和切断部分电路之间的联系来缩小故障范围，分隔出故障部分。例如，检查一个与非门，其逻辑功能应该是“有 0 出 1，全 1 出 0”，但测量结果与上述不符。这时，可将该级输出与后级断开，若断开后该与非门工作正常，说明故障在后级，可能是连线有误，或芯片的几个输出端并接在了一起，或后级芯片输入端有短路故障等；若断开后该级故障依旧，说明该芯片已损坏。

2. 排除故障注意事项

（1）损坏元器件拆下后，要找到使其损坏的原因，对可能危及的相邻元器件也要进行检查。在确认无其他故障后，再动手更换元器件。

（2）更换集成电路时，必须确认型号、规格一致，性能完好方可换上。对于型号相同但前缀或后缀字母、数字不同的集成电路，应查阅相关资料，对照功能参数，确定其能否替代。

（3）更换大功率的电阻器、晶体管、集成电路时，应采用同一功率等级的元器件，一般不可用更高功率等级的元器件替代，以免电路原有的保护功能失效。

五、参考选题——四人抢答器

1. 功能要求

（1）用于四人（或少于四人）抢答场合。每个抢答者控制一个按钮，按动按钮发出抢答信号。

（2）最先按下抢答按钮者，其对应的发光二极管亮，蜂鸣器响，表示抢答成功。其后再有抢答者按下按钮无效。

（3）竞赛主持人控制复位按钮。

2. 制订方案

主要集成电路器件选用四位 D 触发器 74LS175、4 输入二与非门 74LS20、2 输入与非门 74LS00 及 555 时基电路。

74LS175 有 4 个相互独立的 D 触发器，这些触发器有共同的清零端 $\overline{CR}$ 和时钟脉冲端 CP。其引脚排列如图 7－29 所示，触发器逻辑功能见表 7－4。

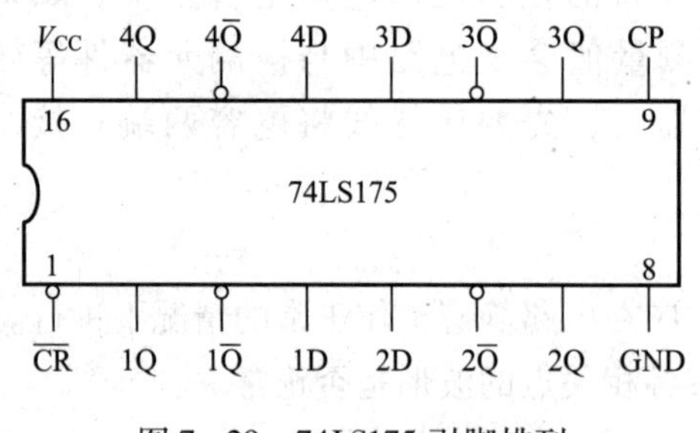

图 7－29　74LS175 引脚排列

表 7－4　　74LS175 逻辑功能表

输入			输出	
$\overline{CR}$	CP	D	$\overline{Q}$	Q
0	×	×	0	1
1	↑	1	1	0
1	↑	0	0	1
1	0	×	保持	

图 7－30 所示为抢答器的原理框图。

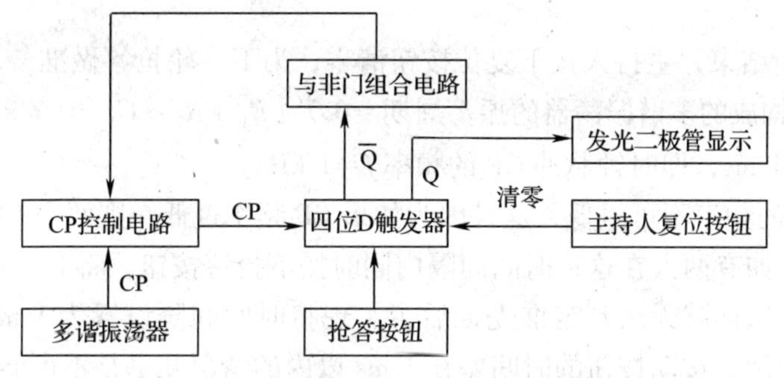

图 7－30　抢答器原理框图

3. 电路图

图 7－31 所示为四人抢答器电路图，电路核心是四位 D 触发器 74LS175，其作用是锁存抢答信号，S1～S4 为抢答按钮，S5 为主持人复位按钮。

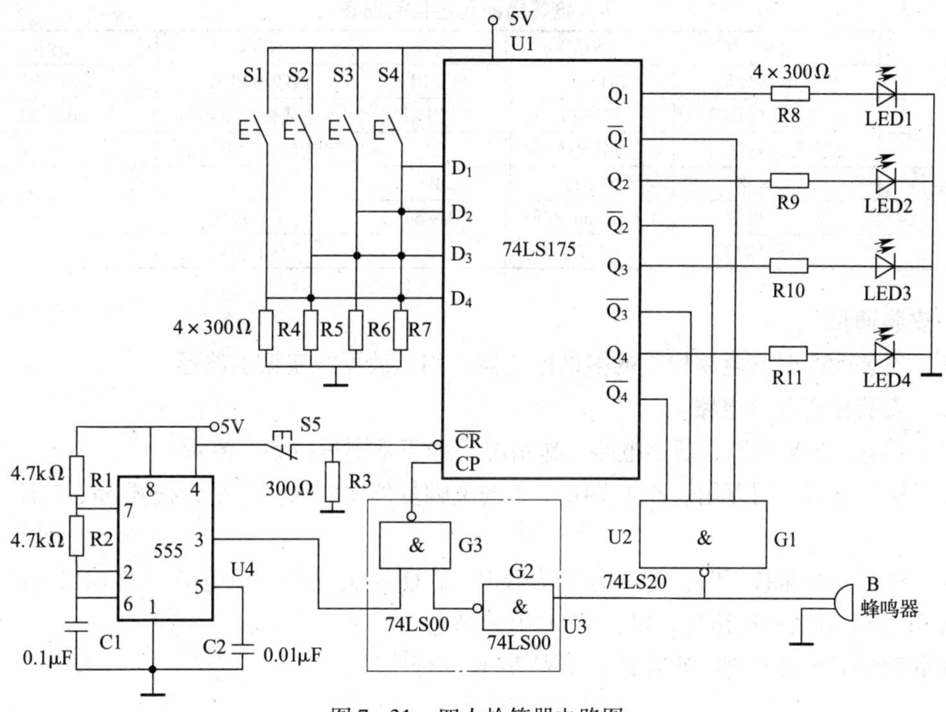

图 7－31　四人抢答器电路图

四人抢答器的工作原理如下：

（1）抢答前先清零。主持人按下复位按钮 S5，$Q_1 \sim Q_4$ 均为 0，发光二极管均不亮。而 $\overline{Q}_1 \sim \overline{Q}_4$ 均为 1，与非门 G1 输出为 0，蜂鸣器不响。同时，G2 门输出为 1，G3 门被打开，时钟脉冲 CP 被 G3 反相后，成为 D 触发器的时钟脉冲 CP。在无人抢答时，$D_1 \sim D_4$ 均为 0，$Q_1 \sim Q_4$ 也均为 0。

（2）抢答开始。设 S4 先按下，则 $D_4 = 1$，在时钟脉冲 CP 作用下，$Q_4 = 1$，相应发光二极管 LED4 亮。同时，$\overline{Q}_4 = 0$，G1 门输出为 1，蜂鸣器响。G2 门输出为 0，G3 门被封锁，时钟脉冲无法进入D触发器。由于没有时钟脉冲，再按其他按钮也就不起作用，触发器保持原有状态不变。

（3）抢答判断结束，主持人按下复位按钮清零，为下一轮抢答做准备。

555时基电路构成的多谐振荡器的振荡周期≈$0.7(R_1+R_2)C_1=0.7\times(4.7+2\times4.7)\times10^3\times0.1\times10^{-6}\approx1$ ms，即时钟脉冲CP的频率$f\approx1$ kHz。

时钟脉冲CP的频率不可过低，这是因为如果CP频率过低，则两个CP脉冲上升沿之间时间间隔就过长，如有两人在这一时间间隔内同时按下抢答按钮，将会造成两个发光二极管同时亮起的情况，这样就无法判定谁先谁后了。现将时间间隔设置为1 ms，已能满足功能要求，因为事实上两人按动按钮的时间差在1 ms以内的情况几乎是不可能发生的。

4. 器材准备

+5 V直流电源，逻辑电平开关，逻辑电平显示器，双踪示波器，数字频率计，主要元器件明细见表7-5。

表7-5　四人抢答器的元器件明细表

代号	名称	规格	代号	名称	规格
U1	四位D触发器	74LS175	R3～R11	碳膜电阻器	9×300 Ω
U2	4输入二与非门	74LS20	C1	涤纶或瓷片电容器	0.1 μF
U3	2输入四与非门	74LS00	C2	涤纶或瓷片电容器	0.01 μF
U4	时基电路	NE555	B	蜂鸣器	—
LED1～LED4	发光二极管	4×ϕ3 mm红色	S1～S4	动合按钮	—
R1、R2	碳膜电阻器	2×4.7 kΩ	S5	动断按钮	—

5. 安装调试

（1）安装555时基电路构成的多谐振荡器，用示波器观察振荡波形。

（2）安装抢答部分电路。

（3）接通+5 V电源，观察电路工作情况，如正常则进行如下测量：

按下复位按钮，用万用表测量74LS175的1脚复位端应为低电平，松开S5，1脚应为高电平。

S1～S4按钮均未按下时，D_1～D_4均为低电平，Q_1～Q_4也均为低电平。G1输出为低电平。

当S1～S4中某一按钮按下时，N1输出为高电平。

测量74LS175各引脚电压并记录于表7-6进行比较。

表7-6　74LS175各引脚电压值

引脚号	名称	参考电压（V）	测量值（V）	引脚号	名称	参考电压（V）	测量值（V）
16	V_{CC}	5		15	Q_4	0	
8	GND	0		14	$\overline{Q_4}$	3.6	
1	$\overline{CR}$	0（S5按下）		4	D_1	0	
		5（S5弹起）					
2	Q_1	0		5	D_2	0	
7	Q_2	0		12	D_3	0	
10	Q_3	0		13	D_4	0	

（4）分别操作按钮 S5 和 S1 ~ S4，观察发光二极管和蜂鸣器工作状态是否符合控制要求。

6. 分析与思考

（1）如果要求抢答成功后，相应发光二极管能闪烁发光，应如何处理电路？试设计这部分电路。

（2）如果要求抢答成功后，能显示相应抢答选手的号码，应如何改进电路？试设计这部分电路。

六、参考选题二——数字频率计的设计与制作

1. 功能要求

频率测量范围：1 Hz ~ 9.999 kHz。

数字显示位数：四位数字显示。

被测信号幅度：大于 2 V（正弦波、三角波或方波）。

2. 制定方案

（1）数字频率计的工作原理

数字频率计是用数字显示被测信号频率的仪器。本选题采用直接测量频率法，即在一定的闸门开启时间（即基准时间）内直接测量被测信号的脉冲个数，如图 7 - 32 所示。设闸门开启时间为 T，测得的脉冲个数为 N，则所测频率 $f_x = \frac{N}{T}$，例如当 $T = 1$ s 时，则 $f_x = N$，由图可知该输入信号的频率 $f = 18$ Hz。

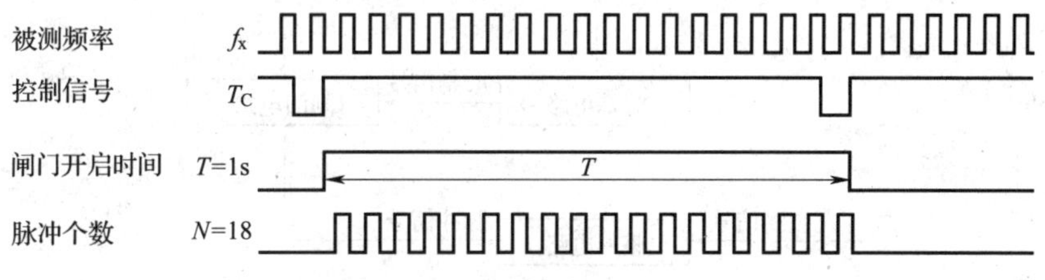

图 7 - 32　数字频率计的工作原理

设计数字频率计，必须解决以下几个问题：

1）被测信号如何送入计数器？可采用整形电路，将不同波形和幅值的信号转换为矩形脉冲，且幅值达到规定的数值范围，符合计数器对计数信号的要求。

2）基准时间如何产生？可采用 555 时基电路组成多谐振荡器，获得基准时间信号；也可采用石英晶体振荡器，再经分频器分频后获得稳定的基准时间信号。例如，选用 32 768 Hz 石英晶体振荡器，经 15 级二分频后可得到 1 Hz 秒信号。

3）如何保证计数、显示和清零 3 个环节正常有序地工作？采用逻辑控制电路，一是产生清零信号，使计数器每次测量都从零开始计数；二是产生锁存脉冲信号，使显示器上数字稳定显示。

4）如何提高测量精度？基准时间的长短及其稳定度直接影响频率测量的精度。任何数字式仪表都存在固有的 ±1 计数误差，数字测频计也是如此。如图 7 - 33 所示，当被测信号频率为 8.4 Hz 时，若用 1 s 基准时间来测量，因为计数器不能记录零点几个脉冲，所以测量结果只能是 8 或 9，这样就产生了 ±1 误差。如果在 1 s 内测得的脉冲个数为 10，则 ±1 的计数误差造成测量精度仅为 $\varepsilon=10\%$，如果选择基准时间为 10 s，测得脉冲个数为 100，则 $\varepsilon=1\%$，测量精度就大为提高了。

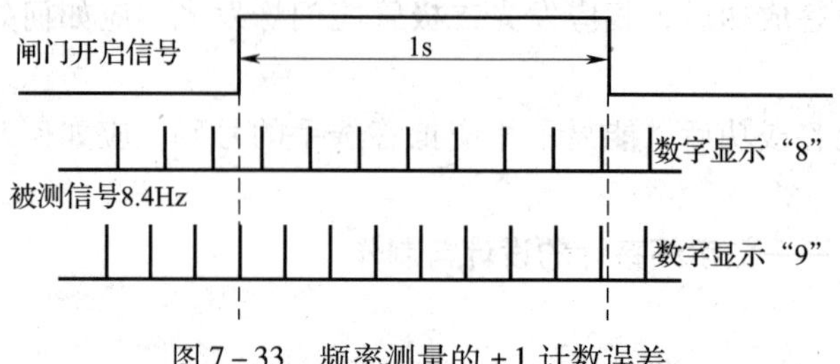

图 7－33　频率测量的 ±1 计数误差

（2）原理框图

根据以上分析，得出数字频率计原理框图如图 7－34 所示。

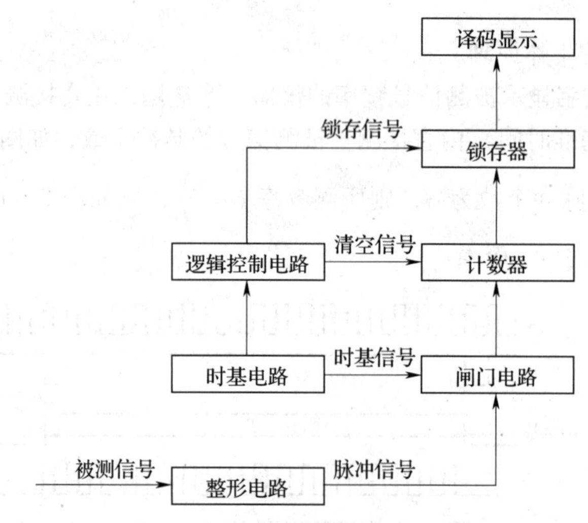

图 7－34　数字频率计原理框图

3. 有关单元电路的设计及工作原理

（1）整形电路

由于输入信号幅度较大，所以可直接使用施密特触发器进行整形，电路如图 7－35 所示。

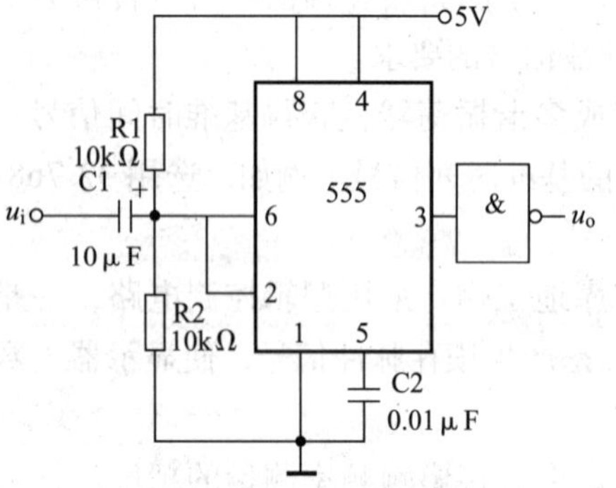

图 7－35　用 555 时基电路组成的施密特触发器电路图

该电路有两个门限电源，即：

$$U_{T+}=\frac{2}{3}V_{CC}=\frac{2}{3}\times5\approx3.34\ \text{V}$$

$$U_{T-}=\frac{1}{3}V_{CC}=\frac{1}{3}\times5\approx1.67\ \text{V}$$

回差电压为：

$$\Delta U_T=U_{T+}-U_{T-}=3.34-1.67=1.67\ \text{V}$$

设输入正弦波信号幅度为 1 V，如果直接输入，施密特触发器无法正常工作。现接入 $R_1 = R_2 = 10\ \text{k}\Omega$，使 6 脚直流电压为 $\frac{1}{2}V_{CC} = 2.5\ \text{V}$，则输入正弦波电压可在 1.5 ~ 3.5 V 变化，两个门限电压 1.67 V 和 3.34 V 都在其变化范围之内，于是施密特触发器就能正常工作，从而将正弦波转换为矩形波。其工作波形如图 7 - 36 所示。

如果输入信号幅度过小，可加一级电压放大器，使信号幅度放大到稍大于 1 V；如果输入信号幅度过大，则要先将其衰减，使信号幅度稍大于 1 V。

（2）时基电路

基准时间信号设定为 1 s，即要求信号高电平持续电平为 1 s。555 时基电路组成多谐振荡器，电路如图 7 - 37 所示。

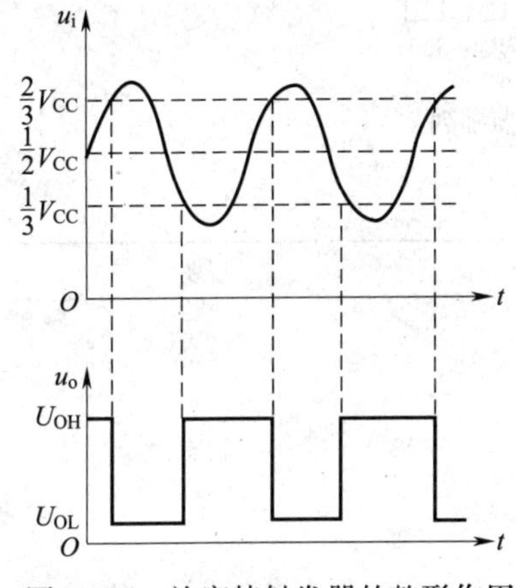

图 7 - 36　施密特触发器的整形作用

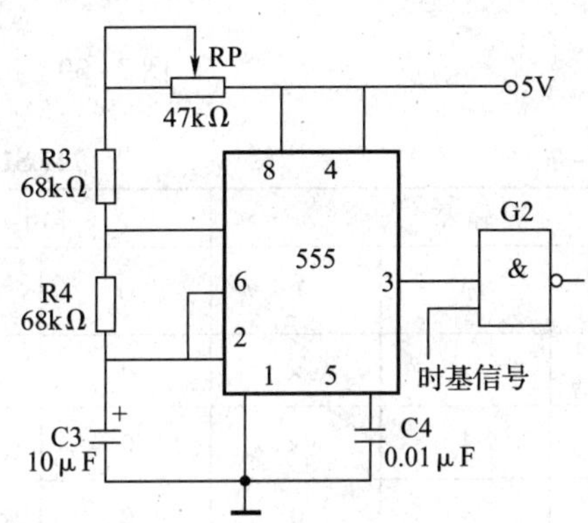

图 7 - 37　用 555 时基电路组成多谐振荡器电路图

高电平持续时间为：

$$t_1 = 0.7\ (R_3 + R_4)\ C_3 = 0.7 \times\ (68 + 68)\ \times 10^3 \times 10 \times 10^{-6} = 0.952\ \text{s}$$

低电平持续时间为：

$$t_2 = 0.7 R_4 C_3 = 0.476\ \text{s}$$

调节 RP，使高电平持续时间为 1 s。

与非门 G2 作为闸门，图 7 - 38 所示为输入、输出闸门信号的波形。图中 a）为被测信号经整形电路后所得到的计数脉冲信号；b）为基准时间信号；c）为在基准时间内（即闸门开启时间）所测得的脉冲信号。

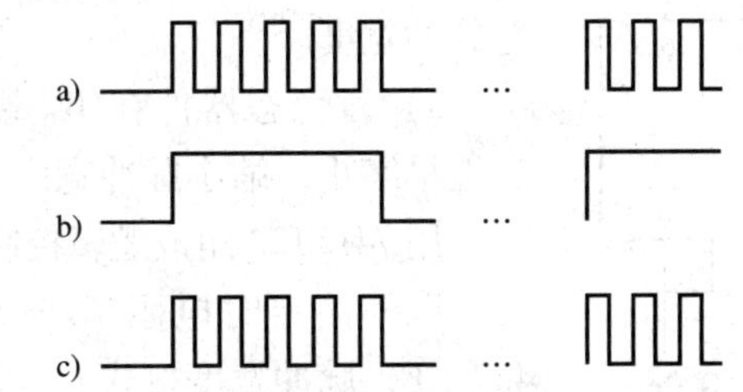

图 7 - 38　与非门 G2（闸门）输入、输出波形图

a）输入脉冲　b）时基信号　c）测得脉冲

（3）逻辑控制电路

选用 74LS123 双可再触发单稳态多谐振荡器，产生锁存信号和清零信号。

74LS123 包含了两个相同的、具有复位端、可重复触发的集成单稳态触发器。其引脚排列如图 7－39 所示，功能表见表 7－7。

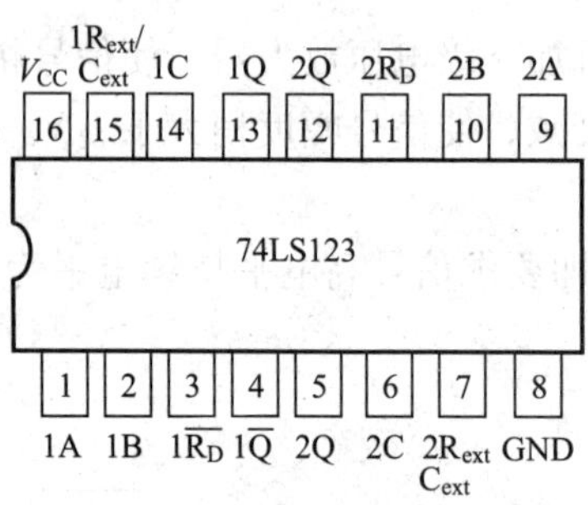

图 7－39　74LS123 引脚排列

表 7－7　　74LS123 功能表

输入			输出		说明
$\overline{R_D}$	A	B	Q	$\overline{Q}$	
0	×	×	0	1	稳态
×	1	×	0	1	
×	×	0	0	1	
1	0	↑	⊓	⊔	触发
1	↓	1	⊓	⊔	
↑	0	1	⊓	⊔	

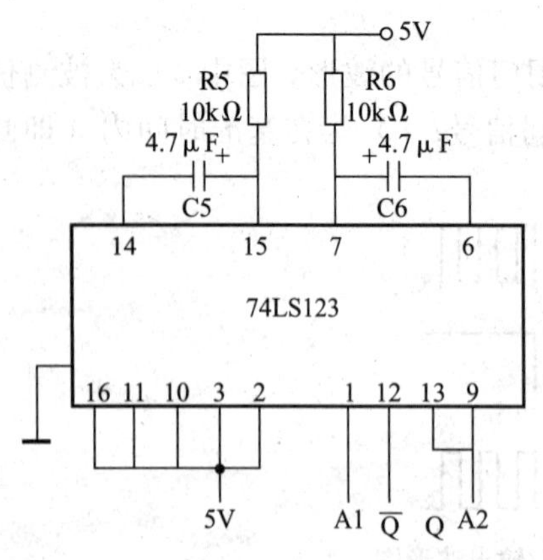

图 7－40　用 74LS123 组成的逻辑控制电路

触发脉冲信号宽度可用以下 3 种方法控制：

1）选择不同的定时元件 R_{ext} 和 C_{ext} 改变脉冲宽度。

2）利用可重复触发功能，延长暂稳态时间，展宽脉冲宽度。

3）暂稳态器件在 $\overline{R_D}$ 端加入清零脉冲，使暂稳态提早终止，缩小脉冲宽度。

用 74LS123 组成逻辑控制电路，如图 7－40 所示。

取外接定时电阻 $R_5 = R_6$，定时电容 $C_5 = C_6 = 4.7\ \mu F$，脉冲宽度按式 $t_w = 0.45RC$ 估算，可得：

$$t_w = 0.45RC = 0.45 \times 10 \times 10^3 \times 4.7 \times 10^{-6} \approx 0.021\ s$$

时基信号、锁存信号、清零信号之间的时序关系电路如图 7－41 所示。

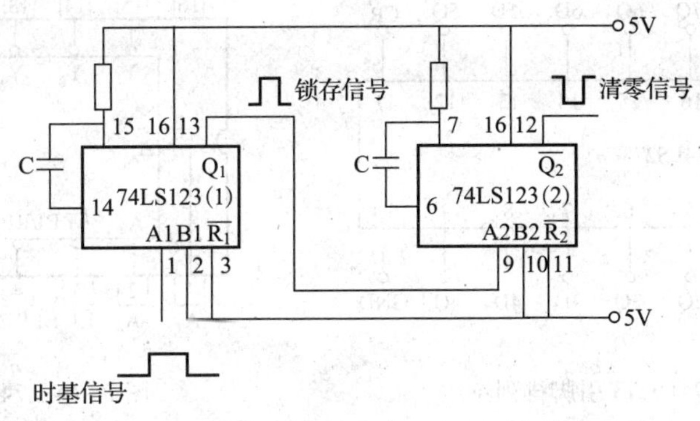

图 7－41　锁存信号和清零信号的关系电路图

由于 $\overline{R_1}=B_1=1$，Q_1输出正脉冲，可作为锁存信号；而锁存信号的下降沿又使 $\overline{Q}_2$ 输出负脉冲，可作为清零信号。其时序波形图，如图 7－42 所示。

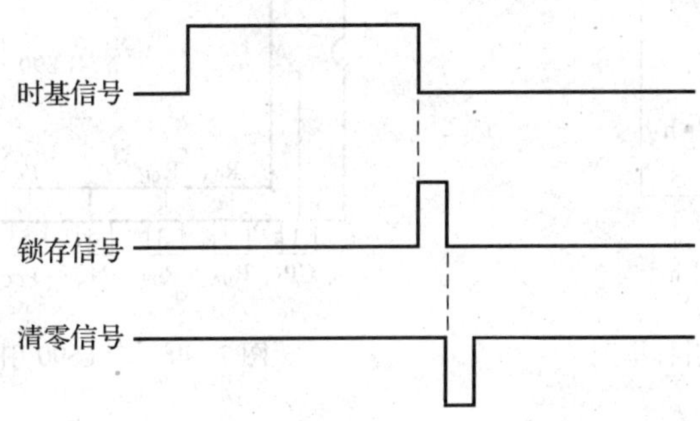

图 7－42　时序波形图 74LS123（2）

（4）锁存器

锁存器的作用是将计数器在 1 s 结束后所计得的数锁存起来，使显示器能稳定地显示此时的计数值。选用八位 D 触发器 74LS273 可以实现这一锁存功能。74LS273 引脚排列如图 7－43 所示。

当 1 s 计数时间结束时，由 74LS123 13 脚输出锁存信号，接入 74LS273 11 脚，使锁存器输出等于输入，即 Q＝D。这样就把四个计数器的输出值送到译码驱动器 74LS47。当锁存信号的高电平结束后，锁存器保持原状态不变。

（5）译码显示器

选用 BS212 共阳极 LED 显示器，因此译码驱动器要相应选用低电平有效地 74LS47。74LS47 为集电极开路（OC）输出结构，工作时必须外接集电极电阻。

74LS47 和 BS212 引脚排列分别如图 7－44 和图 7－45 所示。

（6）计数器

测频计要求最高测量频率为 9 999 Hz，所以要采用四位十进制计数器。选用 74LS90，这是一种二—五—十进制异步加法计数器，其引脚排列如图 7－46 所示。

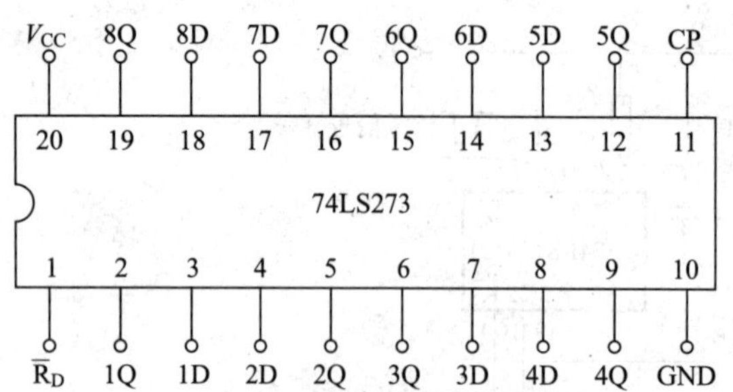

图 7－43　74LS273 引脚排列

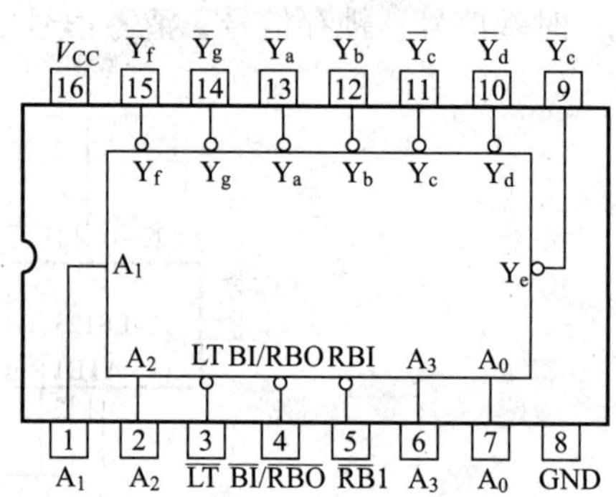

图 7－44　74LS47 引脚排列

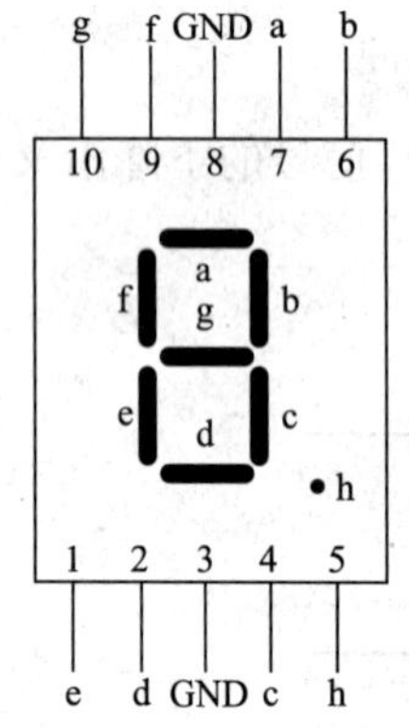

图 7－45　BS212 引脚排列

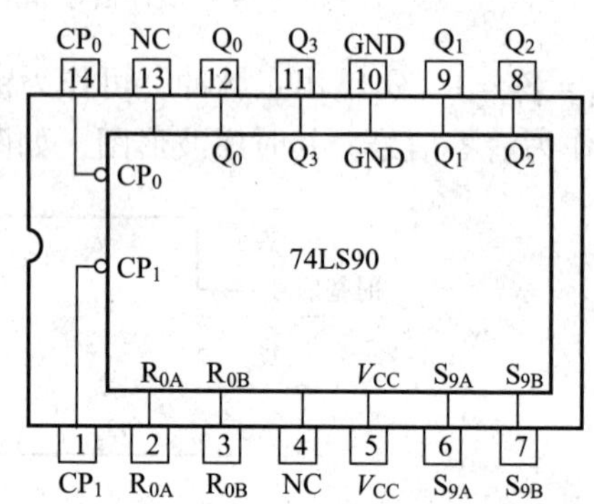

图 7－46　74LS90 引脚排列

74LS90 有两个脉冲输入端 CP_0 和 CP_1。在 CP_0 的作用下为一位二进制计数器，在 CP_1 的作用下为异步五进制计数器。该电路有两个置 0 端 R_{0A} 和 R_{0B}，两个置 9 端 S_{9A} 和 S_{9B}。其功能见表 7－8。

表 7－8　　74LS90 功能表

输入						输出				功能
R_{0A}	R_{0B}	S_{9A}	S_{9B}	CP_0	CP_1	Q_3	Q_2	Q_1	Q_0	
1	1	0	×	×	×	0	0	0	0	异步清零
1	1	×	0	×	×	0	0	0	0	
0	×	1	1	×	×	1	0	0	1	异步置 9
×	0	1	1	×	×	1	0	0	1	
$R_{0A}R_{0B}=0$		$S_{9A}S_{9B}=0$		↓	×	二进制计数				计数
				×	↓	五进制计数				
				↓	Q_0	8421BCD 十进制计数				
				Q_3	↓	5421BCD 十进制计数				

将 CP_1 和 Q_0 相连，每一级都是十进制；采用串接的方式，经低级 Q_3 接高一级 CP_0，实现进位。

当 1 s 计数时间结束时，逻辑控制电路 74LS123 的脚输出清零信号，加到各计数器的置零端，这样就保证了每次测量都从零开始计数。

4. 电路总图

综合上述（1）～（6）部分功能电路，画出数字频率计的总电路如图 7－47 所示。

5. 器材准备

+5 V 直流电源，双踪示波器，连续脉冲源，逻辑电平显示器，数字频率计，数字电压表，主要元器件明细见表 7－9。

6. 安装与调试

（1）按总电路图 7－47 安装电路，要求布线整齐，便于级联和调试。

（2）调整时基电路（通过电位器 RP 调节），使其输出脉冲信号周期为 1 s。

表 7－9　　元器件明细表

代号	名称	规格	代号	名称	规格
R_1、R_2	碳膜电阻器	4×10 kΩ	C3、C4	电解电容器	4.7 μF
R_3、R4	碳膜电阻器	2×68 kΩ	C2、C6	涤纶或瓷片电容器	2×0.01 μF
R_7～R_{38}	碳膜电阻器	32×1 kΩ	U1、U2	555 时基电路	2×NE555
RP	电位器	47 kΩ	U8	双可再触发单稳态多谐振荡器	74LS123
C1、C3	电解电容器	10 μF	U9、U10	D 锁存器	2×74LS273
R_5、R_6	+5 V 直流电源、双踪示波器、连续脉冲源、逻辑电平显示器、数字频率计、数字电压表		U11～U14	译码驱动器	4×74LS47
			DS1～DS4	共阳数码管	4×BS212
			U3	四—二输入与非门	74LS00
			U4～U7	二—五—十进制异步加法计数器	74LS90

（3）给整形电路输入幅度为 1 V、频率为 1 kHz 的正弦信号，用示波器观察输出是否为方波信号。

（4）将计数器、锁存器、蜂鸣器、数码管连接起来，给计数器输入计数脉冲，观察电路能否正常工作。

（5）将各单元电路连接起来统调。输入幅度为 1 V、频率为 1 kHz 的正弦信号，观察显示是否整齐；再改变信号频率，观察显示是否正确。

7. 分析与思考

（1）如果被测信号幅度过大或过小（与 1 V 相比），应如何处理？试画出电路的原理框图。

（2）如果要求把频率测量范围扩大为三挡：1～9.999 kHz，1～99.99 kHz，1～999.9 kHz，应如何处理？试画出电路的原理框图。

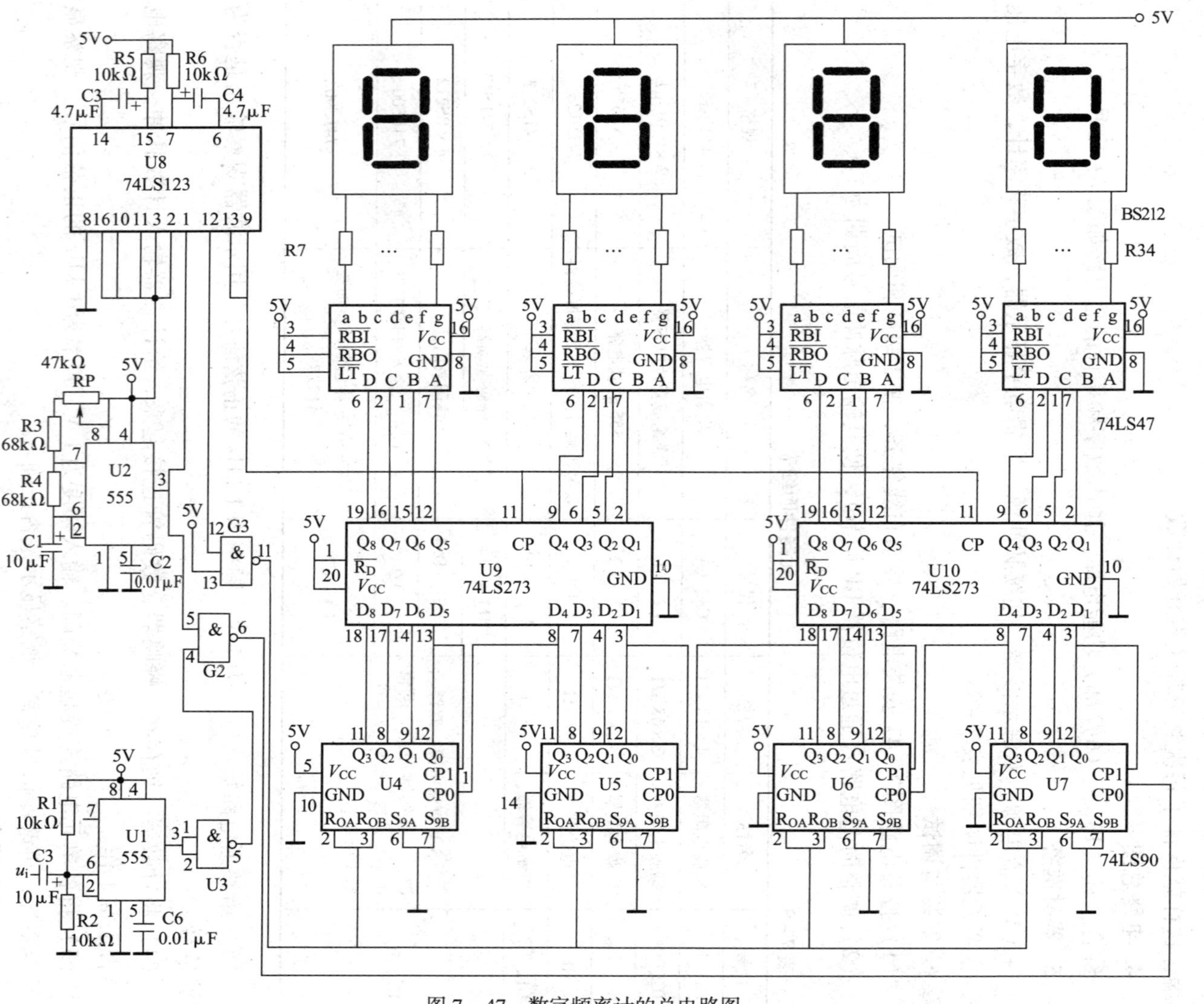

图 7－47　数字频率计的总电路图

（3）为了提高测量精度，该电路应如何改进？

本章小结

1. 数字电路图主要有以下 3 种：原理框图、电路图（逻辑图）和装配图。

2. 数字电路一般读图步骤为：读框图、大致了解→化整为零、逐块分析→逻辑部件、重点分析→聚零为整、综合分析。

3. 数字电路的一般设计流程为：明确任务→分析功能→总体设计→单元模块设计→仿真验证→安装调试。

4. 针对同一课题，应从电路的先进性、结构繁简、成本高低、制作难易等方面进行综合比较。应尽量选用标准电路和元器件，优先选用中、大规模集成电路。

5. 数字电路的安装有接插和焊接两种方式。接插方式适用于产品的设计和调试，焊接方式适用于定型产品的制作。

6. 数字电路的一般调试步骤为：

通电前直观检查→通电检查→ 通电调试（静态测试、动态测试）

7. 数字电路故障的检查与排除主要有以下几种方法：测电压法、测电阻法、波形分析法、元件替代法和分隔检查法。

8. 数字电路的设计和制作以及数字电路故障的检查和排除均需要有较为全面的综合能力，只有通过不断实践，才能积累经验和提高能力。